中国建筑业 BIM 应用分析报告（2021）

《中国建筑业 BIM 应用分析报告（2021）》编委会　著

U0159754

中国建筑工业出版社

图书在版编目（CIP）数据

中国建筑业BIM应用分析报告. 2021 /《中国建筑业
BIM应用分析报告（2021）》编委会著. — 北京：中国
建筑工业出版社，2021.12

ISBN 978-7-112-27015-6

I. ①中… II. ①中… III. ①建筑工程 – 应用软件 –
研究报告 – 中国 – 2021 IV. ① TU-39

中国版本图书馆CIP数据核字（2021）第267568号

责任编辑：兰丽婷 杜 洁
责任校对：姜小莲

中国建筑业 BIM 应用分析报告（2021）
《中国建筑业 BIM 应用分析报告（2021）》编委会 著
*
中国建筑工业出版社出版、发行（北京海淀三里河路9号）
各地新华书店、建筑书店经销
北京京华铭诚工贸有限公司印刷
*
开本：787毫米×1092毫米 1/16 印张：17¼ 字数：415千字
2021 年 12 月第一版 2021 年 12 月第一次印刷
定价：58.00 元
ISBN 978-7-112-27015-6
（38814）

《中国建筑业 BIM 应用分析报告（2021）》
编委会

主编单位：

中国建筑业协会　　　　　　　　　广联达科技股份有限公司

副主编单位：

北京市建筑业联合会　　　　　　　天津市建筑业协会
河北省建筑业协会　　　　　　　　山西省建筑业协会
内蒙古自治区建筑业协会　　　　　辽宁省建筑业协会
吉林省建筑业协会　　　　　　　　黑龙江省建筑业协会
上海市建筑施工行业协会　　　　　江苏省建筑行业协会
浙江省建筑业行业协会　　　　　　安徽省建筑业协会
江西省建筑业协会　　　　　　　　福建省建筑业协会
山东省建筑业协会　　　　　　　　河南省建筑业协会
湖北省建筑业协会　　　　　　　　湖南省建筑业协会
广东省建筑业协会　　　　　　　　广西建筑业联合会
海南省建筑业协会　　　　　　　　重庆市建筑业协会
四川省建筑业协会　　　　　　　　贵州省建筑业协会
云南省建筑业协会　　　　　　　　西藏自治区建筑业协会
陕西省建筑业协会　　　　　　　　甘肃省建筑业联合会
青海省建筑业协会　　　　　　　　宁夏建筑业联合会
新疆维吾尔自治区建筑业协会　　　宁波市建筑业协会
温州市建筑业联合会　　　　　　　成都市建筑业协会
中国铁道工程建设协会　　　　　　中国公路建设行业协会
中国水运建设行业协会　　　　　　中国电力建设企业协会
中国煤炭建设协会　　　　　　　　中国冶金建设协会
中国有色金属建设协会　　　　　　中国化工施工企业协会

参编单位：

中建一局集团东南建设有限公司
中建三局第一建设工程有限责任公司
中铁十八局集团有限公司
中交第二公路工程局有限公司
广东水电二局股份有限公司
广西建工第一建筑工程集团有限公司
《施工技术》杂志

序　一

2021 年，我们实现了第一个百年奋斗目标，正在意气风发向着全面建成社会主义现代化强国的第二个百年奋斗目标迈进。站在"十四五"新征程新起点，建筑业作为国民经济支持产业，需要探索数字化转型新方略，努力实现数字化和智能化新跨越。

BIM 作为数字化转型的核心技术，在政府、行业协会、企业的共同参与和推动下，已在工程建设中得到广泛应用。大到北京大兴国际机场、冬奥会场馆，小到机电设备安装等分部分项工程，BIM 技术已经成为实现贯穿建筑全寿命期的信息集成、展现和协同的重要支撑。

当前，BIM 与新技术的集成应用，打造了面向全寿命期、多方主体协同管理的平台，实现了以新设计、新建造、新运维为代表的产业升级，提高了精益化施工水平，使传统建筑产业焕发新的生机。与此同时，软件国产化、BIM 自主图形平台建设、数据安全性提高等问题也引起了行业的广泛关注。

中国建筑业协会非常重视推动 BIM 技术在建筑业的应用，从 2017 年起连续五年组织编写《中国建筑业 BIM 应用分析报告》，为建筑业企业 BIM 应用开拓思路，展示企业 BIM 应用成效，并取得了一定成果。希望《中国建筑业 BIM 应用分析报告（2021）》能为广大从业者用好 BIM，提供更有益的帮助。也希望建筑业的同仁们勠力同心，为打造好行业的 BIM 应用分析报告建言献策，共同推进 BIM 的健康发展，促进行业数字化转型。

习近平总书记指出，"数字经济是全球未来的发展方向。我们应该牢牢把握创新发展时代潮流，释放数字经济增长潜能。"我们要认真贯彻落实习近平总书记的重要指示，鼓励和支持建筑业企业积极应用 BIM 技术，总结应用经验，开展技术创新，努力推动建筑业的高质量发展！

中国建筑业协会会长
住房和城乡建设部原副部长

序 二

当前，利用数字化手段实现建筑业的转型升级已经成为行业共识，其中 BIM 是推动建筑业转型的关键技术与重要支撑。

目前 BIM 的应用价值正逐步得到验证，行业整体认知大幅提升，BIM 进入积极而平稳的发展态势。BIM 作为一项新技术，经历了萌芽期、泡沫期和低谷期三个阶段，目前进入到理性爬升期。在这个阶段，BIM 应用还有亟需突破的方面，才能进入快速成长期。首先是从点状的局部应用突破到一体化的整体应用，真正打通设计、招标投标、施工和运维的全过程 BIM 应用。其次是从单项技术应用突破到多技术融合应用。BIM 技术已实现了和大数据、云计算、IoT、AI、CIM 等其他技术在物理层面的融合，但是融合后的"化学反应"还有待突破。再次，BIM 技术还需深入项目现场管理，融入企业经营管理，助力企业资源配置优化。最后，BIM 应用的工具和系统需要从高度依赖国外突破到自主可控，以保障建筑行业数据安全，避免"卡脖子"风险。

我们坚定相信，随着技术的发展和应用的深化，以 BIM 为核心的数字技术对建筑行业转型升级的贡献会越来越显著。

广联达科技股份有限公司总裁

前　言

当前，新一轮科技革命正在掀起产业变革，数字化正与各行各业深度融合，中国建筑业面临着转型升级的现实选择。新一代信息技术正在与行业快速融合并赋能行业发展。其中，作为数据载体的 BIM 技术受到行业的高度重视，并在设计、造价、施工、运维各阶段的应用中取得了一定的价值。特别是 BIM 应用的发展对建筑业提质增效产生了重大影响，成为企业实现生产方式转变和管理模式变革的有效手段，未来，还将促进产业转型升级。

为能深入了解建筑行业 BIM 应用现状，促进 BIM 价值落地和行业数字化转型，由中国建筑业协会牵头，广联达科技股份有限公司组织开展了 2021 年度中国建筑业 BIM 应用情况调研。出于兼顾调研广度和深度的考虑，调研采取了行业普调、赛事调研与人物深度访谈三种方式，回收了 1000 余份 BIM 从业者问卷，对重大 BIM 赛事情况进行梳理，对包括行管领导、高校学者、企业代表、咨询专家、数字化专家、行业媒体等在内的 20 余位行业专家进行访谈。利用不同的调研方式，从不同维度与视角对行业发展情况进行全面深入的展现。从调研结果来看，目前行业对 BIM 发展已经形成共识，BIM 与人工智能、大数据、物联网、云计算、5G 等新一代信息技术的融合应用拓展了 BIM 在建筑领域的应用范围，深化了其应用价值；BIM 应用与业务深度结合，正在深入项目管理现场实现精细化，并横向突破向全生命期延伸；行业鉴于数据安全问题以及出于促进绿色化、工业化发展等角度考虑，对设计—施工—运维一体化的具有自主知识产权的 BIM 软件的研发和应用提出了要求。

基于调研情况，编委会编写了《中国建筑业 BIM 应用分析报告（2021）》（以下简称《报告》）。《报告》分为上、中、下三篇。"上篇"全面呈现了 2021 年建筑业 BIM 应用情况调研成果。知来处，明去处。在分析过程中，回顾了 BIM 应用发展历程，对比近五年调研数据进行阶段性总结，引领读者从历史视角看待 BIM 发展情况。"中篇"侧重于对调研结论中 BIM 发展核心方面的具体探讨，一是 BIM 应用整体环境的分析，包含标准制定、政策导向、人才培养等；二是 BIM 软件及相关设备分析，包含 BIM 软件与相关设备；三是 BIM 技术和应用发展趋势分析。中篇细致深切地探讨了中国建筑业 BIM 发展情况，科学地判断了 BIM 技术和应用的发展趋势。"下篇"为实践探索，呈现了优秀的 BIM 应用案例，项目类型涵盖了从住宅、医院、大型场馆等民用设施，到铁路隧道、高速公路、水利工程等国家基建项目。《报告》的编制，探讨了 BIM 应用的阶段性变化与成果、当下 BIM 面临的主要问题、BIM 应用发展的趋势以及推动行业 BIM 应用进步的方式方法，旨在为更多企业 BIM 能力建设提供参考，助力企业提高 BIM 应用水平，顺利推进数字化转型。

在此，感谢中国建筑业协会副会长兼秘书长刘锦章、中国工程院院士肖绪文、中国建筑科学研究院有限公司总经理许杰峰、清华大学土木工程系教授马智亮、广联达科技股份有限公司高级副总裁汪少山、中国建筑第三工程局有限公司副总经理兼总工程师张琨、中国建筑第八工程局有限公司总工程师亢立刚、广州优比建筑咨询有限公司 CEO 何关培、北京城建集团有限责任公司总工程师李久林、中国建筑第五工程局有限公司副总经理兼总工程师李凯、中国建筑一局（集团）有限公司副总工程师杨晓毅、中国建筑第二工程局有限公司副总工程师胡立新、浙江省建工集团有限责任公司总工程师金睿、中天建设集团有限公司总工程师刘玉涛、上海宝冶集团有限公司总工程师刘洪亮、中国铁建股份有限公司科技创新部总经理许和平、中铁建工集团有限公司建筑工程研究院 BIM 技术应用研发中心主任严心军、北京建工集团有限责任公司信息管理部副部长杨震卿、上海建工集团股份有限公司总承包部 BIM 中心主任崔满、成都建工集团有限公司总工程师刘宏、河南科建建设工程有限公司董事马西锋、瑞森新建筑有限公司总经理孙震、广州优比建筑咨询有限公司副总经理李源龙、建筑新科技新媒体 BIMBOX 创始人孙彬等产、学、研各界专家，他们为报告贡献了对 BIM 在建筑行业应用现状的深度思考和对未来发展的科学预见。

中国建筑业 BIM 应用分析系列报告自 2017 年始，已连续 5 年针对中国建筑业 BIM 应用发展情况进行了总结，形成了一定的价值沉淀和行业影响力。报告从立项之初即得到了中国建筑业协会领导的高度重视和行业同仁的广泛支持。编委会衷心感谢众多行业组织、行业专家和广大 BIM 从业者一直以来的倾情参与，正是因为你们的帮助和支持，才保证了《中国建筑业 BIM 应用分析报告（2021）》的顺利出版。

目　录

中篇　中国建筑业 BIM 应用情况分析

下篇 中国建筑业 BIM 应用实践探索

上　篇
中国建筑业 BIM 应用情况调研

第 1 章　建筑业 BIM 应用情况统计

为全面、客观、具有延续性及实时性地反映我国建筑业中 BIM 的应用情况，本报告编写组展开了双重调研：一是延续前 4 年的调研方式，第 5 次对全国建筑业企业 BIM 应用情况进行问卷调研；二是对建筑业主流 BIM 赛事的参赛情况进行调研。本章节主要呈现本次的调研数据和分析成果，并结合连续 5 年的调研数据分析我国建筑业 BIM 的应用变化与发展趋势。

1.1　BIM 应用调研情况

本次调研共回收有效问卷 1093 份，其中包含来自海外和我国港澳地区的问卷 5 份；问卷回收渠道及方式涵盖 "建筑业企业定向调查" "行业垂直媒体渠道调查" "手机微信调查" 与 "电话与短信调查" 等；调研对象覆盖设计、施工、业主、咨询等不同企业的 BIM 应用相关人员；人群岗位涉及企业主要负责人、企业信息化 / 数字化部门负责人、企业 BIM 中心人员及项目核心管理团队、项目 BIM 中心人员等建筑业企业 BIM 应用各相关层级。

本次调研旨在了解来自不同区域、不同行业细分领域以及不同企业、不同岗位的调研对象对其企业 BIM 应用情况的客观反馈以及对建筑业 BIM 应用发展趋势的理性判断，并根据相关数据进行进一步分析。

根据调研数据可以看出施工企业仍然是 BIM 应用的主要力量。BIM 在建筑业的发展，呈现出 BIM 与更多数字技术融合进步，与业务场景深度结合拓宽应用覆盖范围，应用价值逐步得到验证。也正是因为这些更深的探索、更普及的应用、更广泛的链接使得行业对 BIM 应用整体认知提升，企业态度趋于理性的积极。下文将具体从调研背景、数据分析、变化总结来解析当下建筑业 BIM 应用情况。

1.1.1　BIM 应用调研背景

参与本次调研的 1093 位调研对象来自 29 个省、自治区、直辖市和港澳地区，以及海外。其中山东和北京占比较大，分别为 9.79% 和 8.14%。此外，占比超过 5% 的区域还有广东、陕西、江苏、河南、湖北、浙江和天津，如图 1-1 所示。

从单位类型来看，此次调研对象中有 800 位来自施工企业，占比 73.19%。值得注意的是，此次调研中，来自设计企业与咨询企业的调研对象占有一定比例，分别为 9.24% 和 8.14%；这从一定程度上体现了设计和咨询企业对于 BIM 应用的热情有所提升，市场对相关方面的需求增加。此外，专业承包占比 4.67%；业主方占比 1.74%；施工劳务较少，占比 0.46%。如图 1-2 所示。

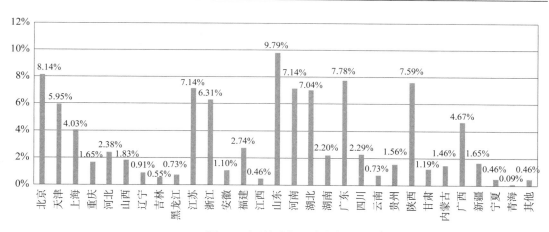

图 1-1　调研对象区域分布

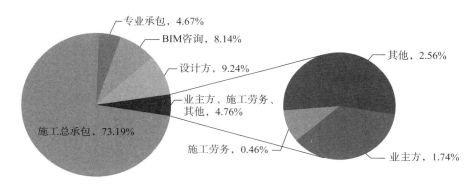

图 1-2　调研对象单位类型分布

　　进一步统计表明，在施工总承包企业中，超过 95% 的调研对象来自特级或一级资质的施工企业，比 2020 年增加 12 个百分点。来自特级资质企业的调研对象最多，占比 66.5%；一级资质企业占比 28.63%；二级和三级资质企业分别占比 2.63% 和 2%。如图 1-3 所示。

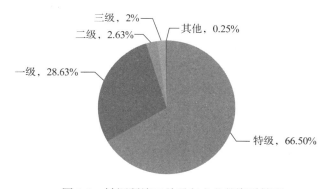

图 1-3　被调研施工总承包企业的资质情况

从调研对象所属企业的性质来看，国有企业是主体，其中，央企占比 33.12%，地方国企占比 24.15%；民营企业占比 38.24%；有很少一部分外资或合资企业。如图 1-4 所示。

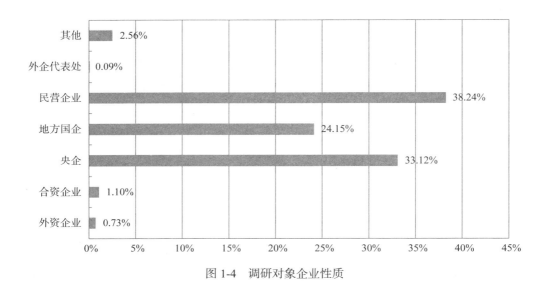

图 1-4　调研对象企业性质

从调研对象工作角色来看，主要以集团 / 分公司 BIM 中心负责人为主。按照公司岗位划分，集团 / 分公司 BIM 中心负责人和技术人员合计占比超 53%，分别占比 34.58% 和 18.66%；此外占比较高的还有项目 BIM 中心负责人、技术人员和集团 / 分公司部门负责人，分别占比 8.6%、9.33% 和 7.59%，如图 1-5 所示。在"其他"选项中我们还可以看到项目预算、财务人力等岗位的人员在关心 BIM 的应用和发展。

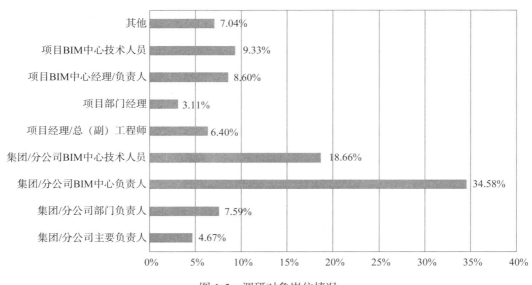

图 1-5　调研对象岗位情况

统计结果显示，调研对象中，工作年限在 6～10 年的人员最多，为 333 人，占比 30.47%，与 2020 年基本持平；其次是工作 3～5 年，占比 23.15%，与 2020 年相比略有增加；而拥有 15 年以上工作经验的人员占比从 2020 年的第二位下降至第三位，有 139 人，占比 18.94%；11～15 年工作经验的人员占比 17.66%；3 年以下工作经验的调研对象占比 9.79%。如图 1-6 所示。

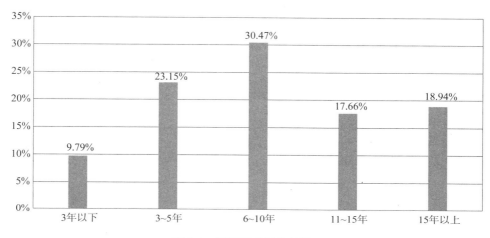

图 1-6　调研对象工作年限

综上，参与本次调研的调研对象以施工总承包单位为主，其中又以具有特级或一级资质的企业居多，在企业性质上以国有企业为主，基本与历年情况相同，但设计和咨询企业增多不容忽视；工作角色方面，主要以集团 / 公司从事 BIM 技术应用相关工作的管理层和技术人员为主，以项目从事 BIM 技术应用相关工作的管理层和技术人员为辅；在调研对象工作年限层面，人群仍然集中在 6～10 年工作经验者，15 年以上经验人员略有减少；从被调研的施工总承包企业企业资质来看，拥有二级、三级资质的施工总承包企业占比急剧减少。

1.1.2　BIM 应用调研情况

1. 企业 BIM 应用现状分析

从企业 BIM 应用时间上看，已应用 5 年以上的企业占比最高，为 47.85%，2020 年此数据为 28.07%；其次是应用 3～5 年的企业，占比 30.65%；应用 1～2 年的企业占比 10.98%；应用不到 1 年的企业占比 2.47%；未应用的企业占比 5.12%。与 2020 年比较，应用 5 年以上的企业比重大幅增加，应用 2 年以下及未应用的企业比重急剧减少。如图 1-7 所示。

根据进一步调查，在 BIM 应用 3 年以上的企业中，随应用时间增长，应用 BIM 的项目数量和比例大幅增加的企业占比 28.44%；根据项目应用需求，应用 BIM 技术的项目数量和比例稳步增加的企业占比 50.7%；项目数量大体保持不变的企业占比 17.13%；应用 BIM 技术的项目数量和比例逐渐减少的企业占比仅有 3.73%。如图 1-8 所示。

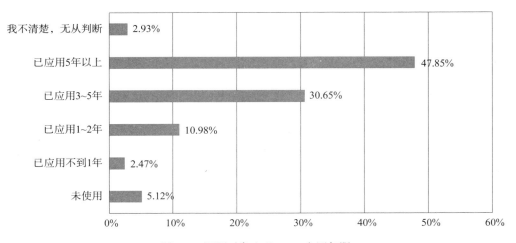

图 1-7 调研对象企业 BIM 应用年限

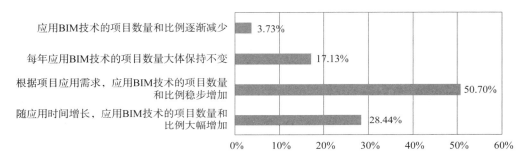

图 1-8 应用 BIM 技术 3 年以上企业应用规模变化

从应用 BIM 技术的企业态度来看，行业对于 BIM 的价值是认可的，已应用和未应用 BIM 技术的从业者，均认为建筑业企业应该使用 BIM 技术；已经应用 BIM 技术的从业者认为应该应用，占比为 80.14%，未应用过的认为应该应用的，占比 64.29%，应用过的态度更为积极；但同 2020 年相比，应用过与未应用过 BIM 技术的从业者，中立者比例均有增加，行业对 BIM 技术应用的整体态度更为冷静。如图 1-9 所示。

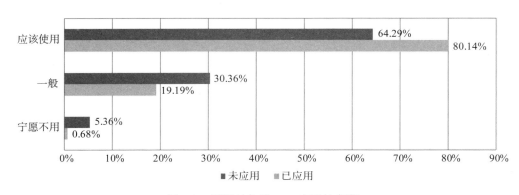

图 1-9 调研对象对 BIM 应用的态度

从企业应用 BIM 技术的项目数量来看，大多数企业开展 BIM 应用的项目数量仍然停留在 10 个以下，占比 36.93%；10～20 个已开工项目应用 BIM 技术的调研对象占 21.22%；20～30 个已开工项目应用 BIM 技术的调研对象占 10.03%；30～50 个已开工项目应用 BIM 技术的调研对象占 6.27%；有 16.97% 的调研对象应用 BIM 技术的已开工项目在 50 个以上。值得注意的是，10 个以下项目应用 BIM 技术的企业大幅下降，而其他均有增加，尤其已开工项目在 50 个以上的企业，较 2020 年提升了 6 个百分点，企业在应用 BIM 技术的规模上有所扩大。如图 1-10 所示。

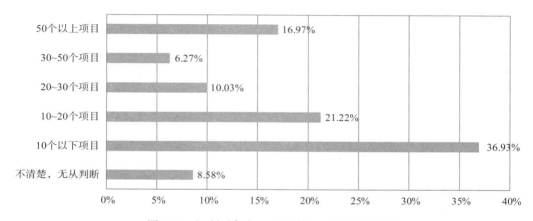

图 1-10　调研对象应用 BIM 技术的项目数量情况

考虑到企业性质、规模、发展阶段不同等因素，为了更客观地呈现 BIM 应用情况，编写组对企业 BIM 技术应用比例进行了进一步调研。有 14.56% 的企业在项目上全部应用了 BIM 技术；17.55% 的企业在项目上应用 BIM 技术的比例超过 75%；19.19% 的企业在项目上应用 BIM 技术的比例超过 50%；18.51% 的企业在项目上应用 BIM 技术的比例超过 25%；25.36% 的企业在项目上应用 BIM 技术的比例低于 25%。与 2020 年对比，项目应用 BIM 技术比例高于 25% 的企业均有增加，低于 25% 的比例大幅减少，印证企业在不断扩大 BIM 应用规模。如图 1-11 所示。

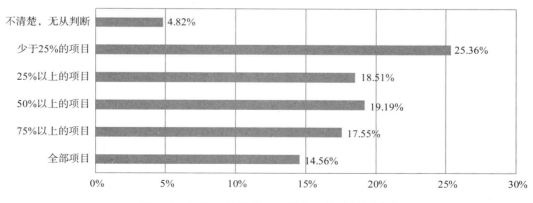

图 1-11　调研对象应用 BIM 技术的项目占比情况

从应用 BIM 技术的项目规模层面来看，BIM 技术应用大多集中在中、大型建设项目中；在大型建设项目中应用 BIM 的企业达到 81.68%，在中型建设项目中应用 BIM 的企业占 61.62%，有 22.47% 的企业在小型建设项目中同样应用 BIM。如图 1-12 所示。

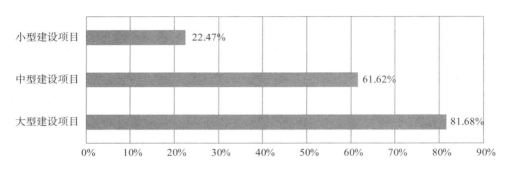

图 1-12　调研对象应用 BIM 技术的项目规模

从项目类型层面来看，BIM 应用集中在公用建筑和居住建筑类等房建项目中，其中有 85.15% 的企业在公用建筑中应用 BIM，68.37% 的企业在居住建筑中应用。值得注意的是在基础设施建设和工业建筑中应用 BIM 的企业占比都有大幅升高，分别达到 56.22% 和 43.2%，在 2020 年，这两组数据分别为 34.24% 和 27.75%。如图 1-13 所示。

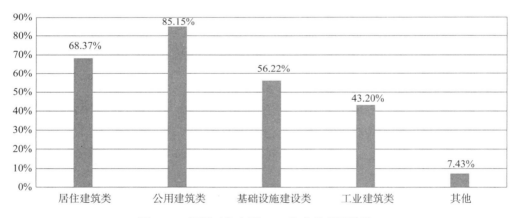

图 1-13　调研对象应用 BIM 技术的项目类型

对于企业现阶段 BIM 应用的重点，已经建立 BIM 组织、重点在让更多项目业务人员主动应用 BIM 技术是当前首要任务，占比 43.01%；其次是已经可以用 BIM 解决项目问题了、重点在寻找如何衡量 BIM 的经济价值，占比 27.29%；再次是项目业务人员已经开始主动应用 BIM 技术、重点在利用 BIM 应用解决项目难点问题，占比 20.73%。如图 1-14 所示。

在 BIM 工作开展方式方面，公司成立专门组织进行 BIM 应用是现阶段企业开展 BIM 工作的最主要方式，占比 76.76%；选择与专业 BIM 机构合作的占比下降为 14.27%；委托咨询单位的企业占比 6.08%。如图 1-15 所示。

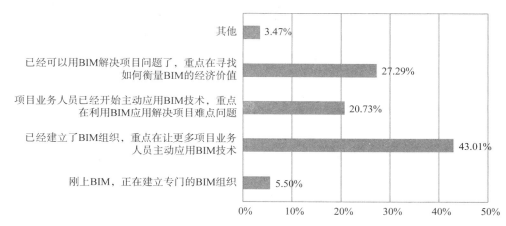

图 1-14　现阶段调研对象企业 BIM 应用重点

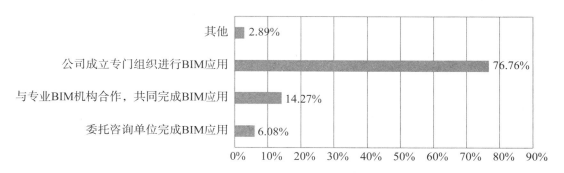

图 1-15　调研对象 BIM 工作开展方式

在 BIM 组织的建设方面，有 5.3% 的企业还未建立 BIM 组织，相较 2020 年大幅下降；公司和项目层 BIM 组织均已建立的企业占比最多，为 40.12%；其次是已经建立公司层 BIM 组织的企业，占比为 34.52%。整体来说，企业更加重视在企业内部建立 BIM 组织，培养企业自身 BIM 能力，以支持 BIM 工作。如图 1-16 所示。

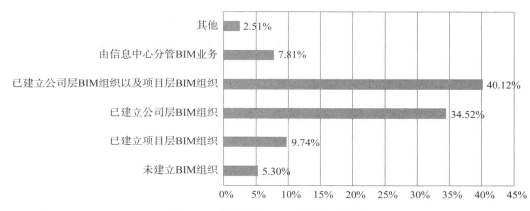

图 1-16　调研对象 BIM 组织建设情况

对于创建 BIM 模型，超 86% 的施工总承包企业会自行创建 BIM 模型，其中公司 BIM 相关部门负责创建的企业占比 46.61%，由项目成立 BIM 工作组负责创建的企业占比 40.34%。仅有 6.53% 的企业外包给建模公司创建，用甲方或设计单位提供的 BIM 模型的企业更少，占 4.44%。如图 1-17 所示。

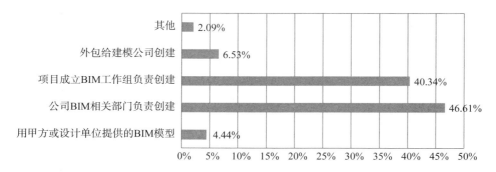

图 1-17 调研对象 BIM 模型的获取方式

在企业的 BIM 资金投入方面，投资资金在 100 万 ～ 500 万元的企业仍然是最多的，占比 25.07%；其次是投资 500 万元以上的企业，占比 19.77%；投入 50 万 ～ 100 万元的企业数量与投入 500 万元以上企业相当，占比 18.61%；最后是投入 10 万 ～ 50 万元的企业，占比 15.62%。如图 1-18 所示。

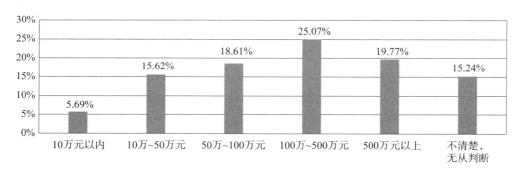

图 1-18 调研对象的 BIM 投入情况

进一步数据分析显示，BIM 应用 3 年以上的企业在资金投入上的趋势是持续性的；有 60.84% 的企业层每年在 BIM 应用上的资金投入逐年增长；有 20.51% 的企业层每年在 BIM 应用上的资金投入保持不变；企业层在 BIM 应用上的资金投入主要在前期，后续没有持续投入的企业占比 14.22%。如图 1-19 所示。

关于 BIM 应用的项目情况，对于非业主方来讲，主要集中在甲方要求使用 BIM 的项目、建筑物结构非常复杂的项目、有评奖或认证需求的项目、需要提升公司品牌影响力的项目等，占比均超过 6 成，分别为 80.8%、74.34%、72.38% 和 65.23%；可喜的是，因为需要提升企业对项目管理精细度的项目、提升建设过程多参与方协同能力的项目、解决项目工期紧预算少问题的项目而应用 BIM 技术的企业占比越来越多，分别为 56.32%、49.17%、29.68%。如图 1-20 所示。

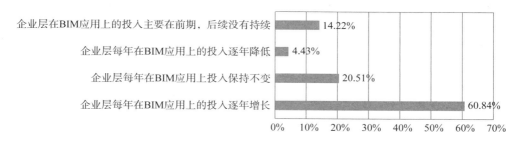

图 1-19　BIM 应用 3 年以上调研对象的 BIM 投入趋势

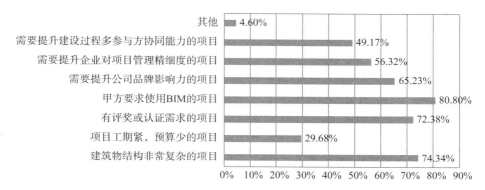

图 1-20　非业主方应用 BIM 技术的项目情况

对于业主方来讲，应用动因主要为需要提升建设过程多参与方协同能力、需要提升企业对项目管理精细度，占比分别为 93.75% 和 81.25%。如图 1-21 所示。

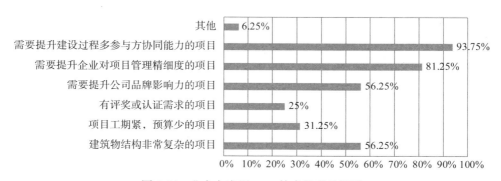

图 1-21　业主方应用 BIM 技术的项目情况

进一步数据分析显示，BIM 技术应用 3 年以上的企业在近些年中增加最多的前三类项目为甲方要求使用 BIM 技术、建筑物结构非常复杂、有评奖或认证需求的项目，占比分别为 67.1%、65.21% 和 56.13%。

应用情势表明，虽然提升品牌影响力等社会效益仍然是体现 BIM 价值、推动建筑业企业应用 BIM 的主要因素，但企业在面对更多更复杂的项目情况时都倾向于应用 BIM 技术来解决。如图 1-22 所示。

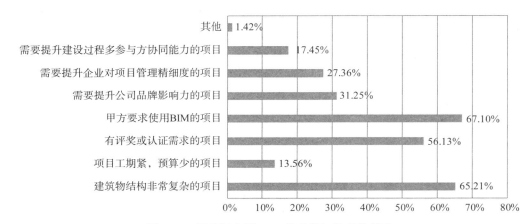

图 1-22　近些年应用 BIM 技术增加最多的项目

对于企业开展过的 BIM 应用，各类 BIM 应用分布比较均衡，其中超过 7 成的企业开展了以下 BIM 应用：基于 BIM 的碰撞检查（84.57%）、基于 BIM 的机电深化设计（73.19%）、基于 BIM 的图纸会审及交底（72.32%）和基于 BIM 的专项施工方案模拟（70.49%）。此外，占比超过 50% 的应用项还有基于 BIM 的投标方案模拟（62.78%）、基于 BIM 的质量管理（57.67%）；基于 BIM 的进度控制（57.57%）基于 BIM 的工程量计算（55.83%）；基于 BIM 的安全管理（54.87%）。如图 1-23 所示。

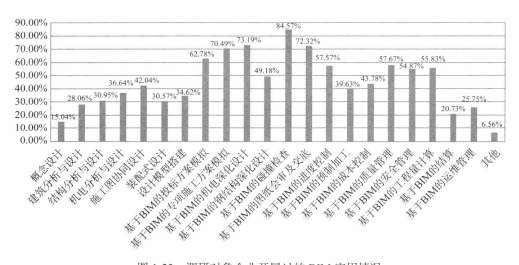

图 1-23　调研对象企业开展过的 BIM 应用情况

统计显示，在施工阶段，企业应用 BIM 希望能得到的价值排名前五位是：提升企业品牌形象，打造企业核心竞争力（占比 65.71%）；提高施工组织合理性，减少施工现场突发变化（占比 66.88%）；提升项目整体管理水平（占比 57.11%）；提高工程质量（占比 56.79%）和提升企业对项目的管理精细度（占比 49.36%）。如图 1-24 所示。

数据显示，项目的设计、施工、运维全生命期 BIM 技术的应用均有覆盖，在施工阶段应用仍然是重点，技术、商务、生产等不同业务方面都有突出的表现。

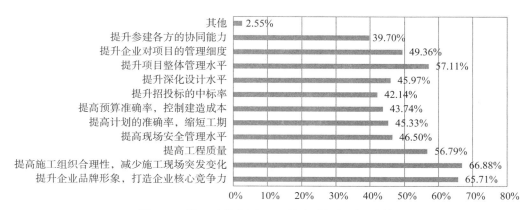

图 1-24　施工阶段应用 BIM 技术希望得到的价值

从调研对象企业 BIM 技术应用现状可以看出，总体上建筑业企业对 BIM 技术的应用规模和应用范围在不断扩大，希望能通过 BIM 技术解决更多业务上的问题，BIM 技术的价值在建筑全生命期显现。

2. 企业 BIM 软件应用情况

通过企业 BIM 软件应用情况调研发现，在 BIM 建模工具类软件中，Autodesk RevitCivil 3D、Infraworks 等国际主流 BIM 软件应用占比仍较大（87.08%）。值得关注的是，一些国产 BIM 品牌也受到了市场认可，例如广联达 / 广联达鸿业系列软件，应用占比 52.84%；品茗系列软件，占比 32.79%。在"其他"45 条记录中，Revit 出现 18 次，易达出现了 12 次。如图 1-25 所示。

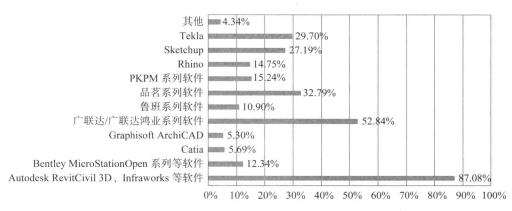

图 1-25　常用的 BIM 建模工具类软件品牌

在 BIM 管理类软件中，调研对象企业最常用的产品为广联达 BIM5D，占比 54.19%；其次是 Fuzor，占比 35.49%；排在第三位的是 Navisworks Manage，占比 33.27%。在"其他"选项的 88 条记录中，"自主研发类"出现了 43 次，占总比 4.1%；易达出现 14 次；Revit 出现 8 次（图 1-26）。也有调研对象反映，企业迫切需要 BIM 管理类软件，但尚无预算。

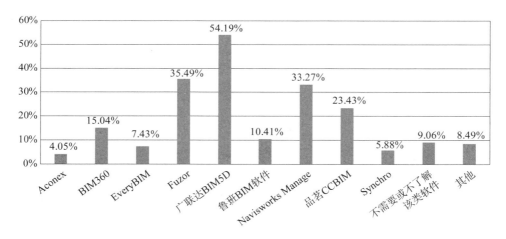

图 1-26 常用的 BIM 管理类软件

对于 BIM 云平台，有超过 65% 的企业应用过该类软件；正在使用并认为效果良好的企业占 31.53%；正在使用认为效果一般的企业占比 25.46%；用过但现在停止应用的企业占比 8.29%（图 1-27）。用过但放弃使用云平台类产品的原因集中在缺乏相关费用预算、与公司业务不兼容没有发挥作用等。

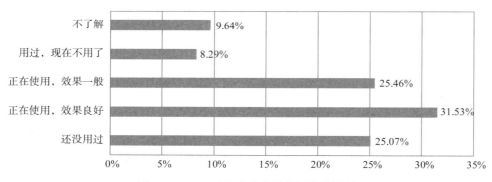

图 1-27 BIM 云平台类软件使用整体情况

进一步调查发现，应用过云平台的企业主要选择的软件为 BIM5D（占比 28.66%），其次是品茗 CCBIM（占比 14.33%）和广联达协筑（占比 14.18%）。在"其他"选项的 110 条记录中，"自主研发类"出现了 66 次，占总比 9.7%，其中较为突出的是中建八局联合译筑科技搭建的 C8BIM 平台。如图 1-28 所示。

前文的调研数据中显示一些国产 BIM 品牌产品受到了市场认可。在企业对于国产 BIM 软件的态度的相关调研中，企业已经有明确的关于使用国产化软件要求的占比 19%；企业在自身条件允许情况下鼓励使用国产软件的占比 53.62%；企业对此没有要求，更偏向于应用感受好的软件的占比 27.38%。如图 1-29 所示。

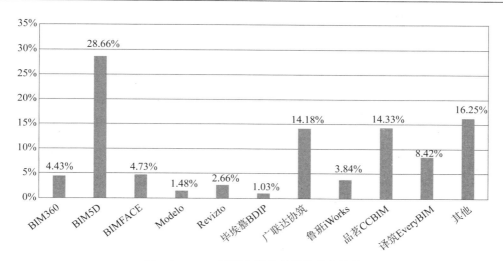

图 1-28　BIM 云平台类软件品牌分布情况

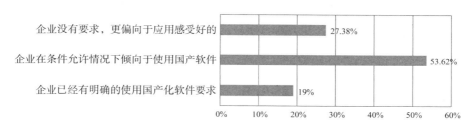

图 1-29　调研对象企业对国产 BIM 软件的态度

在企业应用的国产 BIM 软件中，广联达系列软件超过半数，占比 56.32%；品茗系列产品和红瓦科技系列的应用度也很可观，分别占比 40.02% 和 37.13%。此外，BIMFILM、橄榄山、广联达鸿业、天正系列应用占比也都在 20% 左右。占比高于 10% 的软件还有 PKPM 系列、鲁班系列。如图 1-30 所示。

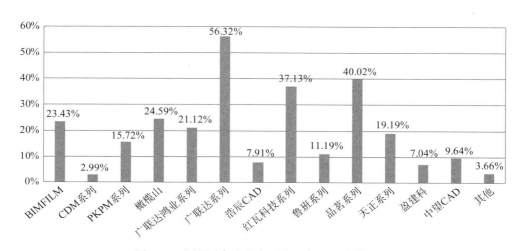

图 1-30　调研对象企业应用的国产 BIM 软件品牌

对于国产 BIM 软件的评价，大多数调研对象企业认为还不能完全满足需求，希望能持续改进，占比 65.57%；认为能够满足企业需求，可以替代国外软件的企业占比 15.24%；认为远远不能满足需求，不想消耗过多精力关注的企业占比 4.92%；目前没有明确评价结论的企业占比 14.27%。如图 1-31 所示。

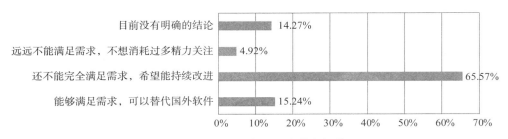

图 1-31　对于国产 BIM 软件的评价

3. 企业 BIM 应用发展情况

从调研统计数据来看，已应用 BIM 的企业在制定 BIM 应用规划的情况上更为重视，已经清晰规划出了近两年或更远的 BIM 应用目标的企业占比远超前几年，为 60.56%；正在规划中，尚无具体规划内容的企业占比 24.3%；没有规划，仅几个项目在试用的企业占比 8.87%；而尚无规划的企业只有 1.64%，如图 1-32 所示。这充分表明企业越来越重视 BIM 应用规划，BIM 应用越来越深入到企业对未来发展的考虑中。

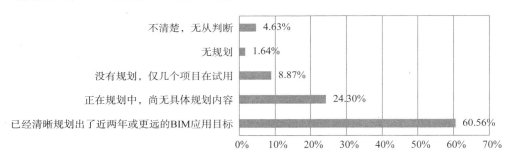

图 1-32　调研对象企业 BIM 应用规划制定情况

对于在应用过程中总结应用方法，行业中绝大多数企业持认可态度，并认为非常重要，认为应用方法是推进 BIM 应用的必要条件的占比 53.61%；认为比较有用，应用方法对推进 BIM 应用能起到较大帮助的占比 34.31%。如图 1-33 所示。

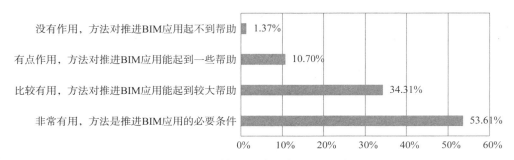

图 1-33　总结 BIM 应用方法的重要性

从 BIM 技术学习方面看，调研对象学习 BIM 知识的渠道目前主要是 BIM 方面的专业书籍，占比 58.65%；其次是 BIM 培训机构，占比 50.32%；第三是 BIM 应用软件商，占比 44.46%。如图 1-34 所示。

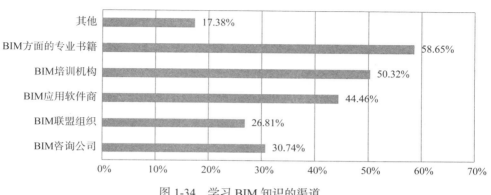

图 1-34　学习 BIM 知识的渠道

在应用中总结方法，在更多渠道中学习知识、技能，经过企业多年的知识累计，调研对象对于自身 BIM 应用能力的信心也有所增加。其中非常有信心的调研对象占比 25.25%，比较有信心占比 33.49%，处于中间水平占比 24.15%。如图 1-35 所示。

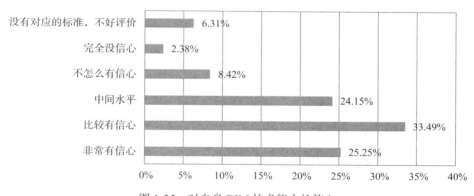

图 1-35　对自身 BIM 技术能力的信心

对于企业在实施 BIM 中遇到的阻碍因素，整体结构没有太大变化，缺乏 BIM 人才连续第五年成为企业面临的最重要问题，2021 年所占比例达到了 61.91%；排在第二位的阻碍因素是项目人员对 BIM 应用实施不够积极，占比 49.28%；第三位是缺乏 BIM 实施的经验和方法，占比 46.19%。如图 1-36 所示。

进一步调研分析发现，企业对于 BIM 人才的需求，集中在技术、商务、生产等方面的 BIM 专业应用工程师，占比 65.73%，其次是 BIM 模型生产工程师，占比 48.44%；排在第三位的是 BIM 项目经理，占比 45.79%；此外，BIM 专业分析工程师和 BIM 造价管理工程师的需求也比较突出，分别占比 42.83% 和 40.03%。调研发现对于 BIM 项目经理人才的需求明显提高，也说明现阶段 BIM 在项目上的应用更为深入。如图 1-37 所示。

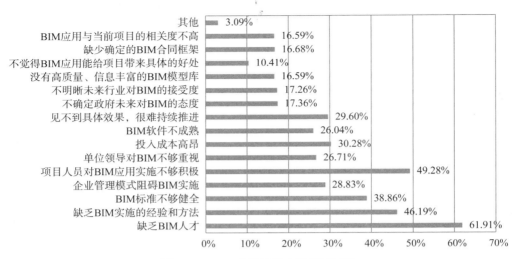

图 1-36　BIM 应用过程中的阻碍因素

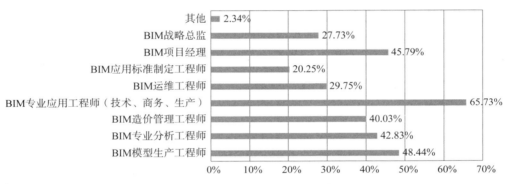

图 1-37　企业需要的 BIM 人才

从数据上看，经过多年的发展，人才匮乏的问题非但没有解决反而更加严峻，这可能是由于新应用点不断推出，软件迭代更新快，应用范围不断扩大，应用深度不断增加。当然人才培养机制不够健全，掌握 BIM 技术但不能和业务实际相结合也是值得考虑的因素。

对于 BIM 应用的主要推动力，政府和业主持续占据前两位，分别占比 80.70% 和 65.69%；行业协会的重要性排在第三位，占比 54.44%；设计和施工单位占比持平，分别为 42.63% 和 44.37%。如图 1-38 所示。

针对现阶段行业 BIM 应用最迫切要做的事，78.77% 的调研对象认为是制定 BIM 应用激励政策；其次是建立健全与 BIM 配套的行业监管体系，占比 67.89%；第三是制定 BIM 标准、法律法规，占比 64.04%；位列第四、第五的是建立 BIM 人才培养机制和开发研究更好、更多的 BIM 应用软件，分别占比 58.65%、49.77%。此外，也有调研对象进一步提出在政策法规等方面要明确 BIM 实施价格等，要做好法律法规研究，保障工程数字化落地的衔接工作；在人员方面，要明确 BIM 人才的职业定位、岗位设置、上升通道，加快人员管理、信息化素质提升。如图 1-39 所示。

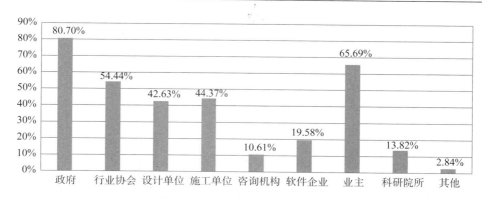

图 1-38　BIM 应用的主要推动力

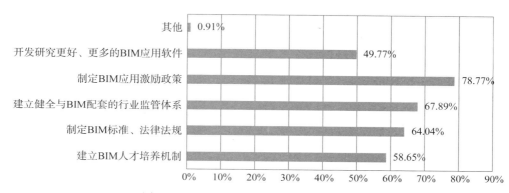

图 1-39　现阶段行业 BIM 应用迫切要做的事

关于影响未来建筑业的发展的数字技术，大数据排在第一位，占比 79.05%；其次是云计算和人工智能，分别占比 69.17% 和 67.98%；占比超过 50% 的数字技术还有物联网、机器人和 5G 技术，分别占比 58.92%、52.7% 和 51.05%。此外还有部分调研对象提到 AR 技术。如图 1-40 所示。

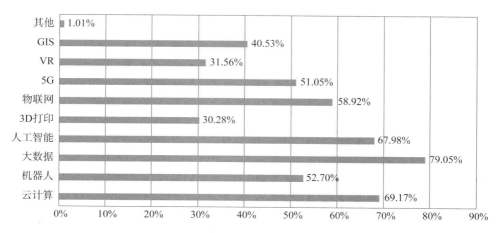

图 1-40　影响未来建筑业发展的数字技术

从 BIM 应用的发展趋势来看，与项目管理信息系统的集成应用，实现项目精细化管理和与物联网、移动技术、云技术的集成应用，提高施工现场协同工作效率仍然盘踞前两位，分别占比 83.71% 和 77.22%；此外，在工厂化生产、装配式施工中应用，提高建筑产业现代化水平占比上升，为 66.33%；排在第四位的是传统选项与云技术、大数据的集成应用，提高模型构件库等资源复用能力，占比 65.87%。如图 1-41 所示。

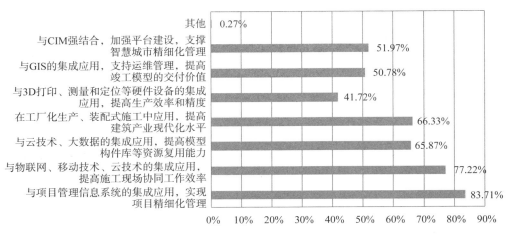

图 1-41　BIM 应用的发展趋势

1.1.3　BIM 应用变化情况

编写组从 2017 年起，已连续 5 年对建筑业 BIM 应用情况进行了调研，形成了连续性的数据。在对数据进行分析的过程中，发现 BIM 应用普及程度上升，但企业对于 BIM 应用积极度变化比较平缓，越来越趋于理性；从更深层次分析产生这一现象的原因主要有两点：一是在价值驱动下，BIM 应用深度逐步提升，通过 BIM 的应用越来越多业务问题得以有效解决；二是 BIM 与其他技术融合应用所带来的价值，让行业对 BIM 的定位有了新的认知，BIM 是数字化转型的核心技术之一，要与其他技术集成才能实现建筑业高质量发展，但与集成应用的迫切需求相比，BIM 技术的深度开发相对缓慢。下面针对这些方面的变化进行具体阐述。

1. 行业 BIM 应用普及度上升，企业 BIM 应用态度趋于理性

在行业 BIM 应用普及度提升方面，编写组将从资金成本投入、组织建设投入、项目实践投入、应用时间投入等 4 个维度的数据变化情况进行分析说明。

从资金成本投入上看，也呈现出企业在 BIM 应用方面投入的资金越来越多的趋势。2017 年企业在 BIM 应用投入占比最多的是 10 万元以内，甚至很多企业在 BIM 应用方面还没有资金的投入，到 2021 年 BIM 应用投入在 10 万元以内的企业仅占 5.69%。而 2017 年 BIM 应用资金投入超过 100 万元的企业仅有 14.30%，超 500 万元更仅有 3.30%，到 2021 年投入超过 100 万元的企业占比已经达到了 44.84%，更有将近 20% 的企业投资已超过 500 万元。可见，这 5 年间，企业在 BIM 应用方面的资金投入力度越来越大。如图 1-42 所示。

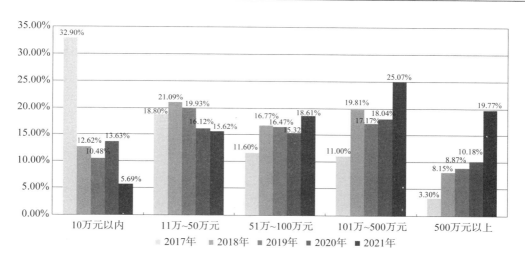

图 1-42　2017 ～ 2021 年企业 BIM 应用资金投入情况

从组织建设上看，越来越多的企业在项目或公司层面单独设立 BIM 组织，以推进 BIM 技术的应用。2017 年，四成以上的企业（40.60%）未在项目或公司层面设立专门的 BIM 组织，到 2021 年，企业各层面均未建立 BIM 组织来推进 BIM 应用的企业仅有 5.30%。与此同时，2021 年企业在公司和项目层面均设立 BIM 组织的企业已经高达 40.12%。可见，选择在公司和项目层面同时加大 BIM 应用人员投入和相关组织建设，已经成为更多企业的共识，通过加强在人员方面的投入保障 BIM 应用的效果。如图 1-43 所示。

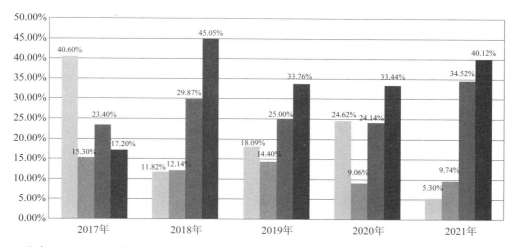

图 1-43　2017 ～ 2021 年企业 BIM 组织建设投入情况

从项目实践上看，BIM 技术已经在越来越多的项目上开展应用，有越来越多的项目愿意在 BIM 应用方面给予更大的投入。2017 年应用 BIM 技术项目数量在 10 个以下的企业占比 77.00%，其中更有 36.40% 的企业还未在项目上应用过 BIM 技术；到 2021 年，

BIM 应用项目数量少于 10 个的企业的占比已下降至 36.93%，当然一些受访企业存在一年间所承接的项目也不超过 10 个的情况，对此编写组做了更深入的调研。2021 年，70% 以上的企业应用 BIM 技术的项目数超过企业总项目数的 25%。通过以上数据不难发现，企业应用 BIM 技术的项目数量和项目比例在 2017 ~ 2021 年这 5 年间持续增长，有越来越多的项目在 BIM 应用方面加大投入力度。如图 1-44 所示。

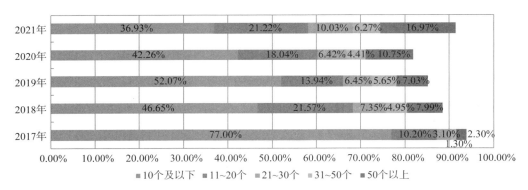

图 1-44 2017 ~ 2021 年企业在项目上 BIM 应用投入情况

从应用时间上看，应用 BIM 技术的企业数量越来越多，且持续性不断提升。随着 BIM 技术的不断发展，有越来越多的企业选择应用 BIM 技术，2017 年未使用 BIM 技术的企业占比 35.20%，至 2021 年未使用 BIM 技术的企业仅占 5.12%。此外，从数据可以看出，企业对于 BIM 应用时间投入方面也是持续的，2017 年应用 BIM 技术达到 5 年以上的企业仅有 5.70%，到 2021 年持续应用 BIM 技术 5 年以上的企业已经达到了近一半（47.85%）。如图 1-45 所示。

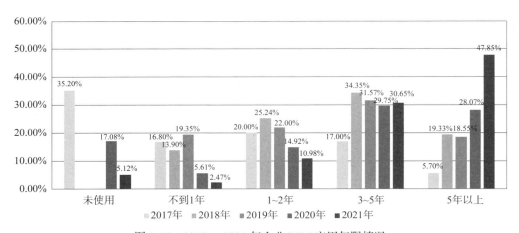

图 1-45 2017 ~ 2021 年企业 BIM 应用年限情况

在企业 BIM 应用态度趋于理性方面，编写组从 BIM 应用的明确程度、BIM 推进方式的计划、BIM 应用阶段的重点三个维度的数据变化对 BIM 应用趋于理性情况进行分析。企业在 BIM 应用的阶段方面总体呈现 BIM 应用定位更加清晰、应用价值驱动更加凸显的趋势。企业希望拥有全面掌握 BIM 技术的能力，同时，也认识到 BIM 应用能力的建设不能一蹴而就，需要总体规划、分步实施，按阶段稳步推进。

从 BIM 应用明确程度上看，企业越来越重视 BIM 应用方面的顶层规划，并且随着应用的不断深入，BIM 应用的规划方向也越发明确。2017 年仅有不到三成（28.3%）的企业已经清晰地规划出了近两年或更远的 BIM 应用目标，而这个数据到 2021 年已经上升至60.56%。这组数据也反映出随着企业对 BIM 应用投入的不断增加，其 BIM 方面的应用目标越来越明确。对于新技术的推广普及而言，明确其应用目标和价值至关重要，这 5 年间企业对于 BIM 应用目标和价值的逐渐清晰，更有助于 BIM 技术在建筑业的持续推广普及。如图 1-46 所示。

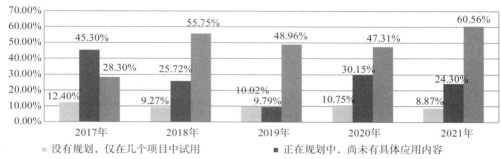

图 1-46　2017 ～ 2021 年 BIM 应用明确程度调研数据

从 BIM 应用的推进方式上看，企业越来越希望通过 BIM 实践，自身能够逐步掌握BIM 应用的能力。2017 年委托咨询单位完成 BIM 应用的企业占比为 16.9%，这一数据到2021 年下降至 6.08%。在此过程中，越来越多的企业通过与专业 BIM 机构合作、共同完成 BIM 应用来逐步学习并建立企业自身的 BIM 应用能力。5 年间公司通过成立专门组织进行 BIM 应用的比例也从 46% 上升至 76.76%。从这样的变化也能看出，越来越多的企业认为，BIM 技术的应用将会是建筑业发展的长期趋势，不是阶段性的技术浪潮，所以也有越来越多的企业需要通过成立专门的 BIM 组织来持续建立企业自身的 BIM 能力，并积累 BIM 资产。如图 1-47 所示。

图 1-47　2017 ～ 2021 年 BIM 应用的推进方式调研数据

　　从 BIM 应用阶段重点上看，企业在这 5 年间的阶段重点从建立 BIM 组织、推动项目上业务人员尝试用 BIM 技术，到项目上人员主动用 BIM、重点在探索 BIM 应用能解决哪些项目难点，再到可以用 BIM 解决项目问题、重点在寻找如何衡量 BIM 的经济价值。2017 年，刚建立 BIM 组织并在项目上尝试 BIM 应用的企业占比为 22.1%，这一数据到 2021 年已经下降至 5.5%。而 2017 年仅有 6.7% 的企业在考虑 BIM 的价值该如何衡量，到 2021 年考虑 BIM 价值衡量问题的企业已占比 27.29%。可见，从尝试到价值落地再到效果评估，可以说是一步一个脚印地发展。如图 1-48 所示。

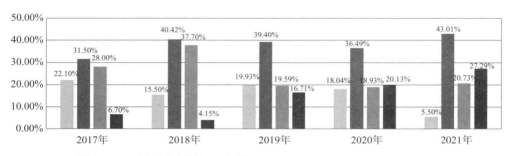

图 1-48　2017 ～ 2021 年 BIM 应用阶段重点调研数据

　　2. BIM 应用深度提升，与其他技术广泛融合

　　在 BIM 应用深度提升方面，编写组将从企业应用的项目情况、具体应用点、希望得到的价值及发展趋势 4 个维度的数据变化情况进行分析说明。

　　总体上看，5 年间建筑业企业 BIM 应用点不断增多，更多的企业正在利用 BIM 解决更多的问题。

　　从项目情况上看，虽然甲方要求和品牌效益以及一直以来都是应用 BIM 的主要推动力，但企业对 BIM 的应用需求正在多方面增长，越来越多的问题都在向"应用 BIM"要答案。先看一直处于高比重的项目情况：甲方要求使用 BIM 的项目从 2017 年到 2021 年，占比由 42.4% 上升到 80.8%；有评奖或认证需求的项目占比五年间由 30.1% 上升到 72.4%；需要提升公司品牌影响力的项目 2017 年占比 37%，2021 年占比则上升至 65.2%；因为建筑物结构非常复杂而采用 BIM 技术的情况，2017 年占比 40.1%，2021 年上升到 74.3%。再看相对来说占比较少的项目情况：项目工期紧、预算少在 2017 年只占 15.9%，到 2021 年该类项目占比几乎翻倍（占比 29.7%）；需要提升企业对项目管理精细度占比则由 2017 年的 35% 上升到 2021 年的 56.3%，BIM 技术在企业项目管理中的需求逐渐明确；在 2020 年和 2021 年，编写组还对"需要提升建设过程多参与方协同能力的项目"进行了调研，占比由近 20%（19.3%）上升至占比近半数（49.2%），建造阶段各参与方协同价值凸显。从数据中不难发现，BIM 技术的应用已经突破了最开始的应用需求领域，向更广的范围发展。如图 1-49 所示。

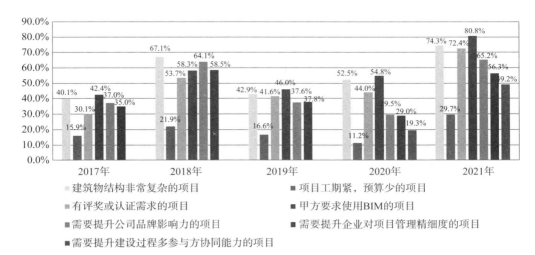

图 1-49　2017 ～ 2021 年企业应用 BIM 技术的项目情况

从企业的 BIM 应用看，在施工阶段，各应用点的应用率均呈现增长态势，BIM 的应用范围在不断扩大。从数据来看，五年间占比上升幅度最小的是基于 BIM 的结算，由 14.8% 上升到 20.7%，上升近 6 个百分点；其余各项应用点上升均超过 10 个百分点；在基于 BIM 的专项施工方案模拟、基于 BIM 的机电深化设计、基于 BIM 的钢结构深化设计、基于 BIM 的碰撞检查、基于 BIM 的图纸会审及交底、基于 BIM 的质量管理、基于 BIM 的安全管理等应用点五年间的占比增长更是超过 30 个百分点，其中基于 BIM 的图纸会审及交底 2017 年占比 34.4%，到 2021 年占比 72.3%。应用点的全面开花同样是应用范围扩大的重要标志。如图 1-50 所示。

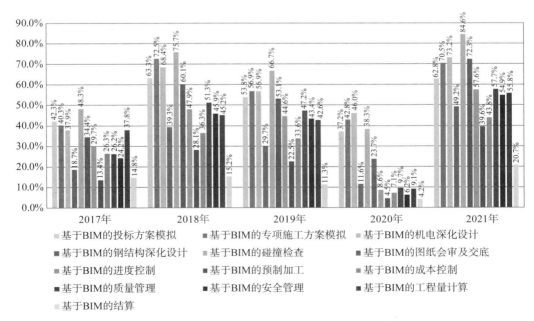

图 1-50　2017 ～ 2021 年企业开展过的 BIM 应用情况

25

从应用价值看，企业在 BIM 应用中得到的价值点在不断增多，各应用价值点需求比例逐渐均衡，侧面印证着 BIM 的应用范围不断扩大。从数据来看，提升企业品牌形象、打造企业核心竞争力是企业一直以来都在追求的价值点，变化不大；希望通过应用 BIM 技术提高工程质量的企业越来越多，2017 年该项占比为 15.7%，到 2021 年增长为 56.79%；占比涨幅最小的为提高预算准确率，控制建造成本五年间涨幅也达到了 7.3 个百分点；此外，提高施工组织合理性、减少施工现场突发变化，提高现场安全管理水平，提高计划的准确率、缩短工期，提高预算准确率、控制建造成本，提升招投标的中标率，提升深化设计水平等价值点涨幅均超过 10%。

2020～2121 年编写组对提升项目整体管理水平、提升企业对项目的管理细度、提升参建各方的协同能力等价值项进行了调研，提升项目整体管理水平占比涨幅为 29.1 个百分点，提升企业对项目的管理细度占比涨幅为 35.7 个百分点，提升参建各方的协同能力占比涨幅为 27.5 个百分点。企业希望通过应用 BIM 技术得到的价值已经从"聚焦于两三个价值需求"转变为"更多价值需求的齐头并进"。如图 1-51 所示。

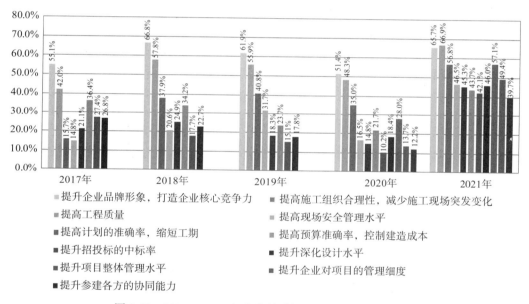

图 1-51　2017～2021 年企业最希望得到的应用价值情况

在 BIM 与其他技术广泛融合方面，编写组将从影响建筑业未来发展的技术与 BIM 发展趋势两方面分析。

从影响建筑业未来发展的技术来看，企业对 BIM 与更多数字技术的融合应用越来越多，希望通过更多数字技术的集成应用实现应用价值最大化。大数据、云计算、人工智能和物联网是从业者更为看重的数字技术，大数据 2021 年占比 79.05%（2020 年占比 67.12%），云计算 2021 年占比 69.17%（2020 年占比 50.6%），人工智能 2021 年占比 67.98%（2020 年占比 42.82%），物联网 2021 年占比 58.92%（2020 年占比 30.47%）。同时值得注意的是，机器人、物联网、GIS 技术占比增加均在 30% 左右，逐渐得到了行业的

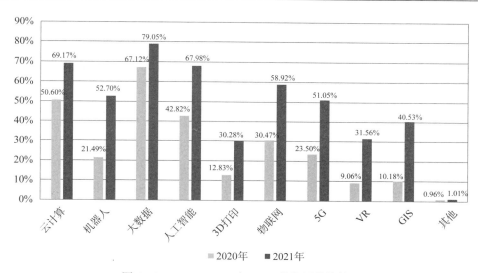

图 1-52　2017 ～ 2021 年 BIM 的发展趋势情况

重视。如图 1-52 所示。

从 BIM 发展趋势看，与其他技术的集成应用有助于拓展 BIM 应用范围，纵向与项目管理深度融合，横向延伸至工程的全价值链。与 GIS 的集成应用、支持运维管理、提高竣工模型的交付价值是占比涨幅最高的趋势选项，2017 年选择该项的受访者占比 12.8%，2021 年选择该项的受访者占比 50.78%；在工厂化生产、装配式施工中应用，提高建筑产业现代化水平选项五年间涨幅超过 30 个百分点；与物联网、移动技术、云技术的集成应用，提高施工现场协同工作效率 2017 年占比 59.2%，2021 年占比 77.22%。如图 1-53 所示。

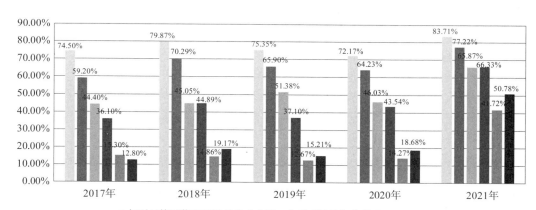

图 1-53　2017 ～ 2021 年 BIM 的发展趋势情况

值得注意的是，虽然 BIM 与其他技术的集成应用推动了其价值落地，但随着应用不断深入，也产生了行业对 BIM 与其他技术集成的迫切需求与 BIM 技术深度开发相对缓慢的矛盾。

1.2　BIM 大赛调研情况

本次调研包括近 5 年全国综合大赛、地方大赛、细分领域大赛及其他大赛。全国综合性大赛的参赛项目逐年增加，项目规模由大体量复杂向小体量常规项目转变，项目类型由房建项目向基建等领域拓展；细分领域的 BIM 赛事增多，BIM 的价值在水利水电、市政路桥等更聚焦的专业领域体现；BIM 赛事的发展情况与上文调研结果相符合，BIM 应用普及性增高、应用深度增加。此外，地方性 BIM 大赛等其他赛事遍地开花，也体现出国内 BIM 应用的良好环境。

编写组将从全国综合性大赛、全国范围内的细分领域大赛、地方性赛事和其他赛事 4 个方面对 BIM 大赛整体情况进行具体梳理，对现阶段施工行业 BIM 的应用现状进行分析。

1.2.1　全国综合性 BIM 大赛

从全国综合性 BIM 大赛可以看出：第一，施工行业的 BIM 应用普及度整体呈逐年上升趋势。从中国建设工程 BIM 大赛 2016 年与 2020 年报奖作品的数量对比来看，在作品参赛范围不变的情况下，参赛项目增长率为 110%。这表明近 5 年来，应用 BIM 技术的项目在不断增多，BIM 技术推广应用情况较好。

第二，施工行业应用 BIM 的项目类型越来越丰富。2016 年 BIM 的应用项目以房建、医院、商业综合体等为主，现阶段参赛项目类型范围覆盖剧院、厂房、古建筑修缮等工程。

第三，施工行业 BIM 技术的应用点越来越广。从 2021 年参赛作品中可以看出施工企业除了对于前期深化设计方面的应用外，还将 BIM 与施工现场的生产、质量、安全等现场业务结合。对一些先进的技术，如 BIM 与 3D 打印、VR/AR/MR/XR、物联网、云计算、大数据、智能化等信息技术的结合也在进行探索应用。

编写组针对行业内认可度比较高的全国综合性 BIM 大赛进行了梳理：

1. 中国建设工程 BIM 大赛

大赛由中国建筑业协会主办，主要面向施工领域。该比赛是目前最具影响力的国家级 BIM 赛事之一，采用推荐制参赛，申报项目数量受限制，需要经过地方或者企业选拔推荐才能入围。各地区协会、行业协会、大型施工企业分配参赛名额。

大赛设有 BIM 技术综合和 BIM 技术单项两个组别，分别评选出一、二、三类成果。2020 年参赛项目数量有 1120 个，最终 602 个项目获奖，获奖率为 53.7%，较 2019 年（获奖率 59.3%）回落了 6 个百分点。

如图 1-54 所示，从第一届至第五届中国建设工程大赛的参赛数据来看，参赛的项目数量和获奖项目数持续攀升。由此可以看出近 5 年应用 BIM 技术的项目数量在不断增多，且应用的质量也有所提升。参赛项目数的不断增多，导致竞争越来越激烈，获奖项目虽然

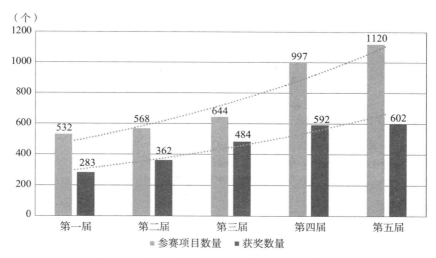

图 1-54　历届中国建设工程大赛参赛及获奖情况

增多但获奖比例还是有所下降。因此对于参赛项目来讲，如何更好地提升项目 BIM 应用水平和参赛作品的质量至关重要。

2. 龙图杯全国 BIM 大赛

大赛由中国图学学会主办，面向整个建筑行业 BIM 领域，是目前国内参赛项目最多的赛事。大赛设有 4 个组别：设计组、施工组、综合组、院校组，其中综合组要求项目 BIM 应用涉及设计、施工、运维中的两个阶段才可报名参加。每个组分别设有一等奖、二等奖、三等奖和优秀奖。

2020 年大赛共收到了 1999 项成果，其中 688 项成果进入复评（施工组共 470 个项目获奖），最终颁布 61 项一等奖。综合获奖概率为 34.4%，一等奖获奖概率仅有 3.1%。较 2019 年的综合获奖概率 30.9%、一等奖获奖概率 3.3% 来讲，基本持平。

如图 1-55 所示，从近 5 年龙图杯大赛参赛的项目数量和获奖项目数量来看，整体趋

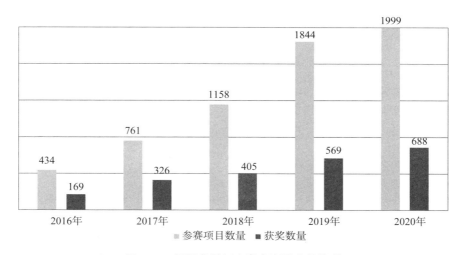

图 1-55　历届龙图杯大赛参赛及获奖情况

势同中国建设工程大赛一样 BIM 技术应用呈持续上升状态，这也进一步说明了应用 BIM 技术的项目在逐年增多，且 BIM 技术的普及性越来越强。从获奖率来看，近 5 年龙图杯平均综合获奖概率在 35% 左右，一等奖获奖率在 3% 左右，趋势较为平稳。但参赛作品数量逐年增加，竞争激烈程度逐年提升，获奖难度也逐年增加。想要在 2000 份左右的作品中脱颖而出，还需在 BIM 的应用深度、创新点和"BIM+"等内容方面进行深入研究。

3. 工程建设行业 BIM 大赛

中国施工企业管理协会主办，主要面向工程建设企业。按照建筑工程、交通工程、水电能源工程和市政公用工程 4 个类别，分别设一等成果、二等成果和三等成果。

2020 年首届工程建设行业 BIM 大赛共收到 1947 项参赛成果，一等成果 61 项、二等成果 134 项、三等成果 455 项。2021 年（第二届大赛）共收到 2275 项参赛成果，评出一等成果 69 项、二等成果 175 项、三等成果 509 项。

从参赛数量来看，2021 年工程建设行业 BIM 大赛参赛成果已突破 2000 项，较首届增加了 300 多个项目，数量增长趋势明显。从获奖率来看，基本与龙图杯相同，综合获奖率在 33% 左右，一等奖获奖率在 3% 左右。相比较而言，中国建设行业 BIM 大赛在 BIM 大赛中属于竞争较为激烈的赛事。

1.2.2　地方性 BIM 大赛

我国各地也有非常多的 BIM 大赛项目，结合各地的 BIM 政策，地方性 BIM 大赛促进了 BIM 技术的普及应用和全面落地。各地区对 BIM 技术应用的重视程度提升，从以下两个方面可以看出：一是省级大赛的推动力度加大，如河南将大赛与"具备 BIM 技术应用能力"等级认定结合，来持续拉动和推进省建筑企业系统地建立 BIM 技术应用能力。二是部分地区开始举办市级 BIM 大赛，如：西安的"唐都杯"、菏泽的"牡丹杯"等。这说明部分地市已经意识到 BIM 技术的重要性，并通过 BIM 大赛的方式更加聚焦地推动本地施工企业的 BIM 建设。各地区虽方法不同，但都在积极尝试促进省市自身的 BIM 应用发展。地方性 BIM 大赛统计如表 1-1 所示。

地方性 BIM 大赛（排名不分先后）　　　　　　　　　　　　　　　　　表 1-1

序号	大赛名称	主办单位	大赛类型	备注
1	北京市工程建设 BIM 大赛	北京市建筑业联合会	省赛	—
2	上海建筑施工行业 BIM 应用大赛	上海市建筑施工行业协会	省赛	2014 年首届 / 每年一届
3	深圳市建设工程建筑信息模型（BIM）应用大赛	深圳建筑业协会 深圳建筑业协会智慧建造分会	省赛	2017 年首届 / 每年一届
4	东北四省首届 BIM 大赛	辽宁省建筑业协会 吉林省建筑业协会 黑龙江省建筑业协会 内蒙古自治区建筑业协会	省赛	2021 年首届
5	贵州 BIM 大赛	贵州省住房和城乡建设厅	省赛	2019 年首届 / 每年一届
6	湖南省 BIM 技术应用大赛	湖南省住房和城乡建设厅	省赛	2019 年首届 / 每年一届

序号	大赛名称	主办单位	大赛类型	备注
7	江西 BIM 建筑信息模型大赛	江西省土木建筑学会	省赛	2020 年首届 / 每年一届
8	江苏省建设工程 BIM 应用大赛的通知	江苏省建筑行业协会 江苏省建设工会工作委员会	省赛	2018 年首届 / 每年一届
9	宁夏地区建设工程首届 BIM 技术应用大赛	宁夏规划勘察设计协会 宁夏土木建筑学会 宁夏建设工程造价管理协会 宁夏建设新技术协会 宁夏 BIM 发展联盟	省赛	2021 年首届
10	山东省建设工程 BIM 应用成果竞赛	山东省建筑业协会 山东省建设工会	省赛	2019 年首届 / 每年一届
11	四川省建设工程 BIM 应用大赛	四川省建筑业协会	省赛	2017 年首届 / 每年一届
12	燕赵（建工）杯	河北省工程建设信息智能化协会 河北省建筑业协会 河北省建筑信息模型学会	省赛	2020 年首届 / 每年一届
13	中西部 BIM 联赛	陕西省土木建筑学会 甘肃省土木建筑学会 河南省土木建筑学会 江西省土木建筑学会 宁夏回族自治区土木建筑学会 山西省土木建筑学会 新疆维吾尔自治区土木建筑学会	省赛	2021 年首届
14	"中原杯" BIM 大赛	河南省建筑业协会	省赛	2017 年首届 / 每年一届
15	"江海杯" BIM 技术应用大赛	南通市建筑行业协会	市赛	2019 年首届 / 每年一届
16	"唐都杯" BIM 应用大赛	西安建筑业协会	市赛	2017 年首届 / 每年一届

1.2.3　全国性细分领域 BIM 大赛

随着 BIM 技术应用的不断推进，应用范围不断扩大、应用点逐渐增多，更多细分领域展开 BIM 应用，全国范围内各细分领域 BIM 大赛也逐年增多。BIM 技术推广前期，主要应用在大型场馆、住宅、高难度复杂工程等房建项目，大赛的参与项目也以房建为主。随着 BIM 技术的不断推广，一批细分领域的 BIM 赛事涌出，如：创新杯——面向勘测设计领域、智水杯——面向水利水电领域、市政杯——面向市政行业等。这也说明施工行业的各个细分领域都认识到了 BIM 的价值，并对 BIM 的应用进行积极的探索。该类型 BIM 大赛对细分领域的 BIM 应用落地有着极大的推动作用。细分领域 BIM 大赛详细情况如下：

1. 创新杯建筑信息模型（BIM）应用大赛（首届 2010 年）

中国勘察设计协会和欧特克软件 (中国) 有限公司主办，主要面向勘察设计领域。2021 年第十二届"创新杯"建筑信息模型（BIM）应用大赛特别在奖项设置上进行了创新与优化，单项奖分为建筑类、基础设施类、拓展类三个大类十五个专项，奖项将按类别分设特等奖、一等奖、二等奖、三等奖。

2. 安装行业 BIM 技术应用成果评价（首届 2018）

中国安装协会 BIM 应用与智慧建造分会主办，申报成果按所属项目类别分为民用建筑机电安装工程 BIM 应用、钢结构工程 BIM 应用和工业安装工程 BIM 应用三个类别，分为Ⅰ类、Ⅱ类、Ⅲ类成果。

3. "市政杯" BIM 应用技能大赛（首届 2018 年）

中国市政工程协会主办，参赛单位以市政行业勘察、设计、施工、运维企业为主。参赛组别分为：综合组、设计单项组、施工单项组、运维及数字城市组。大赛按组别设置一类成果奖、二类成果奖、三类成果奖、优秀成果奖和优秀组织奖；获得一类成果奖的主要完成成员同时获得个人优秀创新奖。

4. "联盟杯" 铁路工程 BIM 应用大赛（首届 2019 年）

主办单位为铁路 BIM 联盟、中国铁道工程建设协会。大赛主要针对铁路工程和轨道交通建设项目，其中铁路工程项目 BIM 应用分设四个组别：设计组、施工组、多阶段应用、数字协同组。综合工程项目 BIM 应用分设四个组别：设计组、施工组、多阶段应用组、数字协同组。BIM 应用软件奖项按类目按组别分设一、二、三等奖。在一等奖基础上评选特别创新奖一名，旨在表彰其在 BIM 领域的突出贡献。

5. "智水杯" 全国水工程 BIM 应用大赛（首届 2021 年）

中国水利水电勘测设计协会、河海大学、中国继续工程教育协会主办，参赛范围覆盖水利、水电、水运、水环境等领域。大赛设职业组和院校组两个组别。申报大赛职业组的须为具有独立法人资格的企事业单位；申报大赛院校组的须为全国各大中专院校以及其他教育机构。职业组按工程建设和运行阶段 BIM 应用设立奖项，包括：全生命期 BIM 应用奖、勘测设计 BIM 应用奖、建管与施工 BIM 应用奖、运行维护 BIM 应用奖。其中全生命期 BIM 应用是指将 BIM 应用于勘测设计、施工与建管、运行维护两个及以上阶段；院校组不细分类别，设立高等院校 BIM 开发与应用奖。上述各奖项分设金奖、银奖、铜奖3级，优秀奖若干。

1.2.4　其他 BIM 大赛

此外，一些国际 BIM 大赛国内的高校类大赛等其他 BIM 赛事，也很好地推进了 BIM 的发展和应用。国际 BIM 大赛也为世界各地应用 BIM 的项目提供了 BIM 技术应用交流的平台。高校 BIM 大赛为学生提供了参与实际项目 BIM 应用落地的机会，也帮助企业培养了应用型的 BIM 人才。其他大赛汇总如表 1-2 所示。

其他 BIM 大赛　　　　　　　　　　　　　　　　　　　　表 1-2

序号	大赛名称	主办单位	大赛类型	备注
1	OpenBIM 国际大奖赛	BuildingSMART	全球	2014 年首届
2	"SMART BIM" 智建 BIM 大赛	RICS 皇家特许测量师学会 GUAS 广东省城市建筑学会	全球	2019 年首届 / 每年一届
3	谷雨杯全国大学生可持续建筑设计竞赛	中国高校数字建造联盟（筹）	全国	2007 年首届 / 每年一届
4	"优路杯" 全国 BIM 技术大赛	工业和信息化部人才交流中心	全国	2018 年首届 / 每年一届

第 2 章　建筑业 BIM 应用专家调研

BIM 技术的应用与发展是相对复杂的过程，应用现状与发展趋势是调研问卷难以穷尽的；企业性质、规模不同，BIM 应用阶段不同，可能会遇到不同的问题；从不同角色看待 BIM 应用与发展也会有不同的视角和观点。为了能更加细致全面地了解现阶段建筑业企业 BIM 应用情况，识别 BIM 应用的发展趋势，本报告邀请从事 BIM 相关研究的行业专家和来自不同岗位的应用实践者，结合自身 BIM 应用实践，从不同的视角解读 BIM 应用中遇到的问题及思考，为行业推动 BIM 应用工作提供参考。

专家视角以访谈的方式进行，针对建筑业 BIM 应用推进情况，每位专家做了相对系统的分析和解读。结合各专家的不同行业背景，分析和解读的问题有所差异，或针对类似的问题，不同专家从不同角度进行总结，下文逐一呈现。

2.1　专家视角：刘锦章

刘锦章：教授级高级工程师，博士。中国建筑业协会副会长兼秘书长，中国建筑集团有限公司原党组副书记、副总经理。从事建筑技术及管理工作 40 余年，承担过国内外多个建设工程项目的建设，具有丰富的理论和实践经验，对项目管理和企业管理有独到的见解，对数字技术在建筑企业和工程项目管理中的应用有深入研究和实践。

1. 您认为现阶段助力建筑业高质量转型升级，数字化发展应注意哪些方面？

建筑业的高质量发展进而实现"建造强国"，要将重点落在新型建筑工业化、智能化、绿色化的深度融合上。而新型建筑工业化的"新"，是指传统建筑工业化需要与数字化技术相结合，与"双碳"目标相融合，进而实现建造效率更高、工程质量更好、建设成本更低。当今世界处于百年未有之大变局。在这个历史时期，数字化技术是支撑建筑业高质量发展的核心要素之一，其中三个方面尤为重要：

第一，要发挥数字化技术"跨界融合、集成创新"的优势，为建筑业高质量发展提供技术保障。以 BIM 技术为例，经过近几年的实践和总结，BIM 应用从过去的可视化应用为主，逐渐转向对"数据载体"和"协同环境"这两大特征的应用，BIM 技术与其他新技术的集成应用已经逐渐深入到各管理阶层，为加速工程项目的精细化管理水平提供更好的支持。

第二，研发"设计、施工、运维"三位一体的国产化数字建筑平台，更好打通各个建设环节，提升效率的同时保证资源的有效利用。设计阶段，参建各方通过平台中的 BIM

技术进行全过程数字化打样，实现设计方案最优、实施方案可行、商务方案合理的全数字样品；施工阶段，可基于 BIM 为数据载体，通过数字孪生更好地实现工程项目的精细化管理；在运维阶段，通过大数据驱动的人工智能，自动优化设备设施运行策略，为业主提供个性化精准服务。

第三，要做好"工业化、数字化、精益化"三化融合，构建新型建造方式，提升建造品质与效率。工程项目建设应由更少的人、花更少的时间和成本、用更低碳的方式完成。走三化融合之路是必然选择。其中精益化是指导思想，工业化是现实路径，数字化则是工具、手段，是实现高质量发展的"着力点"。

2. BIM 作为关键技术，在实现建筑业数字化转型方面将起到怎样的作用？

目前看来，BIM 已经成为实现产业数字化的关键技术，并主要在以下三方面发挥重要作用。

一是 BIM 技术与精益建造的结合。BIM 技术具备可视化、数据协同等特征，在项目的准备、施工过程、竣工交付等阶段均可发挥技术优势，减少没有价值的施工生产活动与环节，努力达到"零浪费、零库存、零不良、零故障、零停滞、零灾害"的目标，改进工程项目传统的粗放式管理模式，提升精细化管理水平。

二是 BIM 技术与新型建造方式的结合。例如装配式建筑亟需解决设计、生产和施工多阶段的管理与协同的问题，利用 BIM 可以有效提高装配式建筑的综合管理水平，在设计环节充分利用建筑信息模型和各专业模型碰撞解决因信息不畅通造成的冲突；在生产环节基于 BIM 对构件生产全过程进行信息化管控，确保构件生产、存储、运输的高效和准确性；在施工（装配）环节，通过 BIM 技术对项目模型进行虚拟建造，优化进度计划，有效控制各类资源按需投入，确保项目进度按期完成；同时基于 BIM 技术协同和集成的特性，与装配式实现"设计、加工、装配一体化"高度融合，达到提高生产效率、优化工期和节约成本的目的。

三是 BIM 技术与工程总包模式的结合。充分利用 BIM 技术的可视化和数据载体特性，能够有效增强 EPC 项目团队的协同管理能力，优化设计、采购、施工及运维全过程中的工作及相关流程，使资金、技术、管理各个环节衔接更加紧密，最终实现资源的有效配置。现在基于 BIM 正向设计的发展，可以从源头提高工程质量，降低成本，提升协同效率，更好地服务于后期的生产和施工。

3. 在您看来，在"十四五"规划和 2035 年远景的目标下，BIM 应用发展应关注哪些方面？

《中华人民共和国国民经济和社会发展第十四个五年规划和 2035 年远景目标纲要》在推进新型城市建设、推进低碳转型等多方面对建筑业提出了新要求。BIM 作为建筑业数字化发展的关键技术，我认为应重点关注以下 3 个方面：

第一，要营造良好的 BIM 应用环境。对于建筑业企业而言，BIM 作为新技术，从接受到普及需要一个过程。在这个过程中，能否提供良好的 BIM 应用环境对 BIM 发展起到非常大的影响。例如政策层面的鼓励、BIM 应用价值在行业中的推广、BIM 应用标准及方法指南的建立等都将大大影响 BIM 技术推进的效果，所以说 BIM 技术的发展需要一个良好的环境。

第二，要鼓励国产化 BIM 软件及相关设备的研发应用。BIM 技术在与更多数字技术、智能硬件集成应用过程中会产生大量的数据，BIM 作为数据载体面临严峻的数据安全问题，这就要求 BIM 技术要发展面向建筑工业互联网的 BIM 三维图形系统，要考虑与区块链技术结合。另一关键是，目前国内建筑业企业应用 BIM 多是采用国外软件，行业需要警惕关键时刻"卡脖子"。总体来看，要在 BIM 软件国产化研制上下功夫，着重研究开发自主 BIM 技术核心引擎和三维图形平台，在此基础上开发专业化 BIM 设计应用软件、管理类软件等，并在重大项目上应用解决我国建筑业 BIM 技术的瓶颈。对国产 BIM 软件的鼓励与支持，势必大大影响着我国 BIM 应用的持续性发展，自主可控的技术平台也必将成为我国 BIM 发展的重要保障。

第三，要培养优秀的 BIM 应用人才。建筑业 BIM 应用数据调查中表明，BIM 人才缺乏一直是推进 BIM 发展的最大阻碍，企业对于 BIM 人才需求的迫切性可见一斑。BIM 应用人才不仅仅只是会建模型、会用软件这么简单，优秀的 BIM 应用人才需要掌握利用 BIM 技术解决工程项目在建设过程中的实际问题，这就要求此类型人才既要精通 BIM 技术的相关应用，又要具备工程建设能力和丰富的实践经验。大力培养这种复合型 BIM 人才，是推动 BIM 发展的关键之一。

2.2　专家视角：肖绪文

肖绪文：中国工程院院士。1977 年毕业于清华大学房屋建筑系，后在同济大学进修 MBA。现任中国建筑股份有限公司首席专家、中国建筑业协会副会长、中建协绿色建造与智能建筑分会会长、专家委主任，曾任济南中建建筑设计院有限公司院长、中国建筑第八工程局有限公司总工、中国建筑股份有限公司科技部总经理等职务。从基层做起，当过战士，做过设计，长期从事施工、设计与科技管理工作，具有丰富的设计施工经验。他在超大平面混凝土等复杂结构施工、预应力钢结构施工、绿色施工和绿色建造等领域造诣深厚，先后获国家科技进步二等奖 4 项、省部级科技一等奖 5 项，主副编国家和行业标准 6 部，主编和出版专业技术书籍 10 余部，其中参加主编的《建筑施工手册》被誉为"推动我国科技进步的十部著作"之一。

1. 作为国民经济的支柱产业之一，您是如何看待建筑业这些年发展的？在行业发展的过程中，以 BIM 为代表的数字化技术将起到怎样的作用？

改革开放以来，我国建筑业发展迅速，取得了巨大成绩。主要有以下几个方面：

一是国民经济的支柱产业作用更加突出，2020 年建筑业增加值占国内生产总值比重为 7.18%，带动上下游 50 多个产业发展，并提供了大量的就业岗位。

二是为城镇化建设和民生改善作出重要贡献，2020 年我国城镇化率超过 60%，2019 年我国城镇居民人均住房建筑面积为 39.8m²，比 1978 年提高了近 5 倍。

三是我国建造水平不断提升，全球前 10 位的超高层建筑我国占据 7 位，诸如国家体育场（鸟巢）、北京大兴国际机场、G20 杭州峰会主会场等一批公共建筑惊艳世界，我国在超深、超长、超高和超大跨等工程结构领域的建造能力持续提升，广受世人赞誉。

四是我国建筑业对外承包营业额稳步增加，国际竞争力提高，2019 年对外承包营业额与合同额分别比上年增长 2.28% 和 7.63%，占全球 250 强总额度的 24.4%。

建筑业经历了高速发展的过程，随着社会发展的不断变化，将进入到高质量发展的阶段。在此过程中，以 BIM 为代表的智能化建造技术对于推动建筑业技术进步至关重要。很难想象如果没有数字化技术赋能，类似"两山"医院这样的工程奇迹怎样能够如此高效完成。

2011 年、2015 年、2016 年，住房和城乡建设部先后发布了多个关于建筑业信息化发展纲要和推进建筑信息模型应用的指导意见的文件，要求建筑业企业对 BIM、大数据、云计算、物联网、3D 打印以及智能化等技术进行开发应用。现在，我国已经拥有世界最大的 BIM 技术应用体量，但我们还鲜有成熟的自主知识产权 BIM 基础平台和三维图形系统及其引擎，需要引起重点关注。

2. 国家大力推行智能建造，您认为将会解决行业发展的哪些问题？在推行智能建造的过程中，BIM 技术扮演着怎样的角色？

基于目前我国建筑业的现状分析和政策导向，建筑业推进智能建造已是大势所趋，重点体现在以下方面：

一是建筑业高质量发展要求的驱使。建筑业要走高质量发展之路，必须做到"四个转变"：从"数量取胜"转向"质量取胜"，从"粗放式经营"转向"精细化管理"，从"经济效益优先"转向"绿色发展优先"，从"要素驱动"转向"创新驱动"。实现这些转变，智能建造是重要手段。

二是工程品质提升的需求。进入新时代，经济发展的立足点和落脚点是最大限度满足人民日益增长的美好生活需要，其中工程品质提升是公众的重要需求。工程品质的"品"是人们对审美的需求，"质"是工艺性、功能性以及环境性的大质量要求。推进智能建造是加速工程品质提升的重要方法。

三是改变建筑业作业形态的有力抓手。建筑业属于劳动密集产业，现场需要大量人工，如何坚持"以人为本"的发展理念，改善作业条件，减轻劳动强度，尽可能多地利用建筑机械，乃至施工作业机器人取代人工作业，已经成为建筑业寻求发展的共识。

四是提升工作效率，推动行业转型升级的必然。目前建筑业劳动生产率不高，主因是缺少建造全过程、全专业、全参与方和全要素协同实时管控的智能建造平台的高效管控，缺少便捷、实用和高效作业的机器人施工。

五是实现"零距离"管控工程项目的高效工具。推进智能建造充分发挥信息共享优势，借助于互联网和物联网等信息化手段，建造相关方可以便捷使用的工程项目建造管控平台，实现零距离、全过程、实时性的管控工程项目。

在推行智能建造的过程中，BIM 技术具有至关重要的作用。工程建造过程复杂，应在工程建造服务、管理、场景和流程再造、创新和固化管理流程的基础上做好智能建造的顶层设计，进行总体部署和系统推进。在工程建造管控平台的开发上，应坚持行业主导的原则，会同软件开发商"化整为零"开发若干子系统，在推广应用的基础上持续改进，进而针对工程项目的不同需求进行相应子系统组合，实现若干子系统的"积零为整"，逐渐形成适于工程项目多方协同的系统化管控平台，实现对工程项目实施的全过程、全要素和全参与方的管控，最终创建具有我国原创血统的工程项目建造的信息流、物资流、资金流实时管控和运行的系统化工作平台。

在智能建造的推进中，BIM 技术的两大特征将强力支撑智能建造的高效实施：

一是 BIM 技术的可视化特性。三维图形描述、图形引擎和平台的开发以及建筑的三维空间描述，是支撑智能建造的基础工作，可实现建筑产品和建造过程的真实感表达。

二是 BIM 模型可以实现更加形象化的专业协同设计。基于 BIM 进行工程项目管控的系统软件开发，对工程立项、设计与施工策划进行全专业、全过程、全系统策划协同，促使建筑产业链条的相关方数据共享，进而实现时空概念的高效精准管控。

3. 落到 BIM 技术本身，现阶段我国 BIM 技术的发展处于怎样的阶段，BIM 技术的发展要注重哪些方面？

BIM 本质是几何图形数字化表达的系列软件。我国建筑业推进 BIM 技术应用具有如下三个特点：一是普及面大，施工企业尽管应用深度与广度有所不同，但不同程度都在使用；二是注重 BIM 价值挖掘，从简单的"错漏碰缺"发现、投标标书应用，转向价值创造，持续寻求价值创造的场景和维度；三是从 BIM 专业技术人员应用向工程项目在岗人员必备技能的方向转变，逐渐普及到工程项目的各个管理岗位。

总而言之，建筑业 BIM 应用成绩明显，但仍存在如下问题，需要相关方予以重视。一是 BIM 推广和创新应用的氛围尚未完全形成。二是基于 BIM 的自主研发差距较大。目前普遍使用的计算机三维图形及 BIM 系统大多源自境外，自主可控的三维图形平台和引擎技术研发成果不多，开发力度不足。三是 BIM 开发和创新应用人才不足。利用 BIM 技术为工程建造赋能，进而推动智能建造，人才是关键，我们在 BIM 等信息技术与工程建造技术复合型的人才培养上存在诸多不适应。

4. 对于建筑业未来发展将面临的挑战，智能建造的发展将起到哪些作用？

随着我国经济由高速增长转向高质量发展阶段，建筑业逐渐进入存量时代，发展面临下列挑战：一是传统管理体制和建造模式相对落后，整体效率和效益有待提高。二是劳动密集、现场作业环境差、劳动强度高的情况没有根本改变，产业用工成本高，就业吸引力弱，劳动者老龄化严重。三是行业的信息化水平不高，智能建造推进总体滞后。主要表现为原创性技术不多，少有自主知识产权的文字和图形处理的基础性软件系统；少有高效实用的人工智能工具和施工现场作业机器人；少有切实推动工程项目智能建造有效实施的数字化管控平台，促进行业转型升级的效果不明显。

智能建造的推进，可以实现建筑业转型升级和提质增效。在推进智能建造发展的过程中，应重点做好如下几方面的工作：

第一，加快工程项目管理体制机制的变革，加速推进工程项目总承包模式。推进智能建造需要工程项目立项、设计、施工等建造全过程协同进行，呼唤"工程总承包＋全过程工程设计咨询服务"的工程项目管理体制机制的加速推进。工程总承包企业应承担"工程总承包负总责"的责任，管理触角向前后延伸；以注册建筑师为主导的工程设计咨询应对建筑全生命期的运行质量、环境适宜性和功能性等承担相应责任。

第二，智能建造应做好顶层设计。一是研发具有自主知识产权的三维图形系统；二是数字化协同设计是智能建造的基础，务必全力推进。建立"大设计"理念是智能建造推进的充分和必要条件，工程项目应着力推进土建与机电设备的施工图与专项施工图设计及其深化设计、工程组织设计、工程施工组织设计、工程施工方案设计"四个同步设计"。三是构建基于 BIM 的 EIM（Engineering Information Modeling）管控平台。四是研制人工智能设施，如智能监测设施、功能各异的作业机器人等。五是加大对基于 BIM 的智能建造技术的研发投入。

城市建设信息管控平台（CIM）为在城市规划的基础上，集成区域内的建筑、市政、铁路、公路、桥梁、水利等各类工程的 EIM 管控平台信息，通过 EIM 管控平台信息合成、累积和过滤而形成。

智能建造是复杂的系统工程，应以行业"提质增效"为导向，整体规划，分步实施，秉承"不求一次成优，但求取得实效"的持续改进思路，为切实提高行业发展质量作出贡献。

第三，创新开发思路，创建我国具有自主知识产权的图形系统。现行 BIM 三维图形输入的参数化设计方法，与我国技术人员熟悉的输入方法不相吻合，普及性差。应该凝聚优势资源，创新开发思路，在我国技术人员熟悉的平面设计方法的基础上开发系统的内设转换软件，自动生成三维空间图形，进行真实感表现，攻克"卡脖子"的三维图形系统的技术难关，研究形成我国具有自主知识产权的三维图形引擎、平台和符合中国建造需求的 BIM 系统。

第四，加速研制和推广应用人工智能设施，如智能监测设施、功能各异的机器人设施等，特别应围绕工程建造的点多、面广、量大和劳动强度高、作业条件差的工艺工序，构建 EIM 管控平台与工艺技术联动联控的机器人作业环境，进行机器人研制。

智能建造以工程全生命期综合效益最大化为目标，重点关注管理流程再造，重点强调建造过程的质量安全保障和资源系统管控、数字化设计和机器人作业的协同建造方式。让我们携手并进，秉承原始创新、集成创新、引进消化吸收再创新的方法，注重实效，不懈探索，辛勤耕耘，扎实推进智能建造。

2.3 专家视角：许杰峰

许杰峰：研究员，中国建筑科学研究院有限公司（以下简称"中国建研院"）党委副书记、总经理，中国建筑业协会工程技术与 BIM 应用分会会长、中国图学学会副理事长。在 20 多年的工作中，承担过多个建设工程项目的建设，通晓建筑施工过程中的技术、流程，对项目管理和企业管理有独到的见解。作为中美交流团员，首批对美国、加拿大等国设计、施工企业 BIM 应用进行考察，组织研发了具有自主版权的 PKPM-BIM 设计协同管理平台、装配式建筑设计软件 PKPM-PC 以及施工综合管理平台。

发表著作《一体化管理体系的建立与实施》，编制国家标准《建筑信息模型存储标准》GB/T 51447—2021《建筑信息模型应用统一标准》GB/T 51212—2016。"十三五"国家重点研发计划项目"基于 BIM 的预制装配建筑体系应用技术"负责人。承担了"BIM 发展战略研究"课题。编制《建筑施工组织设计规范》GB/T 50502—2009，发表论文《基于 BIM 的我国工程总包企业供应链合作伙伴关系调研及分类研究》《基于建筑信息模型的建筑供应链信息共享机制研究》等。

1. 建筑业推进智能建造与建筑工业化协同发展，BIM 技术在其中扮演什么角色，如何发挥最大价值？

2020 年住房和城乡建设部等 13 个部委联合推出《关于推动智能建造与建筑工业化协同发展的指导意见》，2021 年年初住房和城乡建设部批复同意上海、重庆、佛山、深圳的 7 个项目将开展智能建造试点工作。可以看出推动智能建造与建筑工业化协同发展是未来行业发展的重要趋势，BIM 作为一项信息技术，在建筑业向智能化、工业化发展的道路上都有着举足轻重的作用。

智能建造、建筑工业化、BIM 技术，三者是相辅相成的关系，脱离了建筑工业化和 BIM，无法实现智能建造，以传统的设计、加工、管理方式去做装配式建筑，显然也是十分低效和不经济的。

在没有 BIM 之前，建筑信息的承载都是通过二维的图纸与文件，分散在项目各个参与者的手中，以"管中窥豹，可见一斑"来描述再合适不过。BIM 正是提供了一个信息汇聚的条件，以模型为载体，将建筑构件信息、加工信息、材料表、施工计划等全要素集成起来，指导建筑设计、构件加工、现场装配全过程。在设计阶段，建立基于 BIM 模型的标准化装配式构件库，并利用标准化构件完成项目设计工作；在生产阶段，利用标准化装配式构件库与预制生产厂家进行无缝衔接，确保构件库中构件信息与厂家标准化产品相对应，并用于生产、加工；在施工阶段，将构件数据与装配式管理平台相结合，确保工厂生产、过程运输、施工堆场、现场安装等环节进度有序、质量可靠、安全可控地完成；在运维阶段，结合竣工 BIM 模型以及 IoT 等技术对项目实际运营维护进行有效管理。从而实现建筑工业化和智能化的数字升级，真正发挥 BIM 技术应用价值。

2. 近两年，我国在关键技术方面强调自主可控，针对 BIM 技术国家及各地方政府陆续发文，鼓励国产软件研发和应用，对于这一系列举措您是如何看待的？

当前，"数字技术"已成为科技强国重点关注和大力投入的焦点，作为战略资源开发，在提升综合国力方面发挥着越来越重要的作用，也是实现建筑业转型升级的必要条件。BIM 是舶来品，这就意味着我国的起步就要晚。但同时，经过十几年的发展，我们也已经清晰地看到 BIM 技术是推动行业转型升级的船桨，掌握自主可控的 BIM 核心技术，搭建自主 BIM 平台，建立国产 BIM 软件生态，是保障行业发展进步与国土资源安全的内在需求。

首先，国产自主软件是国家发展的必需品，在目前复杂的国际环境下，芯片断供事件让我国各行各业都认识到关键技术自主可控的重要性。建筑行业也不例外，有调查显示，无论是 CAD 还是 BIM 软件，现阶段基本被国外三家软件巨头所垄断，一旦遭到禁用，对行业的影响可想而知。国家及各地方政府陆续发文，鼓励国产软件研发和应用，加之协会每年举办的"建设工程 BIM 大赛"等活动，这一系列举措对行业发展起着指引方向的作用，建筑行业也必须要有"中国芯"。为了 BIM 技术能在国内更好地推广应用，国内多家科研院所、软件公司、科技企业纷纷针对 BIM 技术进行深入研发，目前中国建研院、广联达科技股份有限公司等已推出一批适用于不同阶段、不同专业的 BIM 应用软件。

其次，能够尽快研发和使用具有自主知识产权的 BIM 软件是我们目前最迫切的期望！但软件研发绝不是一朝一夕的事情，没有捷径可言，这就要求我们的研发团队能耐得住寂寞、摒弃功利心，领导团队能允许试错、给足时间。与此同时，从政策、标准、培训、试点、推广等多方面建立适应 BIM 一体化、集成化应用的数字化体系，逐步建立起自主 BIM 软件研发、应用的生态环境，也是今后建筑行业数字化转型的重点工作，它将从根本上推动建筑行业的质量变革、效率变革和动力变革，提高全要素生产率，实现建筑行业的转型升级与高质量发展。

3. 当下，国内 BIM 软件研发有了一定进步，您认为国内 BIM 软件现状如何，在后期研发、应用上有哪些方向？

我国的 BIM 应用虽然起步较晚，但发展速度很快，许多企业有了非常强烈的 BIM 意识，出现了一批 BIM 应用的标杆项目。但大多数 BIM 软件以满足单项应用为主，集成性高的 BIM 应用系统较少，与项目管理系统的集成应用更是匮乏，BIM 数据标准、软件标准体系尚未建立。软件商之间存在的市场竞争和技术壁垒，使得软件之间的数据集成和数据交互困难，制约了 BIM 的应用与发展。现阶段我国的三维图形平台、BIM 平台和软件以国外产品为主，软件的开发工具等由美国的微软、欧特克，欧洲的达索、内梅切克等企业控制，缺少全系列的国产大型设计软件，国外软件处于优势地位。自主建筑信息模型（BIM）平台和应用软件虽有一定基础，但整体还处于起步阶段，未形成产业规模。软件研发仍然以应用型软件为主，这类软件偏重于管理，带有个性化需求色彩，不属于"卡脖子"的核心问题。随着国内 BIM 软件研发力度进一步加大，部分企业开始进军核心建模软件领域，近期也涌现出了一些具有代表性的软件产品，例如 2021 年 4 月 25 日在福州召开的第四届数字中国建设峰会上，作为工业软件入选国资委首次发布的十大科技创新成果的中国建研院下属公司北京构力科技有限公司自主研发的 BIMBase 系统，此外还有广联达科技股份有限公司自主研发的 BIMMAKE 软件等。

目前国产软件缺少自己独立的生态系统，大部分都是依附于国外软件进行的二次开发，在一定程度上反而促进了国外软件的应用率。尽管国内有部分厂商已经开发出具有自主知识产权的软件和相关平台，但因为开发时间较短，软件和平台深度不满足当前市场需求，而且在平台数据交互上也是各做各的，没有一个成熟的数据格式标准，因此在面对成熟并且规范的国外软件生态系统时，就很难具备直接的竞争优势。基于以上各方面，自主 BIM 平台和软件的研发将主要向以下几个方向发展：一是掌握 BIM 的核心技术，实现关键技术可替代；二是研发更具专业深度的 BIM 应用软件；三是建立统一互用的数据交换标准，在住房和城乡建设部陆续发布实施的《建筑信息模型存储标准》GB/T 51447—2021 等系列国家标准的基础上研发基于 BIM 技术的协同工作平台；四是通过 BIM 技术与工程项目 EPC 建造模式相结合，对工程建设的设计、采购、施工、试运行各阶段的信息进行统一管理，研发基于 BIM 技术的工程项目全生命期集成管理平台；五是建立国产 BIM 软件生态环境，将 BIM 技术更加全面和深入地应用，才能为行业发展提供持续动力，也将带来不可估量的巨大价值。

4. BIM 技术逐渐呈现出与其他数字化技术集成应用的特点，对此趋势您如何看待？

作为数字化转型核心技术的 BIM 技术，与其他数字化技术的融合将是推动数字化转型升级的核心技术支撑。类似于"BIM+ 项目管理""BIM+ 云平台""BIM 与大数据、物联网、移动技术、人工智能"等集成应用，坚持"用数据说话、用数据决策、用数据管理、用数据创新"，是改变各方工作方式、管理模式和交互模式的强有力助推，能逐渐形成"BIM+"项目管理的新管理模式。企业通过应用 BIM 技术，可以实现企业与项目基于统一的 BIM 模型进行技术、商务、生产数据的统一共享与业务协同，能保证项目数据口径统一和及时准确，能实现企业与项目的高效协作，提高企业对项目的标准化、精细化、集约化管理能力。

从数字技术的发展来看，随着物联网、移动应用等新的客户端技术的迅速发展与普及，依托于云计算和大数据等服务端的技术能实现真正的协同，能满足工程现场数据和信息的实时采集、高效分析、及时发布和随时反馈，进而形成"云加端"的应用模式。

总的说来 BIM 与数字化技术的集成是非常值得推广的，以数字技术提升全行业基于 BIM 的一体化集成应用能力和综合管理能力，借助可视化、智能化、精细化的特点提升企业管理效率，解放全要素生产力，提供高价值智力型服务，提高核心竞争力，正在逐渐改变建筑行业传统手工制作的方式。数字技术与智能建造的深度融合未来可期，我们更应从应用软件、专业协同、人工智能、标准体系、数据管理、共享资源、质量保障、系统集成、科研开发等多方面提供数字化转型整体解决方案，为企业赋予高质量的技术、管理、服务、人才支撑，提升综合效益，实现可持续发展。

5. 未来 BIM 技术应用将向哪些方面发展？建筑业企业该做好哪些方面准备工作？

建筑行业正处于技术变革时期，BIM 技术无疑是未来的发展方向。完善 BIM 技术体系建设是 BIM 实施的基础和保障，因此企业在 BIM 标准研究方面应投入更多资金支持，将 BIM 技术普及应用的基础性工作做好，避免因缺乏标准而导致 BIM 实际应用过程中增加工作量。健全 BIM 软件体系是推广应用 BIM 技术的先决条件，在软件研发方面需符合我国的特色，不能完全照搬国外软件，以此完善 BIM 软件体系。BIM 技术的快速发展，未来的发展方向将是多种多样的：

第一，从施工技术管理向施工全过程管理的拓展。

目前 BIM 的应用大多数还集中在可视化、碰撞检查、管线综合等技术应用方面，对项目的初步管理应用还是静态化的，而真正的管理应用应该是动态化的过程，及需要有计划—执行—检查—纠偏的过程，实现 BIM 技术应用于施工质量、安全、进度、成本等方面的动态管理。

第二，从项目现场管理向企业经营管理的拓展。

目前 BIM 应用主要还聚焦在项目层面，解决的大多是不同岗位的技术问题，随着 BIM 技术应用的深化，应实现基于统一模型的技术、商务、生产数据等业务的协同，以此提高公司与项目的高效协作，提高公司精细化、标准化、集成化的管理能力。

第三，建筑全生命期的应用。

BIM 作为载体，应将项目全生命期内的工程信息、管理信息和资源信息集成在统一模型中，实现设计、施工、运维阶段的业务员联通，通过数据共享，实现一体化、全生命期应用。

对建筑企业来说应制定有效的 BIM 应用规划，结合企业自身情况，根据企业特点和应用需求以及公司战略转型的要求，有针对性地制定合理的 BIM 应用规划，有序推进企业 BIM 技术应用；另外，企业应培养具有传统业务与 BIM 应用能力的复合型人才，通过建立合理的 BIM 人才知识结构体系、完善人才发展机制等，为企业开展 BIM 应用提供强有力的支撑；同时及时关注外部新技术发展动向，积极向信息化、智能化方向转型升级。

2.4　专家视角：马智亮

马智亮：清华大学土木工程系教授、博士生导师。主要研究领域为土木工程信息技术。主要研究方向包括建设项目多参与方协同工作平台、BIM 技术应用、施工企业信息化管理。负责纵向和横向科研课题 50 余项，发表各种学术论文 200 余篇，曾获省部级科技进步奖一等奖、二等奖、三等奖等多项奖励。最近 8 年，作为执行主编，每年编辑出版一本行业信息化发展报告，覆盖行业信息化、BIM 应用、BIM 深度应用、互联网应用、智慧工地、大数据应用、装配式建筑信息化、行业监管与服务数字化。目前兼任国际学术刊物 *Automation in Construction*（SCI 源刊）副主编、中国图学学会 BIM 专业委员会主任、中国土木工程学会工程数字化分会副理事长、中国施工企业管理协会专家委员会副主任、住房和城乡建设部科技委绿色建造专委会委员等多个学术职务。

1. 您认为 BIM 技术应用在建筑业数字化转型过程中起到哪些作用，对行业的数字化发展产生哪些方面的影响？

北京国信数字化转型技术研究院在《数字化转型工作手册》中指出，数字化转型是顺应新一轮科技革命和产业变革趋势，不断深化应用云计算、大数据、物联网、人工智能、区块链等新一代信息技术，激发数据要素创新驱动潜能，打造提升信息时代生存和发展能力，加速业务优化升级和创新转型，改造提升传统动能，培育发展新动能，创造、传递并获取新价值，实现转型升级和创新发展的过程。同时指出，数字化转型是信息技术引发的系统性变革，其根本任务是价值体系重构，核心路径是新型能力建设，关键驱动要素是数据。

可以说，BIM 技术是建筑业数字化转型的核心。首先，BIM 技术为建筑业带来可以驱动业务的数据，即，BIM 模型。与传统的数据不同，获得 BIM 模型的过程是一个自然而且高效的过程，例如，设计人员在设计系统中，像搭积木一样，一边确定建筑包含的设计对象及其布置，一边生成 BIM 模型。这使得 BIM 技术变得更加重要。

其次，BIM 技术通过 BIM 模型也能带来新能力。BIM 模型可进一步驱动建筑的建造过程及其运行和维护管理过程，并成为这些管理过程的核心。在这个过程中，相比传统过程，很多原先必须由人来完成的工作，例如成本预算、能耗分析，现在可以通过计算机以自动或半自动的方式进行；一些原本需要通过实验验证的工作，例如建筑工程可建造性，现在可以在计算机中进行虚拟验证。

另外，BIM 技术还能重构建筑业的价值体系。通过利用 BIM 技术，可以优化建筑设计方案，避免施工过程中的返工，甚至可以按全生命期优化进行设计，从而可以设计经济、实用的绿色建筑，安全、可靠地进行施工，并大幅度减少浪费，提高运行和维护管理水平。从这个意义上讲，BIM 技术直接影响建筑业的价值体系，增强行业的竞争力。

当然，BIM 技术应用并不是建筑业数字化转型的全部。但至少可以说，BIM 技术应用为建筑业数字化转型打下了工程数字化的基础，从而为行业数字化的发展铺设了轨道，而随着 BIM 技术的深入应用，行业数字化逐步形成一个完善的体系，它将会促进建筑业数字化转型过程，成为加快建筑业数字化转型的催化剂。

2. 目前国内已开启建筑工业化进程，您认为 BIM 技术可以在哪些方面赋能建筑工业化？

建筑工业化将使建筑业目前主要在现场进行生产的作业方式转变为在工厂生产和现场安装相结合的生产方式，从而改善建筑业工人的劳动环境，提高工作效率和建筑工程质量。应该看到，建筑工业化可以区分不同的水平，例如，可以区分为建筑工业化 1.0、2.0、3.0、4.0 等，虽然不同水平的建筑工业化都能或多或少体现上述特点。

应该说，BIM 技术是提高建筑工业化水平的关键技术。它可以在多个方面为建筑工业化赋能。在设计方面，应用 BIM 技术更容易设计出满足用户需求、经济实用的绿色建筑；在部品部件生产方面，BIM 技术可更加科学地进行优化排程，更好地控制质量，更好地按需为用户提供产品；在施工方面，BIM 技术可以科学地制定施工方案，更好地控制整个施工过程。

另外，BIM 技术赋能建筑行业可以更好地满足社会对建筑产品提出的不断提高的功能要求、性能要求和审美要求。设计师可以设计更加多样化的建筑，例如，可以设计外形多姿多彩的建筑。对应于这样的设计，部品、部件的生产将提出多品种、少批量生产要求，同样因为 BIM 技术的应用，这些要求变得很容易得到满足。

在这方面，已经有不少大型工程案例，如北京大兴国际机场的建造过程。北京大兴国际机场航站楼采取海星造型，充满梦幻色彩。整个结构以及装修的施工充满了挑战性。以装修为例，由于上部的钢结构跨度很大且属于不规则结构，需待施工之后对形成的空间进行量测后，再进行装配式顶棚的设计。如果用传统的测量方法和设计方法，费时费力。在此工程中，综合使用了 BIM 技术和三维激光扫描技术。先用三维激光扫描得到实际形成的内部空间形状，然后将空间形状导入 BIM 软件中，使用 BIM 软件依据该空间形状快速形成顶棚部品部件的设计。北京大兴国际机场 3 年半建成通航，BIM 技术功不可没。

3. 近五年 BIM 技术整体上有哪些典型的变化？

BIM 技术主要包含 3 个方面，即 BIM 应用模式、BIM 应用软件和 BIM 应用标准。总的来看，过去 5 年这 3 个方面的变化都不是很大。也许应该说，以 5 年的时间来看 BIM 技术的发展尺度有点小。

首先来看 BIM 应用模式。最近 5 年，我每年都会参加 2 ~ 3 个全国性的 BIM 大赛决赛评审。我感到，针对建筑设计阶段和施工阶段，获奖项目的应用点并没有明显的增加，获奖项目之所以获奖，更多的是靠工程的复杂性、工程的独特性以及答辩展示的新颖性。让我感到变化的是，针对运行和维护阶段，一些单位已经提出了新的 BIM 应用模式，并研制和应用了新的 BIM 应用软件。

再来看 BIM 应用软件。我的印象是，针对设计阶段和施工阶段的 BIM 应用软件，多数是处在持续改进过程中，很少看到新型的、颠覆性的 BIM 应用软件。但是，出现了一些智能工地平台，有的来自软件开发企业，有的来自大型骨干建筑企业。这些平台的特点是，提供了人、机、料、法、环等多方面的项目管理功能，并在其中集成应用 BIM 技术，起到直观展示作用。在这类平台中，往往还集成应用了云、大、物、移、智等新一代信息技术。另外值得一提的是用于建筑运行和维护管理的基于 BIM 的应用软件或平台，作为特定应用对象的 BIM 应用软件或平台得到研发和应用，有的用于医院建筑的管理，有的用于大型商业综合的管理。

在 BIM 技术标准方面，应该说国外、国内进展都不是很明显。特别是，能够真正用于 BIM 应用中的标准还凤毛麟角。在国际上，作为 BIM 数据交换 ISO 标准的 IFC 标准自 2013 年推出以来，还没有进行修订；2018 年，ISO 推出了基于 BIM 的信息管理标准 ISO16950。在国内，作为 BIM 国标，随着最近《建筑信息模型存储标准》GB/T 51447—2021 的推出，原计划的 6 本 BIM 国标总算出全了，但在实际过程中应用还需走很长的路。国内各地方、有关团体制定了不少 BIM 标准，但显然其应用情况与国标相比没有更好的表现。

总体而言，BIM 技术的发展可以说是进入了瓶颈期，接下来有待突破性发展。

4. 现在国内兴起了一些国产化的拥有自主知识产权的 BIM 软件，对此您有什么看法？对比国际情况，您认为国内的 BIM 应用软件存在哪些方面的问题，未来该如何发展？

毫无疑问，自主知识产权的 BIM 软件非常重要，作为一个大国，我们应该有自己的 BIM 应用软件，其重要性怎么强调也不为过。因为我觉得，对 BIM 核心技术，包括一些基础性 BIM 软件，如建模软件，应提高认识，应提高到中国建造的关键核心技术的高度。特别是当前情况下，如果我们没有这样的软件，就面临被"卡脖子"的风险。最近两年，政府高度重视这方面的工作，组织了专项攻关，一些课题承担单位已经开发出一些实用的基础性 BIM 应用软件，成绩无疑是可喜的。另外，也开发出一些基于 BIM 技术的应用软件，例如 BIM5D、基于 BIM 的智慧工地平台等。其中个别 BIM 应用软件已收获很好的市场占有率和应用效果。

对国内 BIM 应用软件发展，我有如下 3 点建议：

第一，应重视对实际过程需求的满足，不必过于在意国际上 BIM 软件发展趋势。过于在意的结果，就是容易照抄国际上的 BIM 软件，如果国际上的 BIM 软件用得好还可以，如果用得不好，我们就是跟在别人后面走弯路。一些施工企业 BIM 应用搞得好的专业人员讲，要想把 BIM 应用好，不能简单地听从 BIM 软件厂商的指导，而应该自己从项目实际需求出发应用 BIM。在这里，我想强调的是，满足实际过程的需求，比学习国际 BIM 发展对 BIM 软件开发商来讲更重要。

第二，应重视 BIM 技术应用和管理应用的集成。现在我们讲数字化转型、数据驱动，前面我也强调过 BIM 数据的驱动作用，想一想，进度、成本、质量、安全等管理都与 BIM 模型有关，现在这些管理中是否都应用了 BIM 模型？答案是否定的。即使个别方面用了，也多是应用了 BIM 模型的展示功能，为什么在这些管理过程中，不能真正实现

BIM 数据驱动呢？例如，从理论上讲，可以从 BIM 模型直接生成进度计划，到现在为什么还没有实现？我觉得主要与 BIM 应用软件厂商迄今只重视 BIM 的技术应用而不重视管理应用有关。

第三，应在 BIM 应用软件，包括基础性 BIM 应用软件（如建模软件）开发上增加投入。其中包含政府的支持性投入，也包含企业自身的投入。如果投入到位，我们研发的 BIM 应用软件不仅可以满足国内市场的需求，还可以出口，为世界建筑行业提供中国解决方案。如果不投入，只能跟在国际软件后面亦步亦趋，不可能占领制高点，也就不可能获得主动权。

5. 从"产""学""研"角度，您认为现阶段我国建筑业在 BIM 发展方面该做哪些工作？

总的来讲，我国 BIM 应用已经取得了较大成绩，但仍需继续努力。我认为，今后我国的 BIM 技术开发单位和应用单位应开展如下工作：

第一，突破 BIM 技术在一般工程项目中的应用。目前 BIM 技术主要应用在大型复杂工程中，就像 CAD 技术不仅用于大型复杂工程中一样，BIM 技术也应该用在一般工程项目中，并收到成效。但为在一般工程项目中取得应用成效，需要研发更加实用的 BIM 应用软件。实现了这一点，也就实现了 BIM 技术的落地应用。

第二，突破 BIM 技术在工程项目全生命期中的应用，特别是突破 BIM 模型共享应用。BIM 应用的开端是建立 BIM 模型。目前成功的 BIM 应用都是自建模型、自己应用。这造成重复建模，阻碍 BIM 应用的发展。为了实现 BIM 模型共享应用，不仅需要解决 BIM 标准问题，还需要解决 BIM 模型合规性自动审核应用软件问题。另外，在编制和修订 BIM 标准时也应该推进标准的语义化表达问题，例如，数据模型标准尽量像 IFC 标准一样，做到计算机可解析。

第三，结合实际需求，发展 BIM 技术与点云技术有机融合的应用技术。特别是考虑到，我国建筑更新改造的任务将十分艰巨，在其中，BIM 技术和点云技术的有机融合应用技术将大有可为。

2.5　专家视角：汪少山

汪少山：广联达科技股份有限公司高级副总裁，中国建筑业协会建筑供应链与劳务管理分会副会长、中国图学学会理事、中国建筑业协会专家委员会专家，中国图学学会 BIM 专委会副主任、中国建筑学会 BIM 分会理事、中关村智慧建筑产业绿色发展联盟 BIM 专委会主任，深耕建筑行业多年，一直致力于用新技术推进建筑行业的信息化发展和数字化转型，在行业的信息化建设和数字化转型等方面有着多年的实践经验。

1. BIM 应用的不断深入和 BIM 技术的不断成熟，在不同时间段特点都有所不同，您认为在过去这些年 BIM 技术发展发生了哪些变化？

在我看来，BIM 是技术，它的发展也就符合技术生命周期，要经历 5 个阶段：第一个阶段是创新的触发期，第二个阶段是高速增长的过高期望期，第三个阶段是泡沫化的低谷期，第四个阶段是复苏爬坡期，最后是成熟期。从国内建筑行业的 BIM 发展来看，目前正处于第四个阶段，在一个理性的增长阶段。

我们可以先来了解一组数据：NBS 发布的英国《国家 BIM 报告 2020》中显示，99% 的受访者都了解 BIM，73% 的受访者表示企业已经在项目中使用了 BIM，应用率达到 10 年来的新高。虽然英国政府对 BIM 的强制要求仅在于政府投资的公共项目，但在 NBS 的报告中私营项目使用 BIM 的人员比公共项目使用 BIM 的人员要多出 15 个百分点，行业已经自发形成了对于 BIM 应用的需求和推动力，也显示了 BIM 应用范围不断拓展，普及度越来越高。

再看国内，BIM 技术在建筑业的应用越来越普遍。《中国建筑业 BIM 应用分析报告（2020）》的调查数据显示，78% 的受访者表示企业已经在项目中使用了 BIM，有超过 57% 的建筑业企业应用 BIM 技术已超过 3 年，仅有 5.61% 的企业应用不到 1 年时间。而应用和未应用 BIM 技术的受访者中，均有超过 70% 的人认为建筑业企业应该使用 BIM 技术。

从建筑业 BIM 发展的角度，整体上可以从认知转变和应用范围这两个方面来感知。

在 BIM 理念认知方面，经历了从不了解 BIM 是做什么的，到了解到 BIM 能创造的价值，再到 BIM 是工具、"BIM 万能论" "BIM 无用论" 等几个不同阶段的认知变化。随着 BIM 应用实践的不断深入，BIM 技术服务能解决各业务场景业务痛点成为行业共识，也培养出了越来越多的 BIM 人才。总体上看，呈现出对 BIM 的认知越来越清晰，对 BIM 的期望越来越回归理性的过程。

在 BIM 应用范围方面，主要呈现出应用项目类型更丰富、应用阶段更全面、应用群体更广泛的发展趋势。

BIM 技术开始逐渐应用在工程项目是在 2015 年左右，利用 BIM 的可视化和信息集成等特点，通常用于大型项目特别是异型建筑中；随着实践经验的持续积累和应用价值的场景化总结，2017 年前后，BIM 技术开始越来越多地应用在中型项目和一般项目中，基建工程方面更是得到了 "从 0 到 1" 的广泛应用，更有大量企业在内部推动 "全员 BIM"，BIM 技术逐渐成为当下建筑业同仁必须了解的关键技术之一。

从 BIM 技术的应用阶段上看，从最初在深化设计阶段的单场景应用，发展到设计、招投标、施工、运维等各阶段的全面应用。例如在招标投标阶段，利用 BIM 在可视化、数据协同方面的技术特点，实现可视化招投标，让投标方更清晰地表达投标方案，让评标专家更准确、高效、公正地评判各投标方标书与项目需求的匹配度；施工阶段，以 BIM 作为数据载体，参建各方实时共享项目数据，进而更有效地实现生产要素和生产过程的精细化管控。

从应用群体上看，设计方、施工总承包方的 BIM 应用逐步延伸到业主方、咨询方、监理方等全项目角色使用。

2. 数字时代背景下，建筑业的发展应如何与数字化技术结合？ BIM 技术在建筑业的数字化转型过程中起到怎样的作用？

数字技术已经成为各行各业高质量发展的重要支撑，如何让数字技术融入传统产业，对庞大而复杂的建筑业来讲是一个很大的挑战，数字技术在建筑业中的应用刚刚开始加速，还需要所有参与方一起努力。

有时候我们很难想象数字技术如何融入各个产业，同时它又是如何影响产业的发展的，数字技术在个人生活领域为我们带来了更好的体验、更便利的生活方式、更高效的治理服务模式（图 2-1）。

图 2-1　中国人的数字生活

在个人生活领域的方方面面，随着数字技术的深度融合，社会发生了翻天覆地的变化，我们每个人都有切身体会，数字技术就是通过一个个的应用场景走进我们的生活，方便我们的吃穿住用行。

数字技术对建筑业而言主要是面对行业新的发展挑战，支撑业务成功。对整个建筑业来讲，BIM 技术、云计算、大数据、物联网（IoT）、移动应用、人工智能（AI）等是影响行业发展的关键技术，通过这些技术可以使建筑业实现全要素全量的实时链接，满足全参与方的业务管理需求，实现全过程数据驱动下的精准高效决策，推动整个行业的转型升级和高质量发展。

建筑业是一个非常复杂的传统行业，上下游产业链条长，影响重大，是国民经济支柱产业，我们将视野聚焦到一个项目的建造过程，看看这些数字技术如何支撑业务成功。当我们要进行精准决策的时候，需要很多的数据支撑，完全依赖人工收集数据，其准确性、及时性、全面性较难保障，过去需要依靠长期的经验积累进行判断和处置，现在能够利用物联网（IoT）技术，通过软硬一体实现对项目数据实时采集，BIM 技术的应用可以实现对现场建筑实体和各类施工措施的数据采集，各类管理 / 岗位工具支撑我们对管理过程的数字化，实现对项目的精细化管理，企业对项目的感知速度也发生了质的变化（图 2-2）。

例如：利用现场劳务管理系统完成人员信息的及时登记，当工人通过闸机设备的时

图 2-2 项目的数字化

候，可以判断工人是否完成登记，是否参加了教育，实时按照工种、专业统计在场作业人员。如果结合智能安全帽，可以实现对场内作业人员的区域／精准定位，实时掌握各作业面的人员数据，为我们进行现场生产指挥调度提供精准的人力资源配置数据（图 2-3）。

图 2-3 劳务的数字化管理

利用 BIM 技术与施工进度计划结合，可以实时感知和统计项目的工程进展情况，某一流水段工作开展的时候，可以快速进行施工量的计算，帮助生产管理人员进行生产组织。同时施工作业危险性较大的作业活动，通过智能传感器实时采集数据，感知变化，超过设定预警阀值时系统及时预警／控制，保障项目安全运行。单个项目的数据全量采集已经非常巨大，对一个企业来讲，如何处理分布于全国各地的几十、上百甚至上千的项目，云技术提供了重要的支撑，它满足了企业集中和分布管理的诉求，海量数据汇集到云端，通过快速计算呈现到决策者面前。云技术的快速发展也在不断推动企业数据资产的积累，让数据成为能力，成为企业的核心竞争力。数据的采集和汇集只是开始，让数据成为资产，成为能力，就需要对数据进行管理，大数据支撑企业的数据治理需求，基于建筑业数据的特性进行数据标准建设，基于业务的深度挖掘实现数据建模，完成对海量数据的加工、分析和应用。

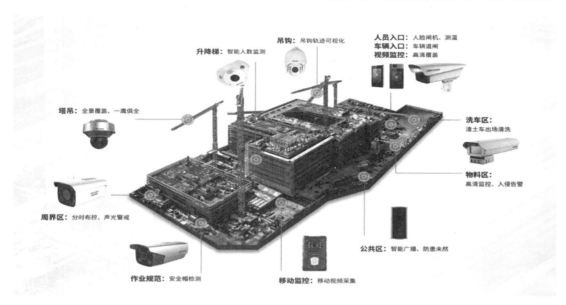

图 2-4　视觉技术助力建造过程数字化

随着数据的不断积累，利用人工智能技术完成深度学习，将会使我们对项目建造过程实现全面智慧化，任何数据的变化，现场指挥大脑将自动进行计算评估，做出最优调整，基于视觉技术的智能识别让计算机能够全面认识项目建造过程，对其进行精准管控，未来会有更多的数字技术融入项目的建造过程中来，让每一个项目成功。

在支撑建筑业数字化转型的进程中，BIM 的价值绝对不只是可视化呈现，作为数据载体，BIM 的价值产生在信息的解构与重构，通过数据连接更好地实现业务协同，让数据更好地赋能到业务本身。当然，数据想要产生实际价值，其真实性、及时性、完整性至关重要，这就要求源头数据的及时采集，以及后续数据的挖掘和分析。BIM 技术和云计算、大数据、物联网（IoT）、移动互联网、人工智能（AI）等数字化技术的有效结合，可以更好地保证数据流的运转，从而发挥其最大的效力。

比如 BIM 技术在基于作业面的施工管理精细化方面就能发挥重要作用。BIM 技术给施工精细化管理主要带来两方面的能力。一是基于三维模型的工作面拆解能力。二是基于施工流水段的工程量计算能力。利用 BIM 模型可以将一个工程项目，按施工顺序和任务安排，对空间进行拆解，成为一个个区段的子模型。再基于这一个个区段的子模型，进行人、材、机等各要素的工程量统计汇总，辅助后续施工进度、材料采购、工人排班等工作，实现精细化的管理（图 2-5）。

同时，BIM 技术可以辅助不断积累企业的各项数据，形成企业核心数据资产。在帮助企业提高建造效率、优化资源整合的同时，对累积的数据也可以再进行多维度分析与应用。

3. 推进建筑业的数字化转型，应该注意哪些方面？其中 BIM 技术作为重要的数字技术支撑，其技术的发展应走向何方？

行业数字化转型的主体是各个企业，我们总结了行业的规律和经验，目前碰到的阻碍

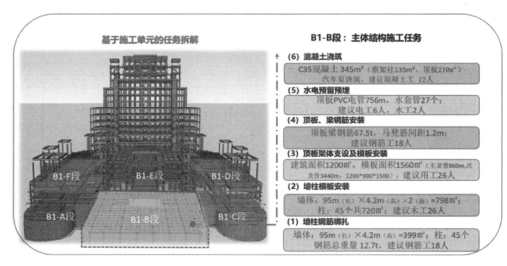

图 2-5　基于 BIM 的工作面拆解和任务级工程量统计

和挑战包括意识、认知、节奏和路径、资源匹配 4 个方面。

首先是意识方面。意识包含高层和中层两个层面。其中，最关键的是高层意识，就是企业领导者、管理者和决策者（董事长和总经理）的意识。高层是不是真的坚定要做数字化转型，这非常关键。高层的意识决定了企业是否能够真正开启数字化转型，是否能付诸行动，这是第一个意识。第二个层面是中层的意识。中层意识的转变也非常关键，因为如果高层的意识和决心有了，但是中层意识不够坚定，就很容易出现"上有政策下有对策"的情况。我们看到过很多失败的案例，根本原因就是中层的意识没有跟上。

第二个挑战是认知方面。认知和意识是相辅相成的。认知也包含两个层面。第一个是数字化转型是什么？常见的误区：认为数字化转型就是一个系统，就是一个软件平台，就是一个咨询项目，或者认为就是把企业原有的系统打通了等等，还有的认为是 IT 部门的事，是某个业务部门的事，这些认知错误都会阻碍数字化转型的成功。那么，数字化转型到底是什么？首先，数字化转型应该是个系统工程，不是某个软件系统升级或者某类工具应用。其次，数字化转型是系统性的管理升级。数字化转型背后是管理理念、管理手段、管理流程、管理机制的变化。最后数字化转型要依托于现有业务，要服务于业务，再找到合适的系统和工具支撑。第二个是数字化转型的做法。有的企业觉得数字化转型很简单，自己招几个开发组建一个研发团队就可以做好；有的又觉得太复杂，要投入非常多的精力和财力去做，一上来就拉开非常大的架势，到最后不了了之。事实上，这两者都不可取，我认为企业的数字化转型既需要内部大力的投入，也需要依托外部专业的咨询，同时还包括数字化转型的规划、过程实施、后期交付等等，因此数字化转型的落地也是个系统工程，要有自上而下结合业务的规划，同时还要有自下而上脚踏实地的落地。

第三个挑战是数字化转型的路径和节奏。解决了企业的意识和认知问题，紧接着的挑战就是路径和节奏。数字化转型是一个系统工程，一定要做好充分的路径和节奏的设计，根据本企业的现状和基础，找准本企业的切入点。比如有的企业有很多原有的信息化系统，有的企业在业务层面的标准化做得很好，但信息化系统支撑薄弱一点，有的企业是业务标准和信息化系统都比较薄弱，还有的企业是人才方面缺失比较严重，等等。面对这些不同的情况，需要有不同的路径和节奏。路径和节奏的设计，不能过于着急，也不能直接照搬别人的，要找到适合于企业自身情况的才行。

第四个挑战就是资源的匹配。有了合适的路径和节奏，还需要匹配资源支撑，一步步实现数字化转型。资源匹配不仅仅是人力和资金上的投入，还包括管理精力等一系列的投入。按节奏推进，步步为营。这样，数字化转型的道路才能真正取得成功。

面对意识、认知、路径节奏、资源匹配这几个方面的挑战，那么我们如何解决？

第一是要树立愿景。整个建筑行业，包括业主方、设计院和施工企业等等，都要有坚定的愿景和使命，即数字化转型一定是行业未来的趋势所在。这个愿景要深入到行业内每一个人的意识里，这是数字化转型实施落地的第一个关键因素。

第二是要自上而下规划。规划的背后是每一个企业在实施数字化转型时，应该看全局，看终局。自上而下规划包括了企业领导的意愿、高层和中层管理者的认知共识，自上而下规划不仅仅规划本身，更是意识共识的过程。

第三是要自下而上的实施。建筑行业的数字化转型，背后其实是每个工程项目的数字化，最后才是企业的数字化。所以，要自下而上实施，保证项目的每一个生产要素都能实现数字化，再往上走到项企一体化、业财税一体化，最后实现建筑行业整体数字化转型，让整个建筑行业的产业升级成功。这是数字化转型的根本，围绕工程项目的数字化，同时把数字化的手段和业务管理相结合，自下而上地实现整个行业的数字化转型。

第四是要按节奏分步实施。数字化转型不能一蹴而就，需要按阶段推行，不断沉淀企业的数字化方法，沉淀企业的数字化人才，沉淀企业的数字资产等等。这个过程一定是分阶段、有节奏的实施过程。

第五是要找到长期合作的数字化发展合作伙伴。数字化长期合作伙伴一定要有足够的IT 技术实力和深入的建筑行业业务理解能力，才能支撑企业在数字化转型的道路上越走越远。

4. 未来，BIM 技术想要为建筑业乃至全产业链条的发展创造更好的土壤，应该在哪些方面加大投入？

纵观建筑业，以 BIM 为代表的数字化技术的发展持续向好，全行业也逐渐形成了价值共识。当然，建筑业的数字化转型一定不是一蹴而就的，需要分阶段、分节奏、分步骤有序推进。在此过程中，BIM 作为关键技术和数据载体，我认为应在标准体系建设、政策制度配套、项目应用与推广、技术及应用人才培养、应用软件及相关设备研发等 5 个方面加大投入。

第一，标准体系建设方面，可以从行业宏观层面对 BIM 技术的研发及应用做出方向性指导，再根据各地方、各业务的不同环境情况和发展阶段制定有针对性的系列标准，促进不同阶段不同环境 BIM 应用的有序推进。在 BIM 数据标准层面，应建立数据标准体系，更好地实现数据联动，加强国内厂商通过统一软件标准和接口深度开放建立一体化的软件生态体系，培育并推广自主可控技术标准，打造自主可控软件生态和技术联盟。在BIM 应用标准层面，企业及项目作为 BIM 应用的主体，可以根据不同项目类型、不同阶段实际的技术和管理需求，针对性梳理 BIM 应用范围，建立企业或项目层面的 BIM 应用标准，提升协同效率和推进效果。

第二，政策制度配套方面，以政府引导为手段，加强政策保障体系建设。对于技术研发，以 BIM 为代表的数字化技术对于建筑业而言还处于科技创新阶段，企业的目标是实现经营指标的达成，而在创新发展的投入方面，大多数企业是有限的，这就需要各级政府从鼓励政策方面做好调控，尤其是对自主可控的软件及相应技术的研发保障。对于 BIM 应用要求，将 BIM 应用要求与工程项目审批深度融合，在工程项目审批关键节点前置 BIM 应用要求，申报项目在立项、规划审批、施工图设计审查、招投标、施工及竣工各阶段一定程度上使用自主可控 BIM 技术。对于 BIM 技术应用费用投入，计价标准可以在工程建设其他费用中单独计列，并明确 BIM 技术应用费用纳入项目投资预算。

第三，项目应用与推广层面，可以制定有针对性的鼓励政策，从而促进企业在 BIM 应用方面的积极性。例如，可要求大型国企、央企做好行业引领，在政府投资单体建筑面积或投资金额超过一定规模的大型房屋建筑工程、大型桥梁、隧道、城市轨道交通、装配式建筑优先使用自主可控 BIM 技术。为做好 BIM 技术的推广示范引领，需要持续推行各地方的 BIM 示范项目相关政策，各地每年制定 BIM 示范工程项目清单，推荐一定数量的示范项目，从项目启动初期就推动项目 BIM 应用，并在项目应用过程中定期监督与评审。另外，对于申请绿色建筑星级评定以及优秀工程勘察设计、质量奖项的工程，凡应用自主可控 BIM 技术的，在评奖中相应给予加分，将自主可控 BIM 技术应用推广纳入市重点工程立功竞赛评定内容。同时，建议要求各地政府配套 BIM 示范工程专项支持资金。

第四，技术及应用人才培养方面，缺乏 BIM 人才一直是企业推行 BIM 应用的最大阻碍。我认为解决 BIM 人才缺乏的问题可以从两个方面解决：其一，从政府层面，相关部门、科研院所、高校和企业要面向世界科技前沿，本着"人才培养密切联系工程实践"的原则，发挥政府和市场的双重机制，加快构建行业信息技术人才梯队和专业团队。其二，建筑行业内体系化的实践和培养。比如在建筑行业内，加大信息专业高端技术及管理人才培养力度，强化基础研究教育投入，完善人才养护体系和政策。通过政策倾斜，将具有信息领域跨国公司经历的建筑行业专业人才纳入人才引进计划。另外，搭建行业 BIM 人才交流平台，包括典型性应用实践的分享、BIM 技术应用成果大赛、BIM 技术推进方案路径的交流等等。再通过项目实践与经验总结，最终逐步培养出既懂 BIM 技术应用，又了解工程业务和管理的复合型人才，推动企业 BIM 技术的良性发展，最终让 BIM 技术成为各岗位人员的必备技能。

第五，应用软件及相关设备规模化研发方面，加大对自主可控技术研发企业的培育和支持力度，提高企业创新愿望和创新能力，切实发挥企业的主体创新作用。通过支持行业领军企业参与政策、规划、标准和配套制度及措施的制定，支持采购自主可控的创新产品和服务。

2.6　专家视角：张琨

张琨：现任中国建筑第三工程局有限公司（以下简称"中建三局"）副总经理、总工程师，教授级高级工程师，中建集团首席专家。先后主持了央视新台址大楼、北京中国尊、火神山雷神山抗疫医院等重大工程的施工技术攻关，研发了超高层建筑一体化大型施工装备，创新了多项超高层建筑关键施工技术，提出了复杂钢结构位形精确控制施工方法，获国家科技进步二等奖 4 项、省部级科技奖励一等奖 16 项，2020 年获全国创新争先奖状、全国劳动模范等荣誉。

1. 随着建筑业推动智能建造和建筑工业化协同发展，数字化转型不断推进，中建三局对 BIM 应用如何定位？

随着建筑业新技术不断涌现，BIM 技术在建筑业得到高度应用，BIM 技术强力支撑智能建造、建筑工业化、数字化转型等技术的不断革新，其在中建三局转型升级改革时期发挥了重要作用，始终处于重要定位。

一是项目履约中基础支撑定位。BIM 技术在项目履约生产中，提供强有力的支撑作用，解决项目技术难题，提升施工技术水平。譬如中建三局承建的中国尊项目，BIM 技术应用贯穿项目全生命期，按照设计阶段全面介入、施工阶段深度应用、运维阶段增值创效的理念，减少规划、设计、建造、运营等各个环节之间沟通障碍，提高效率、节约成本、减少拆改。在 BIM 技术实施过程中，项目始终贯彻以 BIM 促管理、提品质的总目标，将 BIM 技术融入日常项目管理中，BIM 技术强力支撑项目履约，基于 BIM 技术，对全楼全专业进行了高精度的深化设计；实现大体积混凝土底板施工、智能顶升钢平台安装、塔冠钢结构及幕墙安装等高精细度的施工模拟；实现钢结构、机电、幕墙等多专业大体量的预制加工；在全楼层全方位的三维扫描等方面应用 BIM 技术，解决了项目零场地施工、工期紧张、垂直运输压力大、结构造型复杂等多个难题，实现了业主、设计、施工基于 BIM 的协同工作，实现了从总承包内部各部门到专业分包单位全员参与、信息共享，形成了一套可复制推广的总承包项目管理 BIM 应用样板，达到了"设计—施工—运维"全生命期 BIM 应用。

二是助推新型建造方式变革的技术核心定位。随着 BIM 技术的深度应用，建筑行业传统建造方式不断受到冲击，基于 BIM 技术，新型建造方式不断创新变革，根据国家推动智能建造与建筑工业化协同发展的指导意见，实现国家智能建造是中国建造的中长期发展目标。基于 BIM 技术，实现智能建造，引领科技、工艺和产业生态升级，推动行业生产建造方式的变革；通过构建统一的平台，将现场智能装备、感知设备、人、相关方集成在一起，形成一个人、机、生产要素相结合的有机体系，拓展应用场景落地。

目前中建三局正在开展基于 BIM 技术的钢筋集约化加工创新技术研究，改变了传统的钢筋加工方式，基于 BIM 技术，开展钢筋深化设计、高效翻样、数控加工、集约配送等一系列成套技术，如采用 BIM 软件建模翻样、针对复杂节点构造钢筋排布可视化，提高翻样精度，降低钢筋损耗。辅以钢筋云管理系统集中管理整个项目钢筋原材进场加工、半成品出场绑扎、余料再利用，达到提高钢筋管理水平、降低钢筋损耗率、节约施工成本的目的，大大提高了钢筋成品化、精细化、信息化管理程度，质量、效率、成本优势明显。

另外，中建三局基于 BIM 技术，创新实施机电安装工程"全专业设计（Design）、工厂化预制（Prefabricate）、物流化运输（Transport）、机械化装配（Arefabricate）"的 DPTA 工业化整体解决方案。基于 BIM 技术，开展制冷机房预制装配施工技术研究，包括机房精细化建模优化及人性化设计、机房预制加工技术、循环水泵单元模块整体运输技术、机房现场装配技术、机房内管道整体提升技术、制冷机组进出口管道阀门整体组装等技术，机房预制装配在场外工厂生产，施工质量可以得到保障，同时又缩短施工工期，提高了生产效率。

2. 中建三局在推进 BIM 应用的过程中是如何规划和思考的？

BIM 技术应用推广是一个系统工程，从工程项目应用到公司管理、从 BIM 工程师到 BIM 经理的人才培养、从单个专业应用到全专业的协同应用、从施工阶段基础应用到全生命期全方位应用，其推广应用是一个循序渐进、不断发展的过程，中建三局在推进 BIM 应用过程中，不断探索、不断改进，提出了一系列规划措施。

一是顶层创新引领。中建三局建立了局总工程师牵头的 BIM 推广应用体系，建立 BIM 技术应用管理制度，集中管理推进 BIM 技术相关课题的研发，形成 BIM 技术研发体系，局工程技术研究院设立 BIM 技术研究所，配备专职 BIM 研发人员，统筹全局 BIM 技术相关课题研发，建立 BIM 课题申报、中期检查及验收等一系列实施流程。

二是中层持续推进。公司层面持续推进 BIM 技术应用，加强基于 BIM 的多重创新技术推广，积极开展 BIM 技术的研发，尤其是基于 BIM 技术的综合平台、重点建筑施工工艺 BIM 技术二次开发、BIM 技术与智能建造融合等技术开发，同时制定公司 BIM 技术规划方案，加大对基层项目 BIM 应用指导与管理。

三是基层技术能力提升。项目层面加大 BIM 技术应用力度，培养 BIM 技术人才，提升项目 BIM 技术人员能力，从 BIM 建模等基础技术应用，到项目 BIM 策划实施等高级应用，全方位整体提升项目 BIM 人员技术能力。

3. 在实践中，BIM 技术如何与建造阶段核心业务结合，做到产出增加和效率提升？

近年来，BIM 技术飞速发展，对建筑行业影响很大，尤其是对建造阶段的影响尤为突出，中建三局一贯要求 BIM 技术应用于建造阶段的各个环节，紧密与建造阶段核心业务相结合，建立工程项目基础信息库，辅助施工管理，达到项目优质履约、提质增效的目的。

一是优化项目策划，提升施工总体水平。BIM 可视化、模拟性特征为项目策划与实施阶段提供全生产要素呈现及管理的作业看板，提高项目全参与方的协同效率。在项目开工之前，BIM 技术与项目策划相结合，开展施工部署、分区设计、各阶段施工平面组织、施工设备材料运输吊装等策划模拟，提升项目整体策划水平，避免走弯路；譬如北京中国尊项目，通过全过程应用 BIM 技术后，大大提高了综合施工效益，经济效益和社会效益显著。

二是辅助深化设计，达到降本增效。施工前，BIM 技术与深化设计相结合，进行各专业 BIM 模型综合，通过碰撞检测，发现错漏碰缺，提前解决，避免后期拆改，大大节约施工成本及工期。譬如雄安市民服务中心项目，将 BIM 技术和智慧建造技术相结合，开展总承包管理 BIM 技术应用，提高专业服务水平，提升项目品质；借助 BIM 技术将复杂工程可视化，协调各专业工作；并通过智慧建造管理平台中的数据作为结合，辅助工程造价、工期、质量、现场安全等的管理；通过项目数据管理平台实现施工阶段各参建方 BIM 数据共享。

三是改变建造方式。基于 BIM 技术，开展传统建造方式的变革，提高生产效率，譬如基于 BIM 技术钢筋集约化加工技术，经应用实践证明，翻样效率较传统提升 20% 以上，加工效率提升 2 倍以上，损耗降低 1% 以上，总成本降低折合 100 元 / 吨以上，同时减少加工工人需求 60%。另外基于 BIM 技术整体机房预制装配技术，采取工厂化的管理模式，施工效率大大提高，施工质量得到保障，极大地缩短了机房的施工工期。

4. 企业推广应用 BIM 过程中普遍存在哪些困难，有什么解决办法或思路？

目前国内施工企业推广 BIM 技术力度比较大，主要存在两方面问题：一是 BIM 技术在应用推广过程中，设计、施工及运维上下游数据还不通，不能真正协同管理，设计单位也不能完全采用正向设计，施工过程中，信息不能完善被记录等，再加上 BIM 标准不统一，给 BIM 推广增加了很多困难。二是目前 BIM 技术应用还局限在 BIM 软件功能应用，整体 BIM 技术应用深度不够，主要是在施工单位应用 BIM 技术辅助施工管理，与制造业数字化建造技术差距很大。

针对以上问题，个人认为应该加强政府引导、业主推动的方式，全面开展 BIM 技术在项目全生命期上运用，达到信息协同；另外要加大 BIM 技术的创新研发力度以及基于 BIM 技术的融合技术的研发，并加快 BIM 技术国产化进程。

5. 在您看来，我国建筑业的 BIM 技术将如何发展，中建三局是如何考虑未来 BIM 发展路径的？

随着建筑行业信息技术的推广，BIM 技术逐渐在建筑行业广泛应用，伴随我国对 BIM 技术的重视和研究，BIM 技术将会得到飞速发展。以 BIM 为主要代表的信息技术与传统建筑业融合，符合绿色、低碳和智慧建造理念，是未来建筑业发展的必然趋势，对未来我国建筑业发展将起到深远影响。

一是影响建筑业传统生产模式，实现建筑业现代化、工业化、信息化。通过 BIM 技术，将改变传统的生产方式，重塑建筑设计、施工及运维全生命期管理流程，实现高度信息化。

二是实现建筑信息高度协同。BIM 技术将协同建设、设计、施工、监理等各参建单位，通过同一个 BIM 模型，解决工程实际问题，开展技术、生产、进度、成本、质量、安全等各方面管控，实现工程高效管理。

三是改变建筑企业的管理模式。基于 BIM 技术的工程项目管理，将直接影响建筑企业生产管理模式，企业管理信息来源于工程项目，要求建筑企业充分开展信息化管理，提升管理效率。

中建三局紧跟 BIM 技术发展步伐，将 BIM 技术贯穿整个企业管理全过程，充分利用 BIM 技术带给建筑施工管理的优势，打造基于 BIM 技术的施工信息化管理体系，实现企业智能建造。

一是加强 BIM 技术研发。开展具有自主知识产权 BIM 软件的研发。将 BIM 技术与前沿技术相结合进行创新研究，对装配式智能建造、智慧工地、智慧运维等 BIM 创新技术进行深入研究和应用，逐步提高项目建造的智慧化程度，攻关"卡脖子"技术难题，提升建筑行业整体建造水平；另外重点开展智能装备的研究和升级，研究基于 BIM 技术的智能建造新型设备和工具，大力推进先进制造设备、智能设备、建筑机器人及智慧工地相关装备的研发、制造和推广应用，提升各类施工机具的性能和效率，提高机械化施工程度，并形成智能建造的系统性支撑。

二是加大 BIM 技术深度应用。开展建筑业 BIM 技术精细化设计、施工及运维管理，参考先进制造业信息化发展模式，通过 BIM 技术加快建筑业生产方式的变革。

三是打通 BIM 技术上下游数据通道，推进项目全生命期应用。协同项目各参建单位，通过一套模型或平台，实现数据共享与协同管理，以信息化手段高效提升项目管理水平。

2.7　专家视角：亓立刚

　　亓立刚：中国建筑第八工程局有限公司（以下简称"中建八局"）总工程师，教授级高级工程师，享受国务院政府特殊津贴专家。长期从事建筑工程建造技术研究及管理工作，在数字建造、绿色建造等方面成果丰硕，助力了行业建造技术的发展。他先后主持完成省部级科研课题多项。其中，主持研发的"新一代运载火箭力学试验与发射测试厂房建造关键技术"荣获国家科技进步奖二等奖（第一完成人），推动了我国航空航天建设领域的关键技术的创新与发展。近年来获省部级科技奖 10 余项，发明专利 20 余项，发表论文 10 余篇，合作编写专著 3 部。

1. 在建设数字中国、发展数字经济大环境下，中建八局对 BIM 应用如何定位？

2020 年国务院国资委印发的《关于加快推进国有企业数字化转型工作的通知》中指出："推动新一代信息技术与国有企业的融合创新，加速传统产业全方位、全角度、全链条的数字化转型"。《中华人民共和国国民经济和社会发展第十四个五年规划和 2035 年远景目标纲要》中指出："以数字化转型整体驱动生产方式、生活方式和治理方式变革"。在这一系列最新政策指引中，国家对于数字化转型的规划与倡导推向了全新的高度。

站在历史的新起点上，作为"中国建筑"的排头兵，中建八局将 BIM 与智能建造定位为"主业高效建造的加速器""产业化创新的助推器""高科技人才的孵化器"以及"新技术成果的转化器"。中建八局将积极践行、加快推进国有企业数字化转型的步伐，做好顶层战略、夯实实施路径、筑牢人才与创新基础，与行业内外的同人志士在数字化转型的征途上共同探讨、携手迈进。

2. BIM 技术与其他新数字化技术集成应用持续深入，在中建八局的应用中有哪些感受，对此趋势如何看待？

（1）整体应用情况

从建筑高度 530m 的天津周大福，到世界最低海拔的上海深坑酒店；从一带一路起点的 G20 主会场，到丝绸之路上的敦煌文博馆。BIM 技术伴随着中建八局的一线工程技术人员一起走过，发挥了重要的辅助建造作用。

工程实践表明，通过 BIM 技术的引进、应用与自主研发，有助于实现传统业务领域的精细化管控，无论是设计阶段还是施工阶段，如果没有采用 BIM 技术，很多工作，如一些结构复杂、环境复杂工程的设计管理工作、施工管理工作则做不好，甚至是做不了。

目前，中建八局在施项目中约有 2000 余个项目不同程度进行了 BIM 技术应用，在施项目 BIM 技术应用占比约为 91%。

（2）与设计管理以及服务项目创效方面的结合

目前，除传统的施工阶段 BIM 技术应用外，中建八局在 BIM 与设计管理相结合、BIM 服务项目创效方面也进行了一定的探索与实践。

对于 EPC 项目，在方案设计阶段由设计管理人员协助外部设计院，完善设计成果，降低施工难度，提高建筑品质。

对于施工总承包项目，在进场后由商务经理从商务角度提出需要重点关注的创效方面，如投标时的亏损项等。之后，由设计管理人员、项目总工分别从设计角度、施工工艺角度来考量是否可以优化，如果三方（商务、设计、技术）能够形成设计方案优化共识，就由项目经理牵头、设计管理人员配合争取实现设计方案的修改，以节省项目成本，缩短项目工期。

3. 建筑企业数字化转型持续进行，BIM 是支撑企业数字化平台的核心技术之一。企业是如何建立 BIM 能力，利用 BIM 赋能各业务系统的？

中建八局通过人才能力建设、标准体系能力建设、自主创新能力建设来夯实企业 BIM 能力基础。

（1）人才能力建设

人才是 BIM 技术在建筑企业生根、壮大、发展的基础，建筑企业具备自我造血能力，是 BIM 技术可持续发展的基石。在这一指导思想下，中建八局通过"新员工入职培训""老员工驻场培训""业务骨干拔尖培训""新技术集中宣贯""重大工程全员培训""企业网络讲堂"六位一体的方式，全局累计培养了 3 余万人次的实操级 BIM 人员。

自 2014 年开始，以崇尚技能、促进理论与工程实践密切结合为目标，中建八局连续举办了 6 届"企业施工技能大赛"。2018 年住房和城乡建设部颁布了《关于同意上海、深圳市开展工程总承包企业编制施工图设计文件试点的复函》。在这一新背景下，中建八局对"企业施工技能大赛"进行了完善，在传统的绑钢筋、支模板、机电安装等考核内容外，新增了 BIM 技能考核。各单位选拔出一支由设计人员 + 施工人员混合编组的 4 人参赛团队，在规定时间内 (4 天 × 15 小时 / 天) 完成一个实际项目的 BIM 辅助机电工程设计、优化与深化设计工作。工程实践表明，这一竞赛形式促进了全局各单位设计人员、施工人员的工作方式与业务能力的深度融合与提升。

（2）标准体系能力建设

近年来，中建八局在 BIM 与数字建造领域，先后参与了《建筑信息模型施工应用标准》GB/T 51235—2017、《建筑信息模型设计交付标准》GB/T 51301—2018 等两部国家标准、《建筑工程设计信息模型制图标准》JGJ/T 448—2018 等行业标准以及北京、上海、广西等多部地方 BIM 标准的编制。目前，正在组织企业自有的设计院、工程研究院、地产公司进行《设计、施工、运营一体化 BIM 标准》的编制，从设计引领、编码统一、数据拉通、贯穿到底的角度，夯实 BIM 技术在 EPC 项目中应用的标准基础。

（3）自主创新能力建设

近年来，中建八局在 BIM 与数字建造领域，先后自主开发了"企业 BIM 快速建模平台""企业 BIM 工程算量平台""企业 BIM 施工工艺管理平台""项目 BIM 协同管理平台""AI 智慧图纸""基于 AI 的自动场布软件""基于 AI 的钢筋自适应下料软件""基于 AI 的自动管综软件"等一系列 BIM+ 数字建造科研成果，累计在 2000 余个在建工程中得到不同程度的应用。

客观地讲，目前中建八局在 BIM 赋能各业务体系方面，整体还处于对各业务体系独立赋能的阶段，尚难以形成各业务体系之间的联动；在未来，中建八局将以"数出同源、一源多用、纵向贯通、横向互联"为攻关目标，积极探索并实现 BIM 对各业务体系的联动式赋能。

4. 近几年 BIM 技术逐渐出现了项目企业一体化、设计施工一体化乃至建筑全生命期的一体化应用，从总承包企业角度出发，您如何看待这一趋势？

从宏观层面看，传统建造模式下，设计、采购、制造、施工、运维等工程建造各个环节之间标准不统一、数据不拉通，业务体系不联动，造成行业生产效率低、资源浪费严重。因此，发达国家都在审视工程建造的现实、反思工程建造面临的问题，探索行业发展的数字化未来。在这一背景下，国内建造企业以 BIM 为数据底座，通过项企合一、贯穿工程建造全生命的一体化平台建设来丰富和发展中国制造的内涵，助力民族建筑业企业抢占全球工程建造数字化高地，具有重要的战略意义。

从微观视角看，BIM 技术有助于 EPC 总承包项目中设计、采购、制造、施工、运维等各个环节之间的业务交叉与数据融合，有助于实现工程建造整体的优化以及项目投资收益的最大化。

5. 在您看来，我国建筑业的 BIM 技术将如何发展，中建八局是如何考虑未来 BIM 发展路径的？

（1）对新型人才培育体系方面的思考

2019 年，人力资源和社会保障部将建筑信息模型技术员 (BIM 工程师) 纳入新职业范畴。这意味着 BIM 工程师正式成为一个国家承认且有市场需求的职业发展新方向。

这一新职业岗位的设立，一方面，为 BIM 技术在中国工程建设行业的全面落地提供了一条全新的途径。另一方面，这一制度的落地实施，还需要相关配套研究和实践的配合。

基于工程实践，我们建议：建筑信息模型技术员 (BIM 工程师) 在培育和招募上，采取以下的方式：

①建筑企业应选拔一批精通业务、熟悉现场生产与管理的专业技术专家，参与高校智能建造等课程的教材编写、教学乃至学科建设。

②建筑企业应依托在建工程，为高校学生提供 BIM 领域的实习、实训、实践基地与场所。

③通过校企合作，在进行建筑信息模型技术员 (BIM 工程师) 培育的同时，建筑企业也不应忽视对既有人员的 BIM 知识、智能建造能力的重塑。在培训对象的选拔上，应把员工的业务能力 (即设计、生产、技术、质量、安全等业务能力) 选拔放在第一位，把员工 BIM 能力的选拔放在第二位。只有业务能力强的员工才能基于 BIM 技术建造出更优质的建筑产品，即通过采用"业务牵引、BIM 辅助"的模式，充分发挥 BIM 技术在工程建造中的辅助价值。

④同时，未来的人才培育，不仅是指已有的，已见成效的 BIM 基本技能培育。更是指在数字建造背景下的"跨界式"新型技术人才的培育，尤其是侧重插件、系统、乃至平台的自主研发方面的人才培育。在建筑企业现有的员工中培育、发现一批精通技术、熟悉现场，同时对插件、系统乃至平台的自主研发具有浓厚兴趣的新型科研骨干。通过校企合作，采用"土木工程 + 软件工程""土木工程 + 人工智能"的"跨界式"培育，对建筑企业各级科研岗位进行充实，为建筑企业原创知识产权的形成乃至科技创新能力的持续提升夯实基础。

（2）对基础建模 BIM 软件本土化方面的思考

目前，在基础建模 BIM 软件方面，国内设计院、建筑企业采用的均是国外产品 (ABC，即 Autodesk、Bentley、CATIA)。一方面，这些软件基于国外 BIM 标准及建造规范进行设计与开发，不完全符合国内设计与施工实际需求，如果不进行持续、深度的二次开发，无法发挥 BIM 技术的最大价值；另一方面，也给国内设计院、建筑企业带来了长期、高额的投入与维护成本；最重要的是，可能给建成后的单体建筑、群体建筑、园区级乃至城市级的建筑数据安全带来隐患。

目前，现有的国产 BIM 插件、系统、平台的开发基本上由高校或者信息化企业为主。高校在开发方式上，不同程度地存在着"以教学、科研、论文、基金申报为优先导向"，研发成果与工程实践之间的偏差较大，无法满足"高、大、精、尖、特"项目的设计要求与施工要求；信息化企业在开发方式上，无法回避"以企业生存为根本导向"的问题，不同程度地存在着聚焦于"短、平、快"为特色的产品开发，在设计与施工专业技术专家的储备方面，更是存在着明显的短板，无法从"统筹规划、通盘考量、深度解决"的角度实现设计与施工的诉求。

因此，建议国家层面考虑组织中国建筑集团有限公司、中国建筑科学研究院有限公司等在科研创新、设计能力、施工能力等方面具有技术优势，具有结构复杂、环境复杂工程设计与施工经验，具有"社会奉献精神、不以逐利为根本目标"的中央企业，牵头进行国产基础建模 BIM 软件的研发工作；高校牵头通过"进教材、进课堂、进头脑"的方式，面向未来的中国建筑人，促进 BIM 理论与国产 BIM 成果、与工程实践的密切结合；信息化企业牵头进行 BIM 插件、BIM 能力组件的建设，共同构建本土化、系统化、良性化的 BIM 技术生态圈。

2.8　专家视角：何关培、李源龙

何关培：广州优比建筑咨询有限公司 CEO，2003 年开始从事 BIM 应用和企业 BIM 生产建设研究实践，撰写 BIM 博客 300 余篇，主编和第一副主编 BIM 出版物 12 册，发表 BIM 论文 20 余篇，为两项国家 BIM 标准以及广东省和广州市 BIM 标准主要执笔人。

李源龙：广州优比建筑咨询有限公司副总经理，曾于中国铁建港航局集团有限公司从事施工管理工作，2014 年开始从事 BIM 技术应用与项目管理实施，曾为多家业主、设计、施工单位提供 BIM 应用管理与生产力建设工作。作为 BIM 负责人参与各类项目 50 余项。

1. 从您的行业经验来看，整体建筑行业 BIM 应用趋势是怎样的，过程中企业的认知有哪些变化？

BIM 应用整体上呈现从技术应用到管理应用、从模型应用到信息应用、从 BIM 应用到集成应用、从辅助交付到法定交付等几个方面的发展趋势。

第一个趋势是从技术应用到管理应用，即从技术团队应用到管理团队应用、从技术人员应用到管理人员应用。目前 BIM 技术应用已经开始进入日常普及状态，但 BIM 管理应用仍处于早期摸索阶段，主要表现为 BIM 应用主体仍为一线生产人员，项目或企业管理层和决策层应用的人员数量仍然比较少，这也是 BIM 应用和项目管理不能有效结合的主要原因，需要通过推动企业和项目管理层掌握 BIM 应用来实现这个转变。

第二个趋势是从模型应用到信息应用，即从几何信息应用到非几何信息应用。目前 BIM 几何信息应用的覆盖面比较大，成熟度和普及度也都比较高，但 BIM 非几何信息应用还局限在部分场景，数据持续应用在法律和技术层面都存在障碍，需要扩大 BIM 模型中的信息在项目建设和运维活动中的应用场景。

第三个趋势是从 BIM 应用到集成应用，即从 BIM 单一技术的应用到 BIM 与其他信息技术的集成应用。目前不同信息技术在建筑业的应用成熟度处于不同阶段，BIM 与其他技术的集成应用存在不同的问题，处在不同的成熟度，需要逐项解决 BIM 和其他技术的集成应用问题。

第四个趋势是从辅助交付到法定交付，目前 BIM 应用为辅助应用而非生产性应用，BIM 模型为辅助交付物而非法定交付物，图纸为法定交付物，需要同时准备技术和法律条件使 BIM 成为和图纸具有同等法律地位的法定交付物，且技术条件首当其冲。

2. 当前建筑业企业对于 BIM 的需求更多倾向于哪些方面，BIM 价值在哪里更为突出？与 5 年前相比，企业需求和价值点的区别是什么？

当前建筑企业 BIM 应用需求根据不同项目主体简要说明如下：

首先是业主，作为工程项目的建设单位，有一大批具有市场领导地位的业主单位在过去五年中基本完成了 BIM 技术试点与探索，切身体会到 BIM 技术对工程项目建设在质量管理、成本管理、工期管理等方面的效益与价值，实现了设计阶段到施工阶段 BIM 应用的基本目标。据我们服务的企业调研所得，部分企业已由单个项目的设计、施工应用转为全生命期应用的探索，方向大体以智慧城市运营商为目标探索项目施工交付后的智慧运营管理，以最大化获取数字建造带来的价值。

其次是设计单位，设计阶段的 BIM 模型是实现建设工程项目全生命期数字建造与管理应用的源头数据，设计单位 BIM 技术应用目前主要有 BIM 图纸校核、BIM 伴随设计和 BIM 正向设计三种逐步深入的模式。过去 5 年间基本以先进行施工图设计、后 BIM 技术介入的 BIM 图纸校核模式为主，能够解决大部分的设计"错、漏、碰、缺"问题，但由于设计人员与 BIM 模型的创建人员水平参差不齐，目前模型与图纸仍不能较好实现"模图一致"。BIM "正向设计"是解决"模图一致"最为可行和有效的方式之一，但受技术和管理难度的制约，目前能够成建制实现 BIM 正向设计的设计企业并不是很多，因此具体项目在没有条件实施 BIM 正向设计的情况下，设计企业会采用 BIM "伴随设计"的方式，即初步设计或施工图设计的过程 BIM 开始同步介入，整个施工图设计过程持续应用 BIM 技术进行校核与优化。目前行业开始探索成建制实现 BIM "正向设计"的有效途径与办法，逐步由 BIM 图纸校核与 BIM 伴随设计的应用模式转为 BIM "正向设计"的模式，部分企业已取得明显进展。

最后是施工企业，作为项目落地的实施方，最能检验一个项目 BIM 应用的质量情况。过去 5 年以央企、国企为代表，大力发展企业 BIM 生产力建设的工作，培养了一大批能够支撑一线生产需要的 BIM 工程师，并成立 BIM 研发中心，是国内 BIM 应用创新的排头兵。施工单位 BIM 应用主要有两个方向：一是项目实际生产需求，典型代表有管线碰撞检查、管线综合协调管理、复杂工艺工法辅助模拟和技术交底、4D 进度管控、5D 成本管控等，充分探索 BIM 应用的附加价值，贯彻一模多用的应用宗旨，上述应用能够一定程度辅助一线生产实现精细化管理的目标，能有效提升项目质量、减少沟通成本、减少窝工返工等情况。二是科研创新需求，典型代表有三维点云扫描实现"模实一致"校核、智能机器人巡检、智慧工地管理、虚拟现实应用、3D 打印、智能造楼机器人、智能放样机器人等。

3. BIM 应用已经从单项功能应用进入集成应用的阶段，对项目全过程的 BIM 应用需求迫切，对此您怎么看？

BIM 集成应用包括 BIM 工程项目信息结构化管理、可视化展示和沉浸式体验的集成，规划、设计、施工、运维不同阶段的项目全生命期集成，业主、设计、施工、运维、造价、监理不同项目主体的集成，以及 BIM 与地理信息、仿真分析、云计算、物联网、人工智能、大数据等其他信息技术的集成应用等几个方面。BIM 应用从单项功能应用转入集成应用阶段，是工程项目数字化程度日益提高和实现建筑业数字化的必然要求，目前上述不同维度的集成应用水平参差不齐。

就 BIM 本身的核心价值而言，几何信息可视化应用范围和水平较高，非几何信息的模型数据应用受制于模图一致水平和模型法律地位等原因，其应用广度和深度仍处于初期少量尝试阶段，沉浸式体验应用在技术和设备上离大面积深度普及应用仍有较大差距。

项目不同阶段 BIM 一模到底、项目所有参建方基于 BIM 协同作业是 BIM 的初心，但目前的情况不乐观，既有技术和产品问题，也有人员能力、经济、法律、管理等其他诸多问题。

就 BIM 与其他相关信息技术集成而言，目前 BIM 的集成应用主要有 BIM+ 仿真分析模拟、BIM+ 云计算、BIM+ 物联网、BIM+ 数字化加工、BIM+GIS、BIM+3D 扫描、BIM+ 虚拟现实等。BIM 与不同技术集成应用的成熟度不完全一致，影响 BIM 集成应用发展的因素主要有几点：一是受制于技术和产品本身，与之配套的软硬件体系成熟度不一；二是各种技术集成应用研发成本高、人力资源缺乏；三是目前 BIM 应用主要还停留在一线生产的单项应用中，具备 BIM 集成应用管理意识与能力的企业数量还不是很多。

4. 作为行业优秀咨询企业代表，您认为 BIM 是如何支撑行业发展的，未来 BIM 应用的价值在哪里？

建筑业数字化转型的关键是工程项目数字化，工程项目数字化的主要形成期在建造阶段，数字建造是工程项目数字化的主要途径，BIM 是数字建造、智能建造、智慧建造、城市信息模型（CIM）的基础。

BIM 工程数据的应用可以划分为三个层面：一个是项目个体层面，它是数字建造的核心；第二个是企业、行业层面，它是整个产业数字化转型的基础；第三个是政府和城市管理层面，它是组成智慧城市、CIM 数字底座的项目基础数据。每个层面的应用都对 BIM 数据有相应的"可用性"要求。

BIM 数据要满足各个层面"可用"的目的，就必须要达到"模图实一致"的基本要求，也就是说，设计需要"模图一致"，施工需要"模实一致"。以目前有关城市 CIM 示范的做法为例，在设计阶段，首先需要进行 BIM 规划与方案报批，然后需要通过 BIM 施工图审查；在施工阶段，需要提交竣工 BIM 模型进行竣工备案；这几个环节的 BIM 数据，都将汇交到 CIM 平台上面，进行后续的应用。

在设计源头，"模图一致"设计就成为首选的技术路径，BIM 正向设计是目前已知确保模图一致的最可行方式。但是对设计企业来说，BIM 正向设计的转型之路并没有那么简单。一般来说，做个别正向设计的试点项目容易，但想要大范围、可持续的 BIM 正向设计转型，设计企业就面临着非常大的困难。主要体现在 3 个方面：人员（会做正向设计的人）、产品（能做正向设计、能出图、效率高的软件工具）、管理（与正向设计匹配的技术与流程管理），需要逐项解决。这部分工作已经有了一些成功案例。

在"模图一致"设计成果基础上，"模实一致"施工成为可能，主要工作包括按模施工和按实改模两个部分，需要解决的具体问题也有不少，这部分工作还处于早期探索阶段。

只有做到了"模图一致"设计、"模实一致"施工，BIM 对数字建造、智能建造、智慧建造、建筑业数字化、城市信息模型、智慧城市的价值才真正具备了实现的基础。

5. 参与项目建设的各方和外部 BIM 咨询方如何合作才能更有效地推进 BIM 落地应用？

影响 BIM 应用效益和效果的因素主要包括项目 BIM 应用总体策划、人员 BIM 应用能力、使用的 BIM 软硬件配置、项目重难点和项目进度要求等，解决的办法有依靠自身团队、委托外部咨询服务方以及内外人员联合几种，项目建设各参与方需要根据自身团队情况和项目 BIM 应用要求来确定具体方案，自身团队能力和体量能解决的由自身团队解决，当自身团队能力或体量不足的时候，外部 BIM 咨询服务方就成为一种必不可少的选择。

建筑业企业自身 BIM 团队和外部 BIM 咨询服务方团队有各自的优势和不足。一般来说，企业 BIM 团队了解企业和项目需求以及项目各个条线之间的联系紧密。实力较强的外部 BIM 团队通常人员数量多、工种齐全，对 BIM 和相关信息技术发展、行业 BIM 应用要求和趋势、软件客户化定制等方面有更好的把握。项目参建方需要充分利用内外团队各自的优势来实现 BIM 落地应用，提升 BIM 应用水平和效益。

在项目 BIM 总体策划环节，项目参见各方可以借助外部 BIM 顾问了解最新 BIM 和相关信息技术应用发展现状，理解和应对业主 BIM 招标要求，制定针对性和落地性强的 BIM 实施方案和实施内容；在人员 BIM 应用能力环节，可以要求外部 BIM 咨询方进行基础培训、高级定制培训、项目带练、定制研发培训等工作；在软硬件配置环节，外部 BIM 咨询方可以提供适合项目或企业的软硬件配置方案，建立 BIM 应用模板、规划构件库建设方案、定制开发专项软件工具等；当内部团队不具备某些专门项目重难点 BIM 应用能力，或者为保证项目时间节点人手不足时，外部 BIM 咨询方就是一个可以使用的人力资源后备。

2.9　专家视角：李久林

李久林：北京城建集团有限责任公司（以下简称"北京城建"）总工程师，北京国家速滑馆经营有限责任公司副总经理、总工程师，教授级高级工程师，兼任多个行业协会专家委员及高等院校外聘教授，享受国务院政府特殊津贴专家。主持和领导了国家体育场"鸟巢"、国家速滑馆"冰丝带"、槐房水厂、新首钢大桥等多项重大工程施工建设。获得国家科技进步二等奖 1 项、国际焊接学会 UgoGuerrera 奖、省部级科技进步奖 12 项；获授权发明专利 11 项、国家级工法 3 项；发表论文 60 余篇，出版专著 4 部；获评首批北京学者、国家级百千万人才、国家级有突出贡献中青年专家，先后荣获全国五一劳动奖章、全国劳动模范等荣誉称号。

1. 作为国内最早一批应用 BIM 的建筑业专家，您认为国内 BIM 经历了怎样的发展变化？

随着 BIM 技术与建筑业的深度融合和广泛应用，已发展成为推动建筑业产业升级的核心技术。在我国 BIM 技术发展初期，仅有少数的高校、标杆性的企业开展 BIM 理念和技术应用等相关研究，实际工程的应用需要依托于像鸟巢这样的标志性工程，用来满足特殊建筑设计和复杂建造过程的需要。2011 年 5 月住房和城乡建设部发布的《2011 ~ 2015 年建筑业信息化发展纲要》首次将 BIM 技术列入我国行业技术政策中，并在"十二五"规划中提出加快建筑信息模型（BIM）、基于网络的协同工作等新技术在工程中的应用，真正把 BIM 技术从理论研究阶段推进到工程应用阶段，掀起了我国 BIM 技术标准研究和工程中探索应用的第一个发展高潮。然而在实际发展与应用过程中，也发现了一些阻碍其发展和发展不平衡，甚至于无法落定的问题，比如专业人才的缺乏、软硬件投入的增加、运用深度有限、大量重复建模、交互性差等问题，使得 BIM 技术的推广应用举步维艰，投入与产出的严重失衡使得很多企业和项目望而却步，BIM 技术的发展与应用热度进入一个低谷期。随着物联网、互联网、云计算等技术的发展，并与 BIM 技术的深度融合，以及发展过程中标准的完善、人才的培养、政策的推动等因素，大大提升了 BIM 技术应用的深度和广度，使得 BIM 技术的应用价值再一次凸显，在《关于推进 BIM 技术在建筑领域内应用的指导意见》中，国家将 BIM 技术提升为"建筑业信息化的重要组成部分"，并在《2016～2020 建筑业信息化发展纲要》中重点强调了 BIM 集成能力的提升，首次提出了向"智慧建造"和"智慧企业"的方向发展。因此 BIM 技术进入一个平稳增长的发展阶段。到目前为止，我认为 BIM 技术进入了大规模的应用阶段，并在实践过程中达到了一个产业化的应用阶段。

2. 目前，建筑业推进智能建造与建筑工业化的协同发展，您认为 BIM 在其中是什么角色，如何发挥最大的作用？

为推动建筑业转型升级、促进建筑业高质量发展，住房和城乡建设部等 13 部门联合印发了《关于推动智能建造与建筑工业化协同发展的指导意见》，在新一轮的科技革命和产业变革中，离不开 BIM、人工智能、大数据、物联网、5G 和区块链等为代表的新一代信息技术加速向各行业全面融合渗透，这其中 BIM 技术起到了一个基础性的作用。

无论是智能建造还是建筑工业化提出的"一体两翼"的发展思路，在建筑业转型升级与数字技术融合发展过程中，都面临着一个核心的问题，BIM 技术作为核心支撑点，因为 BIM 技术从根本上解决了建筑业数字化的问题，无论是建筑物本身，还是建造过程，BIM 技术使得我们真正意义上实现了建造一个实体建筑物的同时，也建造了一个数字建筑。

智能建造可充分发挥信息共享和集成优势，提高建筑各专业、各环节、各参与方协同工作的效率，实现建筑物全生命期的信息集成与共享，装配式建筑是建筑业与工业化、信息化深度融合的新型建造方式，BIM 作为建筑工程物理特征和功能特性信息的数字化载体，是推进智能建造和装配式建筑发展的先决条件和重要基础。

随着建筑业数字化改革的推进，我们正迈入数字孪生时代，而真正实现建筑物数字孪生的智能建造，其基础前提是建造对象和建造过程的高度数字化，这样一个过程唯有依托于 BIM 建立数据模型才能实现，真正达到智能建造或智慧运维。随着 BIM 应用逐步走向深入，BIM 与其他先进技术集成或与应用系统集成越发广泛，为建筑业提质增效和产业升级发挥着更大的综合价值。

3. 北京城建应用 BIM 技术经历了哪些阶段，现在的成效和预想情况是否存在偏差，在 BIM 投入中主要做了哪些工作，成果产出方面主要有哪些价值？

北京城建 BIM 技术的应用情况同全国大多数大型建筑企业的情况差不多，首先在一些大型典型工程中为解决工程实际问题开展 BIM 技术的应用，比如国家体育场鸟巢工程的建设，是国内首个全面系统研究和应用 BIM 技术的工程，实现了国家体育场的数字化建造，推动了 BIM 技术的实践应用和建造技术的提高，通过类似大型工程的带动示范和引领作用，使大家逐渐认识到 BIM 技术的价值和解决问题的能力，尤其随着工程建设规模的扩大、建造过程复杂程度的增加，使得越来越多的企业开始学习 BIM

技术，同时也有越来越多的业主单位在招标过程中也提出 BIM 建设的需求，因此掌握 BIM 技术不仅仅能够提升项目精细化管理水平和智能化建造技术，也是满足招标要求的技术储备。

北京城建在 BIM 技术的推广实践中由点到面，从典型工程应用到所有项目普及，尤其到了"十三五"阶段，提出 BIM 技术在集团所有项目普及应用的要求，并基于此开展智慧工地的建设，回过头看，BIM 技术推广就像我们推广 CAD 一样，实际上我们又经过了一个普及的阶段，从 BIM 工作室的设立到各项目设立 BIM 中心，到目前实现"三全 BIM"，全专业、全过程、全部人员都掌握并使用 BIM 技术，BIM 技术已经成为项目管理人员和技术人员的基本技能，所以在许多新建的项目中已经取消了 BIM 中心这种专业机构，真正进入一种常态化、合理化的应用局面。

从目前取得效果和价值上来讲，主要体现在三个方面：第一是满足市场竞争的需要，有效保证投标过程中技术标的质量；第二是通过 BIM 技术提升项目团队的精细化管理水平；第三是通过 BIM 技术的应用提升数字化设计、智能建造的水平，尤其针对大型复杂工程的深化设计和可建造性分析。

4. 北京城建在近些年推进 BIM 技术应用方面，有哪些成功经验可以与行业分享？

北京城建在 BIM 技术推广应用过程中取得了非常大的成效，也总结了一些经验，如果说有些成功经验的话，我想从以下几个方面进行分享。

第一个是领导重视，在不同的时期集团领导一直把 BIM 技术的推广应用工作作为集团信息化改革的重要组成部分，由集团最高领导亲自抓，作为集团"一把手工程"进行推动，举两个工作中真实的案例，在 BIM 技术推广应用的关键时期，集团经理办公会专门听取 BIM 技术推广应用工作的汇报，为加强技术交流和经验分享，由集团总经理牵头进行全集团的 BIM 示范应用和 BIM 经验的交流。在领导重视的基础上，特别是一把手重视，北京城建从集团主管部门，到各二级企业，一直到工程项目上，都是要求主管领导亲自负责，而不是把它仅仅限定在一个技术部门，我觉得这是非常重要的一个经验。

第二个是坚持问题导向，在 BIM 推广应用阶段，我们并不是推动集团所有单位、项目大规模应用，而是结合每个工程的特点，实事求是、因地制宜地制定 BIM 技术的应用方案，做好前期策划，让每一项 BIM 技术应用都体现出价值，做到价值驱动实践，让项目上有所收获，这种获得感也成为推动 BIM 技术广泛应用的有效推动力。

第三个是开放合作，我们在推动 BIM 技术实践应用的过程中始终做到兼容并蓄，坚持以自我技术革新为核心，在不同阶段根据工作进展和需要成立职能组织机构，做好统筹规划与应用引导工作，而在软件和技术场景应用方面，我们采取开放的态度，引入国内外最先进的软件和技术为我所用，并建立广泛的战略合作，这种模式不仅带动整个集团技术的进步，同时也可以推动整个行业共同进步。

5. 您认为建筑业 BIM 技术应用的发展趋势是怎么样，北京城建对未来如何规划？

目前，建筑业对于 BIM 技术的应用已经基本普及，并从模型应用向集成、数据应用拓展，应用范围越来越广，尤其与大数据、移动通信、云计算、物联网等信息技术的集成应用是未来进一步挖掘 BIM 技术价值的重要突破。BIM 技术应用过程中会产生大量的数据，再加上物联网感知信息的不断输入，以 BIM 为载体的数据挖掘和数据安全将会是 BIM 技术进一步发展需要考虑的重要问题。

目前国内 BIM 发展面临的最大瓶颈是 BIM 软件国产化研制问题，未来需要研究开发具有完整知识产权的 BIM 三维图形平台，进而开发建筑、结构、机电、桥梁、隧道等专业化 BIM 设计应用软件以及施工进度管理、质量安全管理、成本管理等 BIM 施工应用软件，从根本上解决建筑业 BIM 技术应用的瓶颈。

北京城建作为建筑企业，与其他企业一样都面临数字化转型问题，数字化转型的基础就是一种基于数据驱动的精细化管理，BIM 技术的推广与应用为实现建筑工业数字化建造提供了数据基础，随着信息技术与先进建造技术融合发展，使工程建造向着更加智慧、精益、绿色的方向发展，逐步向"智慧建造"迈进。

从技术特性上看，BIM 技术作为数据载体，可以更好地与数字化技术结合，打通建造过程全周期数据。所以，在这种情况下，我们应当打造智慧工地，建造智慧建造平台，实现产业链与供应链的协同，更好地实现精细化管理。

针对建造过程而言，我觉得 BIM 作为一个基础工具，应该与先进的建造方式、智能硬件、智能装备紧密结合，真正朝着智能化、少人化、无人化这个方向发展，实现我们建造过程的智能化和精益化。

从产品的角度而言，我们可以在建造一个实际工程的同时，移交一个数据工厂，为智慧运维打下坚实的基础，所以在工程实践中，要控制 BIM 数据的准确性和数据质量，做到 BIM 数据模型与实体工程一一对应，打造出与实体建筑一样的高品质数字产品，并基于此提供更为优质的服务。

2.10 专家视角：李凯

李凯：现任中国建筑第五工程局有限公司（以下简称"中建五局"）副总经理、总工程师，教授级高级工程师。兼任湖南省住宅产业化促进会监事长、湖南省工程管理学会副理事长，曾获中国建筑劳动模范、中国建筑业优秀高级职业经理人等称号。具有多年丰富的工程管理经验，目前主管中建五局科技、质量、设计等方面的工作。

1. 在建设数字中国、发展数字经济大环境下，中建五局作为央企对 BIM 应用如何定位？

首先，随着数字中国战略的提出，数字化建设已经成为我国经济高质发展的重要引擎，数字化建设与工程建设行业的融合越来越深，建筑业数字化也是势在必行，如何快速全面实现建筑业数字化成为我们需要思考和努力解决的问题。BIM 作为建筑业数字化管理的重要技术手段，作为数据载体，是实现从设计到建造再到运维的基于数据驱动的建筑全生命期管理的重要途径，因此 BIM 给我们指引了一条数字化变革思路。

其次，中建五局作为中国建筑股份有限公司的全资骨干企业，央企中的一员，一直以科学发展观为指导，全面贯彻《中国建筑股份有限公司关于推进中国建筑"十三五"BIM

技术应用的指导意见》精神和《中国建筑第五工程局有限公司"十四五"暨中长期战略规划》战略部署，依托中建五局重大工程建设，整合全局 BIM 资源，优化资源配置，在顶层设计、统筹规划的基础上开展规划、设计、招投标、施工及运维阶段的 BIM 技术应用研究，将研究开发与推广应用相结合，技术应用与管理创新相结合，不断提高 BIM 应用水平，积极推进 BIM 快速发展与应用。

最后，我认为 BIM 是建筑业转型升级的关键技术，是实现数字建造和智慧城市的一种基础性的技术。要想实现数字化战略不能离开 BIM，通过采用 BIM 技术实现工地信息化数据采集，通过数字化实现全过程数据流转与智能决策，通过智慧管理和数字建造提升项目管理的精细化水平，解决浪费问题，最终实现项目精细化管理和企业数字化转型升级。所以对于 BIM 应用定位，一定是做好 BIM 与企业数字化转型配套实施，把目前技术层面的零散 BIM 应用提升到管理层面的系统 BIM 应用，实现管理的信息化、数字化和智慧化并以此体现 BIM 价值。

2. 中建五局在推进 BIM 应用的过程中是如何规划和思考的？

首先，中建五局对于推进 BIM 技术应用的思考主要从 BIM 的发展现状、BIM 的应用水平、BIM 存在的问题及下一步中建五局 BIM 技术的发展规划等方面进行，具体对五局 BIM 应用规划主要是一个目标、两个阶段、五项举措进行推进。

一个目标：

构建以 BIM 为基础的数字建造管理体系。通过数字化、智能化技术，升级项目生产方式，优化项目管理流程。实现管理业务在线化和生产作业自动化，改善生产力和生产关系，大幅提升中建五局总承包工程的建造水平，促进主营业务的精细化管理，通过与设计业务、投资建造业务的和运营业务的融合和集成，最大限度发挥 BIM 技术在"投资—建设—运营"一体化联动中的集约优势。来构建企业竞争优势。

两个阶段：

一是 BIM 技术稳步提升阶段。主要着重于基于 BIM 的创新和研发、BIM 示范项目的打造、BIM 专家的培养等。

二是 BIM 技术全面普及的阶段。主要是全部采用中建五局自己的 BIM 管理平台，实现投资、设计、施工、运维全过程的 BIM 技术应用及基于 BIM 的集成化项目管理。BIM 技术将成为设计人员、工程项目生产技术和管理主要人员的必备技能之一，实现项目生产管理业务的数字化和在线化。

五项措施：

一是加强统筹、加强引领。按照"统筹规划、协同作战、标杆示范、全员应用"的统一方针，局层面主管部门需加强 BIM 统筹引领的团队力量，统一编制应用标准，统一建设应用平台，统一规定应用软件，做到统一标准、统一平台、统一格式。BIM 推进要以应用为主、研发为辅，当前主要工作是把项目的 BIM 应用能力和水平进行再提升，研究部门应聚焦于 BIM 前沿技术的研发。设计院的正向设计与二级单位的逆向建模要同步推进，加强管控模型质量，减少重复建模工作。

二是分工协作成果共享。局主管部门统筹任务做好分工，把管理制度完善、应用标准编制、考核办法优化、族库和平台建设这些任务都分到各二级单位，集中全局力量分工协作，做成之后成果全局共享，通过整体作战、协同作战来提高 BIM 应用能力和水平。

三是打造团队凝聚人才。进一步加强培训力度，充分利用培训基地，分线条分层次开展培训，在领导干部及项目经理培训班中分别增设 BIM 课程，打造专业齐全、层次匹配合理、具有实际应用经验和较强竞争力的 BIM 人才队伍，实现"高层能懂、中层能用、基层能做"的目标。

四是完善机制分步实施。进一步健全 BIM 管理制度，提高人员的工作积极性。优化考核办法，针对各二级单位不同的现状下达不同的考核指标。所有项目必须都要用 BIM，不同项目应用的深度可以有不同的要求，合理配置人员，做好人力物力保障，实现项目 100% 用 BIM。明确示范项目应用清单，强化示范项目应用与推广，做好示范引领及观摩打造，加强示范工程的验收和评价，推动大家来加强 BIM 应用工作的建设。

五是加强交流、宣传与创奖力度。大家要经常走出去看一看，内部单位之间要多交流、多探讨，通过交流、通过学习找到我们与外部的差距。加强各亮点特色项目 BIM 成果的宣传打造，多承办行业会议或参加论坛并发言。加大创奖的力度，加强参赛成果的总结，提高参赛作品质量，通过创奖来提升中建五局 BIM 应用水平。

3. 在中建五局的实践中，BIM 技术如何与建造阶段核心业务结合，做到产出增加和效率提升？

建造阶段的核心业务，主要集中在实体生产、成本管控和品质提升，BIM 技术与建造阶段的业务进行结合，能切实可行地实现产出增加和效率提升。

（1）实体生产

在项目建造阶段实体生产是最主要的部分，包括方案的编制、过程的进度、现场的管控等核心工作，只有项目实体生产良性发展，项目才能正常且健康地运作下去。利用 BIM 技术与实体生产相结合，从事前、事中和事后三个角度，提高生产效率。

1）事前策划：通过 BIM 对不同专业的建模，进而找出图纸中存在的潜在问题，并结合业主的需求，进行图纸优化，提高图纸的正确率，减少未来施工中的不确定性。利用 BIM 技术进行深化设计，提高构件的加工及实施精度，实现各专业的协同应用。

2）事中管控：在施工过程中，利用 BIM 三维可视化交底，让一线的管理人员更能理解设计意图和施工重难点，减少施工中容易出现的错误；利用 BIM 模型与现场进度进行结合，实时反映进度情况，得出差异结果并及时采取措施修正进度；将工程资料与 BIM 模型进行关联，并在平台进行归档资料的关联，做到项目的三同步。

3）事后检查：通过三维扫描仪与 BIM 技术的结合，对已经施工的实体工程进行扫描，结合 BIM 模型分析，对比找出实体工程中存在的问题，及时进行修正，减少后期再进行调整的工作难度。

（2）成本管控

工程造价是项目运营是否良好的关键因素，成本管控是项目盈利能力的体现，利用 BIM 技术结合工程量测算、材料管理等因素提高项目的成本管控能力

1）工程量测算：利用 BIM 参数化建模，对构件赋予尺寸、型号、材料等的约束参数，同时模型中对于某一构件的构成信息和空间、位置信息都精确记录，模型中的每一个构件都是与显示中实际物体一一对应，所包含的信息是可以直接用来计算的，可以在 BIM 模

型中根据构件本身的属性进行快速识别分类，工程量统计的准确率和速度大幅提高，通过 BIM 工程量与实体工程量进行对比，进行工程材料的计划和使用，节约成本。

2）工程材料：工程实体的人材机费用中，材料费的比重最大，管控好材料费对于项目的成败至关重要。结合 BIM 建模，导出项目的大宗材料工程量，结合项目进度计划安排和工区区段划分，分析出各个时间段项目的材料需求计划，进而提前做好采购措施；同时，对于已完成的工程中的材料消耗，结合"赢得值法"，进行费用效益分析和进度效益分析，找出上一个施工中存在的问题，并在下一个阶段的施工中采取措施，避免再次出现问题。

（3）品质提升

品质包括工程的实体质量及企业管理品质，将 BIM 技术与质量管控进行结合，实现产出增加及效率提升。

1）实体质量：BIM 技术在工程质量控制上的应用主要表现在施工方案模拟、质量检查对比、施工质量控制、高效的沟通机制、收集整理现场质量数据等几个方面。在涉及关键、复杂节点，防水工程，预留预埋，隐蔽工程及其他重难点项目时，可利用 BIM 模型可视化、虚拟施工过程及动画漫游进行技术交底，使现场操作工人更直观地了解复杂节点，有效提升质量相关人员的协调沟通效率。

2）管理品质：质量品质的提升对于公司来说是一个隐性的受益，借助优良的产品，产生良好的市场口碑，进而抢占以及开拓市场。借助 BIM 技术，优化项目管理体系，加强信息传导，减少信息不对等性，让项目和公司的管理层更好地做决策，更好地提升项目的整体质量管控水平。

4. 在您看来，企业推广应用 BIM 过程中普遍存在哪些困难，有什么解决办法或思路？

我认为企业推广应用 BIM 过程中普遍存在的困难主要分为两类：

一是管理类：

（1）创效不明显，领导层普遍重视程度不高。有些 BIM 工作效益产出不明显领导不认可，且浅层次的 BIM 应用对项目的用处不大，深层次的应用投入较多，投入与收益不成正比。

解决办法：①多结合生产业务、技术方案、生产进度、成本商务等应用才能产生价值。②多与领导交流隐性效益，比如工作方式的改变。③让各线条利用好 BIM 这个工具选择实用性的应用点进行应用。

（2）专业难相通，各业务线条领导 BIM 应用意识薄弱。很多项目的 BIM 模型各业务线条不太愿意去用，或者提出模型需求后又未采用模型，又或者模型完成后没有及时使用。

解决办法：①做好策划，制定好应用流程。②发挥自身应用优势，吸引各业务线条人员参与。③多业务线条普及 BIM 培训，多讲解 BIM 能给他们带来什么帮助。④BIM 发挥的作用要体现出来，不要默默无闻。⑤让各业务线条把 BIM 作为一项技能或工具，而不是把它当成一个线条和专业。⑥提前确定需求选择早介入或不介入。

（3）归口部门杂，设计、科技、信息等都相关。BIM 在设计阶段、科技领域、信息技术领域等都有涉及。几个部门之间经常是都要参与但是不作为重点进行深入，部门之间又很难紧密配合好。

解决办法：①需要高层领导参与，各部门、各业务线条组织团队基于某一个项目开展 BIM 应用。②各部门、各业务线条均要配备一个基于本线条专业的 BIM 学习、结合应用及推广的人员。

（4）应用度不深，标杆项目观摩展示花哨多。个人认为很多项目观摩的很多应用点不实用，或者说性价比不高，很容易把 BIM 应用带偏，比如花很多钱做一个很炫的展厅，或者说用 BIM+ 智慧工地平台，但是平台各业务板块又没有很有效地与 BIM 结合，最后也很难真正落地，我觉得其实更多的应该基于模型结合各业务板块去做应用。

解决办法：① BIM 标杆项目要加强全项目人员的 BIM 培训，做好人人会用 BIM。②前期共同列出可实施的基于业务的 BIM 应用点，进行落地。

（5）人才不足，从事 BIM 专业的人在变少。主要原因是 BIM 人员在公司晋升慢，在项目存在感低。

解决办法：①鼓励 BIM 人员横向学习与发展，不只是为做 BIM 而做 BIM，要参与到其他业务线条，不局限在 BIM 业务里，同时优化转岗条件。②要求项目总工持 BIM 证上岗。③加强 BIM 专家培养，为 BIM 使用者提供平台。④所有新员工必须进行 BIM 培训。

二是技术类：

这一类的问题我主要列几点，具体的解决办法还要各从事 BIM 的专业人士共同思考。

（1）设计模型向施工模型难转化。

（2）BIM 平台与商务等业务未打通。

（3）BIM 标准化应用难推进。

（4）各类 BIM 软件数据转换烦琐。

5. 近两年各行业频繁出现"卡脖子"问题，您是如何看待建筑业信息化自主可控、核心 BIM 软件国产化问题的？

软件是信息化、数字化的主要实现手段，BIM 技术和 BIM 应用无不以软件为基础和支撑。信息技术的爆炸性增长促进了人们对新软件的空前需求，BIM 的应用需求也催生了一大批与之相关的软件产品，市场上的 BIM 软件已经有近百种，目前 BIM 建模软件和基础平台主要被几家国际大型软件公司垄断，且国内大多数图形引擎是基于国外开源技术进行开发。图形引擎作为图形处理软件方面的"芯"，是必须解决的"卡脖子"问题。数据安全和数据交换上均存在问题，国务院国资委要求加快攻克基础软件、核心工业软件等关键短板，中国建筑集团有限公司也要求"切实加强自主可控，把握发展主动权"。因此，在国际政治经济环境面临多种不确定性的背景下，我们很有必要研发具有自主知识产权的核心 BIM 软件，从底层摆脱对国外软件的依赖，为智慧建造和智慧城市发展提供技术基础。

2.11　专家视角：杨晓毅

杨晓毅：现任中国建筑一局（集团）有限公司（以下简称"中建一局"）副总工，一级建造师、教授级高级工程师。曾先后主持和参与了中央电视台新台址主楼 A 标段、沈阳文化艺术中心、深圳平安金融中心、海南三亚亚特兰蒂斯和深圳国际会展中心等高、大、精、尖、特项目，多个项目荣获鲁班奖。长期从事建筑施工技术管理工作，在超高层工程施工、钢结构工程和建筑施工信息化领域承担过多项国家和省部级科研课题。获华夏奖一等奖 1 项（排名 5，2010 年）、省部级科技进步奖 10 项；参编行业标准 4 项；获专利 23 项，其中发明专利 3 项；国家级工法 1 项，省部级工法 3 项；发表论文 16 篇；出版专著 15 部。获评中建总公司科学技术贡献奖（2009 年）、全国优秀科技工作者（2014 年）等。

1. 多年前我们就在谈施工阶段的精细化管理，现在和五年前对比有了哪些变化？目前我国的精细化管理处于什么水平？

我国建筑行业的项目管理方式普遍是粗放的。在项目管理过程的各个阶段，各参建方、各分供方、各项任务之间相对独立，信息和数据难以高效传递和共享，造成项目管理效率低下，管理成果较高，各种资源浪费现象严重，最终导致成本管控失控。

随着 BIM、信息化、数字化技术的发展，在施工建造阶段，越来越多的工程项目能够主动自觉地应用 BIM 和智慧工地技术。同时，由于业主方对于 BIM 和信息化技术的需求，外部环境不断地提升应用等级，加快了 BIM 技术的发展，国家、行业及地方的各类 BIM 标准持续颁布，各地政府 BIM 相关的指导政策相继出台，也催生了各软件厂商各类 BIM 软件和平台的研发。另一方面，施工阶段的各类资源和条件越来越苛刻、恶劣，劳动力老龄化且严重短缺、对于环保文明施工方面的管控越来越严、合同工期越来越短、一二线城市施工用地越来越紧张、建造成本越来越高等施工约束条件都对施工企业提出了高标准的项目管理要求，传统的、粗放式、凭经验的项目管理模式已不适应现在施工建造的要求，精细化管控是必由之路。

项目精细化管理在施工过程的各个阶段均有不同程度的应用。

（1）进度管理：多数项目使用斑马梦龙进行进度计划编制，与横道图相比，逻辑性更强。将网络图与 BIM 模型相结合，通过软件模拟可以直观展示施工建造的全过程，并将实际进度与计划进度进行对比，利用软件自动分析对后续工序的工期影响，及时调整关键线路及所需各类资源的变化。同时将阶段工期细化到周、日，与工区责任人关联，进行日派工管理，并可通过软件自动输出施工日志，大大提高工作效率。采用三维方式进行多专业协同深化设计，提前解决专业之间不交圈问题，并辅助业主及总包、专业分包进行设备材料的招采和加工，使工序大穿插精益建造施工法实施得更深入。

（2）质量安全管理：几乎 100% 项目使用移动端进行质量、安全等日常管理，现场发现问题，通过平台端直接进行点对点推送，及时解决现场问题。同时后台对问题进行数据分析，指导项目有针对性地整改提升，并利用平台对整改问题形成管理闭环，避免出现管理漏洞。

（3）物资管理：AI 和算法技术的发展，提高了进场物资管理的精确度和工作效率。地磅与智慧工地管控平台的结合，实现进场物资称重的无人值守管理，大大节约人力成本。

（4）技术管理：多数项目采用管理平台，对图纸、设计变更、施工方案、BIM 模型等进行线上管理，通过平台自动记录版本，利于三边工程的技术管理，可避免很多人为造成的信息错误，提升了管理的精细度。

（5）成本管理：除了沿用广联达、鲁班等专业算量软件外，部分项目已开始研究利用 BIM 工程量辅助对现场实际使用量和下游分包结算量进行管理，将预算工程量作为管控上线。对比传统的单纯以商务预算量进行管控的方式，可以及时发现现场超量问题，通过分析原因找到管理的提升方向，不仅可以提高实体工程质量，对管理人员及分包班组的工作绩效评定也有一定的参考意义。

（6）智能设备：无人机、三维扫描、智能安全帽以及辅助安全管理的各类监控设备设施已逐步在项目中应用，但还需结合工程实际深入研究应用场景。例如无人机在线性工程或占地面积及工程提量非常巨大的项目中可以发挥较大的作用，但对于一般性房建工程，多数项目仅仅是进行定期的影像资料采集，并以此作为进度管理，这没有实质的意义。

（7）目前施工现场内基于管理平台的各参建方应用相对比较全面和深入，但设计方、材料设备加工制造方、物流运输方等在 BIM、数字化、信息化等方面的应用较为独立，很难与施工阶段的应用进行融合和打通，对于项目管理来说，相当于形成了管理链条上的断点，不利于精细化管控。

2. 最近中共中央、国务院印发的《国家标准化发展纲要》提出完善 BIM 标准，近年来中建一局的 BIM 标准和相关制度制定与执行情况有哪些变化，推进过程中面临的主要问题是否也与之前不相同了？

中建一局的 BIM 标准和相关制度制定主要分为两大方向，一个是 BIM 技术标准及应用指南，另一个是 BIM 管理相关标准，其中包括考核标准、示范工程管理标准、相关科技成果激励标准及 BIM 人才管理标准等。

近年来随着大量项目的应用积累，中建一局定期都会更新相应的 BIM 技术标准及应用指南，并且积极参与相应国标、行标、地标的研编工作。标准内容也不仅仅是 BIM 的单项技术应用，而是以 BIM 为基础，围绕底层数据标准、智慧工地等方向拓展；标准编制涉及的应用阶段也由施工阶段向设计、运维阶段拓展。

BIM 人才是企业 BIM 发展的根基，怎么样培育激励 BIM 人才是企业一直思考的问题。基于课题"建筑信息模型（BIM）应用技术技能人员培训及考评标准体系研究——CCLIBIM03"，开展对建筑施工企业 BIM 技术技能人员培训和考评体系的研究，总结了多年来的人才培养体系、考核评价、激励机制等多方面的管理经验，打造"325"体系，即三个层级（专业层、岗位层、企业层），两套体系（培训体系、考评体系），五位一体化联动激励机制（培训、评价、使用、待遇、职业发展），激发员工 BIM 技术应用热情，为实现建筑施工企业 BIM 技术的落地应用，提供复合型人才支撑。

3. 近几年 BIM 技术逐渐出现了从项目到企业、从设计到施工的一体化应用，如何看待这一趋势？

（1）项目级到企业级的 BIM 应用

从"十三五"规划到"十四五"规划的数字化浪潮中，建筑施工行业也面临着数字化转型。在建筑数字化的过程中，BIM 技术作为建筑行业数字信息中表达能力最好的符号体系成为底部数据支撑。施工项目开始深度应用 BIM 技术来为项目管理提供成本决策依据，侧重于应用管线综合、工程量计算、深化图纸等多项单点 BIM 应用，项目级没有能力来整合多个项目的经验，更没有一个系统平台来整合数字资源信息，造成了很多数据资源浪费及企业级的数据决策不及时。于是企业级 BIM 技术开始萌芽发展，建立企业级 BIM 技术中心作为企业的数据大脑，来协调、传递、集成各个项目数据，在同一平台上即可看到企业下属项目的各类数据及 BIM 应用情况。企业应减少点状应用，实现数据的集成和传递，实现整体成系统性的应用。数据价值何时能超越土地价值，就是 BIM 技术的集成性应用要逐步提升企业的项目管理能力来更好地实现其社会价值。

（2）从设计到施工的一体化 BIM 应用

2019 年之前基于 BIM 的 EPC 应用比较少，大多在施工阶段，主要原因：一是设计阶段的模型无法传递到施工阶段来应用，设计建模没有考虑施工阶段，因建模规则的不统一导致施工阶段需重新建模，造成时间、资源的浪费。二是施工阶段的应用已经相对成熟，尤其是协同各专业碰撞及吊顶标高分析等单项的应用。但与此同时也带来了设计的变更。为解决这种问题，基于 BIM 的 EPC 项目，在设计阶段就建立符合施工应用需求的 BIM模型，且辅助设计进行管线碰撞、方案优化等，极大地规避了因设计不充分导致的错漏碰缺，也能更好地体现设计的 BIM 应用价值，实现一模到底的应用、流转，体现出设计、施工一体化 BIM 应用的降本增效和综合设计施工管理能力。

4. BIM 技术与其他新数字化技术集成应用持续深入，在中建一局的应用中有哪些感受，对此趋势如何看待？

中建一局在 BIM 技术与其他数字化技术集成应用上的经验主要体现在数字施工装备和智慧工地。数字施工装备是与 BIM 结合最紧密的深入应用，也是把 BIM 在施工阶段价值发挥得最明显的一类应用，所谓数字施工设备，在我们看来就是指能够利用数字化的控制系统，在实际工程实体中反映设计意图或施工方案，直接指导现场作业，比如现阶段中建一局的施工现场常用的 BIM 放线机器人、混合现实头盔、增强现实眼镜、数字测量工具等，能够直接读取 BIM 的数据，通过不同形式去反射到不同参建方或者工地现场，我们认为是能够很好地规避传统技术流程中，由于人为因素导致的信息传递误差，是一种提升施工流程效率的很好的手段，如果在做好应用流程和操作要点的总结，在各类项目中都能很好地推广，包括现在行业中前沿的各类施工机器人的研发热潮也充分展现了这点。从我们很多的工程实践来看，随着人口红利的减少以及工程管理效率越来越高，这类直接与 BIM 结合的数字化设备乃至机械技术是施工行业数字化转型的重点方向之一。

智慧工地集成技术我们认为是物联网技术在施工领域的价值体现，中建一局自身也有智慧工地的研发团队，我们觉得智慧工地技术的关键在于各类物联网传感设备的传递路径以及最终数据的处理算法。就很多工程项目的应用经验来看，行业中各类智慧工地推广和应用的矛盾点在于其平台的各类子系统数据存在壁垒，比如企业自身各系统直接的数据流并不完全相通，或者物联网子系统之间设置的技术保护屏障，都会让工程师额外增加不少工作量，但随着行业数字化转型进度，这些壁垒也会慢慢减弱，各个施工企业和施工管理团队的数据处理方式也将会逐步升级，未来智慧工地的集成技术会成为项目现场管理人员感知工地真实状态、作出科学决策的重要工具。

5. 建筑企业数字化转型持续进行，BIM 是支撑企业数字化平台的核心技术之一，企业是如何建立 BIM 应用能力，利用 BIM 赋能各类业务系统的？

建筑施工企业数字化转型中，如何实现项目一线生产信息化建设是关键。基于 BIM 等智慧建造技术与设备优化传统项目生产管理业务流程，同时完成新型业务管理流程的规模化与标准化复制，最终实现项目生产信息化，然后打通与公司层管理信息化的数据传输通道，使项目现场生产过程数据来源更及时、更准确，继而利用人工智能、大数据分析等技术手段实现管理数据价值的有效释放。我们认为这是实现建筑企业数字化转型的一条有效路径。

中建一局部分子企业已颁布类似《BIM 专业人才薪酬、职级管理指导意见》等管理文件，依据《中建一局集团统一职级体系管理办法》，创新性地制定了《BIM 专业序列职级标准表》，通过职级激励及薪酬激励，明晰 BIM 新业务及稀缺专业人才发展通道，形成专业化 BIM 人员团队体系；同时，根据 BIM 技术推广需求及公司应用现状，制定 BIM 培训体系，明确 BIM 人员类别划分、培训内容阶段划分、培训考核内容等，全员化 BIM 培训体系基本形成；基于规范化的 BIM 人才管理，公司采用由公司 BIM 中心至项目 BIM 工作室垂直一体化管理思路，基于"示范引领，标准化落地"的应用布局，通过规范化建模与标准化应用逐步形成公司规模化、标准化的 BIM 应用体系。应用过程及时完成应用经验总结与成果凝练，从族库、范本库、工艺工法库三个方面建立公司级 BIM 基础资源平台，在不断提升项目标准化应用水平的同时，实现应用经验的复制推广。至此，公司从应用体系规模化、人员体系专业化、考核体系标准化、培训体系全员化、基础资源平台可复制化五个方面完成 BIM 技术推广与研究应用体系建设，逐步形成成熟的 BIM 应用能力。

在项目 BIM 应用方面，始终坚持以问题为导向，通过梳理传统项目管理过程中各业务体系常见痛点与难点，匹配针对性 BIM 解决方案。强调从问题解决、具体需求作为模型搭建要求的出发点与落脚点，继而基于 BIM 数据信息合理优化业务管理流程，与业务系统深度融合，全员参与，提升生产业务精细化管理水平，释放 BIM 应用价值，切实助力总承包履约盈利能力的进一步提升。

2.12　专家视角：胡立新

胡立新：现任中国建筑第二工程局有限公司（以下简称"中建二局"）副总工程师、技术中心主任，教授级高级工程师，中国工程建设标准化协会智慧建筑与智慧城市分会第一届理事会常务理事，中国建筑学会工程建设学委会第二届常务理事。长期从事施工技术及管理工作，曾任中建二局深圳分公司总工程师，中建二局总承包公司总经理，中建二局核电建设分公司副总经理、总经理、董事长等职。

1. 中建二局应用 BIM 技术的驱动力在哪，如何看待投入产出问题？

中建二局应用 BIM 技术的驱动力大致可从两个方面探讨：

首先是国家政策的驱动。"十一五"以来，BIM 理念在建筑业逐步深入人心，BIM 的重要性和意义在行业已得到共识，被作为支撑行业产业升级的核心技术重点发展。住房和城乡建设部《2011～2015 建筑信息化发展纲要》开始推广应用 BIM，住房和城乡建设部《2015 建筑信息模型指导意见》明确了如何应用 BIM，住房和城乡建设部《2016～2020 建筑信息化发展纲要》明确了如何深度应用 BIM。与此同时，各级政府部门对 BIM 应用也越来越重视，相继出台了各种政策指南，BIM 应用标准体系逐步完善，如住房和城乡建设部在 2018 年发起了工程建设项目审批制度改革；2018 年 3 月 2 日，《住房城乡建设部关于开展运用 BIM 系统进行工程建设项目报建并与"多规合一"管理平台衔接试点工作的函》（建规函〔2018〕32 号）发布，试点城市包括广州、厦门、南京；2018 年 11 月 12 日，《住房城乡建设部关于开展运用建筑信息模型系统进行工程建设项目审查审批和城市信息模型平台建设试点工作的函》（建城函〔2018〕222 号）发布，试点城市包括北京、广州、厦门、南京、河北雄安新区。这些均预示着 BIM 技术普及即将到来，对于建筑企业而言 BIM 技术已经不是用不用的问题，而是如何用的问题。

其次是提升企业竞争力需要。BIM 技术的初心是"降本增效"，在当前建筑行业日趋激烈的市场竞争态势下，谁能实现低成本、高质量建造，谁就能在竞争中占据优势，而 BIM 技术的应用可有效提升项目精细化管理水平，从而实现降本增效的目的。BIM 技术还是大型复杂项目实施的有力帮手，中建二局承接的大型复杂工程逐年增加，最具代表性的如上海迪士尼、北京环球影城，BIM 技术为这些项目的完美履约起到了至关重要的作用，并实现了"现场循环市场"。

BIM 投入产出方面，相对于 BIM 技术为企业创造的效益（如 BIM 技术在大型复杂机电安装工程的应用可显著提高效率、提升品质、减少材料耗损），投入微不足道。

2. 中建二局在推进 BIM 应用的过程中是如何规划和思考的？

首先是 BIM 应用管理体系建设。中建二局的 BIM 应用由局工程研究院统筹管理（数字化建造研究所），负责相关管理制度的制定，旨在为全局提供一个 BIM 应用管理、考核评价体系标准。各下属单位根据自身规模、业务结构设置 BIM 管理机构并配备专职管理人员，一些单位 BIM 机构实力强大，在对内支持服务的同时可面向外部市场。

其次是 BIM 支撑措施。由局工程研究院牵头建设 BIM 资源库及协同平台（该平台可兼容国产 BIM 系统），计划用一到两年时间搭建起一个全局共享的 BIM 应用平台。局工程研究院已编制完成《局 BIM 标准化应用指南（2020 版）》，正在着手编制《项目 BIM 应用策划指南》，规范全局 BIM 应用。

三是标杆引领。每年选定一批 BIM+ 智慧建造示范项目在全局应用示范。积极组织参加 BIM 应用的内外交流活动（包括各类比赛），营造 BIM 应用比学赶超的良好氛围。

四是人才培养。鼓励 BIM 人员持证上岗，对目前行业各类 BIM 水平评价等级证书含金量进行分类评价，综合颁证单位、等级水平以及行业影响力等因素，制定相应的岗位津贴补助制度。建立内部 BIM 应用考核题库，定期对项目技术、工程、质量、安全、商务、物资等相关人员进行 BIM 应用考核，建立考核合格人员薪酬调增机制，提高各业务管理人员学习掌握 BIM 技术的积极性。

五是考核激励。制定 BIM 应用考核制度，从机构设置、人员配置、BIM 资源库贡献度、比赛获奖等多维度对下属单位进行考核，以此促进 BIM 技术的应用。

3. 推广应用 BIM 过程中普遍存在哪些困难，有什么解决办法或思路？

一是 BIM 技术国家标准体系的建立进度缓慢，落后于 BIM 发展进程，整体上与发达国家还有差距，目前现行的国家标准覆盖了建筑信息组织、信息交付以及数据模型表示等，约定应用软件输入和输出格式的《建筑信息模型储存标准》GB/T51447—2021 已经发布，但尚未执行，行业整体融入度差。

二是软件关键技术"卡脖子"，工具类 BIM 软件仍处于国外市场强竞争中，在软件的应用场景和数据存储方面都会存在一定安全隐患，涉及核心信息的 BIM 数据存储，必须兼顾到数据处理的安全性问题。

三是行业内误解度高，在推广 BIM 技术的初期，更多的人对 BIM 技术的概念只是停留在建模软件和建模工作中，或者局限于很窄的应用方向，更大部分有价值的应用技术路线不成熟，价值发挥不充分。

四是 BIM 人才队伍缺乏且不稳定，同时具备项目管理经验能力和 BIM 技术应用能力的综合性人才紧缺，致使 BIM 应用普及难以深入，支撑项目管理效果不明显，同时 BIM 从业人员晋升渠道不通畅、职业规划不明朗，缺乏有效激励机制，导致人员转岗、流失严重。

应对这些问题的措施在"2. 中建二局在推进 BIM 应用的过程中是如何规划和思考的？"中已有描述，不再赘述。

4. BIM 推进过程中，企业、项目的工作分别要侧重哪些方面？中建二局 BIM 应用取得了怎样的成果，成功的最关键因素有哪些？

企业层面侧重于建章立制、考核、统筹协调、技术支持与研发以及标准化工作。

项目层面则应按照局 BIM 相关制度及标准化要求以及其他相关方要求进行 BIM 技术的具体应用。

中建二局在 2012 年开始全面推广 BIM 技术，编制完成了《中建二局建筑工程施工 BIM 应用指南》和《中建二局 BIM 技术应用发展报告》。涌现出一批具有较大行业影响力的 BIM 应用典型案例，如上海迪士尼、北京环球影城。在全国全行业 BIM 大赛中屡获大奖（如龙图杯、创新杯、中建协、中施企协等 BIM 竞赛）。主编或参编了 4 项 BIM 相关团体标准（如《建设工程档案建筑信息模型 BIM 归档规范》等）。

一是充分重视。主要领导、分管领导亲自推动，提供充足的资源保障。目前已培养 BIM 应用人才逾 5000 人，形成了局级 BIM 资源库及协同平台。

二是认真谋划。对如何推动 BIM 应用进行了认真谋划，制定了一系列管理制度、指南标准，指导全局 BIM 工作。

三是落实到位。局系列制度、指南标准的较好落地是 BIM 应用工作推进的重要方面。

四总结提升。建立持续改进机制，将 BIM 应用的良好经验在全局推广。

2.13　专家视角：金睿

金睿：教授级高级工程师，浙江省建工集团有限责任公司（以下简称"浙江建工"）总工程师、工程研究院院长。曾任浙江电力生产调度大楼、杭州广电中心一期、杭州火车东站站房项目总工。直接主持的项目成果荣获中国专利奖 1 项、詹天佑大奖 2 项、鲁班奖 1 项、国家级工法 4 项、发明专利 5 项、华夏奖二等奖 1 项、教育部科技进步二等奖 1 项、浙江省科学技术奖 3 项、浙江省建设科学技术奖 7 项。兼任住房和城乡建设部科技委工程质量安全专委会委员、住房和城乡建设部高等教育工程管理专业评估委委员、中国建筑业协会专家委委员、中建协建筑技术分会副会长、《空间结构》第四届编委、《建筑施工》第七届编委、《土木建筑工程信息技术》第四届编委、智能建造浙江省工程研究中心主任等职务。荣获"十二五"全国建筑业企业优秀总工程师、首届浙江工匠、浙江省有突出贡献中青年专家、浙江省十大杰出青年岗位能手、浙江省高技能人才创新工作室领衔人、杭州市青年科技奖等荣誉。

1. 建筑业 BIM 应用已经有十几年的时间，经过了不同发展阶段，请您结合浙江建工的经验讲一讲 BIM 应用进程与变化特点，现状是否与预期一致，偏差在哪里，以及企业未来规划是什么？

浙江建工 2010 年开始接触 BIM，至今已超过十年。总体感觉应用进程与变化有以下几个特点：

一是参与单位越来越多，原来仅有设计或施工单位单独应用 BIM 技术，现在业主、监理等其他单位也参与进来，在很多项目已经实现多参与方 BIM 应用。

二是应用阶段越来越多，原来在设计阶段应用较多，现在是项目全生命期的策划规划、勘察设计、施工安装、运行维护各阶段都有应用。

三是应用环节和形式越来越丰富。初期 BIM 应用在投标和工程开工阶段较多，一般为三维模型和虚拟施工动画，实现直观展示和碰撞检查等简单应用。目前，BIM 已基本融入工程建造各个环节，包括：单专业的设计深化和多专业的设计综合、数字化加工、成本管理、施工监管、管理系统等，从深化设计到施工监管到行业平台都有 BIM 应用的场景。

四是 BIM 应用越来越实，主要体现在：应用内容越来越趋同，炫技的新概念少了；业主招标列入 BIM 应用费用的增多；设计、施工配置 BIM 专业人员的增多；简单 BIM 应用复制较快；院校对 BIM 越来越重视；有单位逐步将 BIM 与企业管理结合。

五是 BIM 应用软件工具有趋同的情况，面临相同的技术瓶颈。

当前 BIM 应用现状与预期基本一致，存在的主要问题在于 BIM 价值的体现。大量应用中，BIM 的价值难以充分体现和量化，造成基层对于 BIM 价值的获得感不强。

企业将继续推进 BIM 应用，继续坚持"人人 BIM"的理念，注重标准制定和输出，推进 BIM 融入日常工作；继续开展"BIM+"研发应用，将 BIM 作为现阶段工程建设数字化的引领性技术，推动在岗位工作、项目管理、企业管理中打造 BIM 的支撑作用。

2. 近几年 BIM 技术逐渐出现了项目企业一体化、设计施工一体化乃至建筑全生命期的一体化应用，您如何看待这一趋势？

BIM 的核心价值在于数据共享、协同工作。在项目应用过程中，相关数据企业有需求，企业数据也对项目应用有支持。同样地，在设计、施工阶段，乃至项目全生命期，数据的全过程流转、各方的协同都是管理必然的需求。BIM 技术对此给予了有效的支撑，使得项目企业一体化应用、设计施工一体化应用乃至建筑全生命期一体化应用成为可能。

这是 BIM 深度应用的体现，是工程建设行业高质量发展的大势所趋。但是也要注意几个问题：

一是认识问题。应当看到，BIM 应用虽然有这样的一体化趋势，但是大多数人在对 BIM 的理解和认识上还没有做好准备。很多人还在简单要求设计院把 BIM 模型传递给施工单位，而没有看到真正需要传递的是信息而不是模型本身；很多项目提出"大跃进"式的 BIM 推进要求，导致相关业务不得不跟进等等；这些都会造成 BIM 资源的浪费，影响 BIM 应用的口碑。

二是标准和软件支撑问题。不同组织、不同环节之间信息交互多、工作协同多。如此多的接口没有统一标准，难以真正高效地形成数据共享和工作协同。这方面的标准支撑还不足。与此对应的，也没有相关软件能较好地满足一体化要求。BIM 软件之间的共享协同也依然存在很大问题。因此，我们要理性看待 BIM 应用的一体化趋势，实事求是，从具备条件的局部做起，打通数据交换的障碍，不断完善相关的基础标准和支撑软件工具，保障一体化趋势逐步平稳地落地实现。

3. 在新型建筑业工业化推进的过程中，BIM 技术发挥怎样的作用，BIM 技术是如何与装配式等新型建造方式结合的？

新型建筑工业化是通过新一代信息技术驱动，以工程全寿命期系统化集成设计、精益化生产施工为主要手段，整合工程全产业链、价值链和创新链，实现工程建设高效益、高质量、低消耗、低排放的建筑工业化。新型建筑工业化是信息化与工业化深度融合的结果，是新型工业化在建筑领域的体现。2020 年 7 月，住房和城乡建设部等 13 部委发布了《关于推动智能建造与建筑工业化协同发展的指导意见》。同年 8 月，住房和城乡建设部等 9 部委发布了《关于加快新型建筑工业化发展的若干意见》。这些文件中都要求加强 BIM 技术的应用。实际上，结合当前 BIM 在全行业各个领域的应用以及 BIM 概念的热度，BIM 已然成为现阶段工程建设数字化的引领性、支撑性技术。必然在新型建筑工业化推进中扮演重要角色。

对于装配式、智能建造等新型建造方式来说，建筑工业化要求建筑设计标准化、构配件生产工厂化、施工机械化、组织管理科学化。智能建造对工程及其建造方式进行解构和分析，包括：工程特点、建造过程、要素等；针对工程建造的过程、环节、要素、主体，融入智能技术和方式，推动实现岗位工作、管理过程、决策分析、业务资源的自动化、数字化，最终实现建造方式的智能化。因此，建筑工业化是新型工业化（信息化与工业化深度融合）的重要组成部分，为智能建造推进提供了良好的基础条件；智能建造是信息化与工业化深度融合的成果，可以进一步提升建筑工业化的效果。智能建造与建筑工业化之间是相互促进、相互赋能的关系。建设过程海量信息的多源创建、结构化存储、多元化应用模式是智能建造推进中工业化、数字化、智能化等的基础。BIM 以信息为纽带，将工程建设各环节、各专业、各岗位串联起来，是建筑行业数字化转型的引领性技术。

4. 建筑业企业数字化转型持续进行，BIM 是支撑企业数字化平台的核心技术之一。浙江建工是如何建立 BIM 应用能力，利用 BIM 赋能各类业务系统的？

对于建立 BIM 应用能力，浙江建工主要做了两方面工作：

一是强调研发与应用并重。作为工程建设一线的企业，BIM 应用是必然的目标，要积极推进 BIM 在工程实践的应用，通过应用来找到价值点进而固化推广，发现问题点集中破解，应用的过程也是对相关人员的培训和提升。此外，也要积极推进研发。通过基于项目实践的研发和在研发课题研究、相关标准编写等方面的工作积累，有助于企业进一步提高对于 BIM 价值和应用点的正确认识，保障后续推进 BIM 应用不走或少走弯路。

二是强调"人人 BIM"，通过在职称评审中前置 BIM 条件、持续推进 BIM 培训和交流、推动 BIM 工匠培养、开展 BIM 深化设计及结合 EPC 的两化一提增等举措，不断推动 BIM 向基层普及，向不同条件拓展。

在此基础上，在工程数字化业务系统开发中，我们注重行业级的顶层架构设计，然后将 BIM 能力在其中体现，使得 BIM 不仅仅是一个三维展示工具，而更应该体现 BIM 在工程建设海量信息的结构化管理和可视化展示上的全面作用。

5. 近些年，BIM 与其他数字化技术的集成应用成为行业趋势，在您看来，未来 BIM 以及其他数字化技术的发展方向如何，在浙江建工的应用中有哪些感受？

前面提到，我们认为 BIM 已成为当前工程建设数字化的引领性技术，"BIM+"已成为常态，BIM 与其他数字化技术的集成应用已成为行业趋势。未来，BIM 的发展将更趋向于底层支撑作用的发挥。当前新兴技术领域的很多技术尽管日新月异，对于工程建设来说，一般也只是解决局部的技术问题。例如现在很多的人工智能技术、机器人技术，并不能完全依靠这些技术来解决工程建造所有问题。BIM 所具有的系统性特征、直观性特点，可以真正地服务于工程建设各个领域、各个环节，今后，行业、企业、业务的数字化转型还是需要 BIM 来进行有效支撑。我们也意识到这一点，开展了相关基础性研究和应用。

2.14　专家视角：刘玉涛

刘玉涛：教授级高工，工学博士，国家一级注册结构工程师、注册土木工程师（岩土）、一级建造师。现任中天控股集团有限公司（以下简称"中天集团"）技术总监、中天建设集团有限公司（以下简称"中天集团"）总工程师，兼任中国土木工程学会土力学及岩土工程分会施工技术专业委员会委员、中国施工企业管理协会科技专家、中国建筑业协会绿色施工分会专家、国家级工法评审推荐专家、浙江省省级工法评审专家、浙江省钱江杯评审专家、浙江理工大学兼职教授等多项社会职务。从事建筑行业 20 余年，一直在设计、施工、科研一线工作，多项研究成果上升为国家、地方标准，取得了较为显著的经济、社会效益，为技术进步和行业发展贡献了力量。获得发明专利 14 项、实用新型专利 24 项、省级工法 12 项、软件著作权 2 项，获得各级科技进步奖 9 项，主持或参与编制标准规范 9 项。获 2019 年度金华市人民政府质量奖贡献奖（个人），入选浙江省"151 人才工程"。

1. 对于民营企业来说，您认为应用 BIM 技术的驱动力有哪些？中天集团在 BIM 投入中着重于哪些方面，成果产出上主要有哪些价值？

我认为民营企业应用 BIM 技术的驱动力来源于以下三个方面：

转型发展。行业转型升级背景下，建筑企业正在从"以产品为中心"向"以服务为中心"的价值转变，数字化能力建设是建筑企业提升工程服务的必由之路，从项目的规划、设计到建造、运维，脱离经验积累的主观判断，转变到以数据驱动的科学决策。

提质增效。当前项目管理和建造方式粗放落后，效率低、能耗大、质量安全问题频发等现象突出，以标准化、模块化为基础，中天集团通过推进深化设计 + 集中加工、流水作业、穿插施工先进建造方式实现精益建造，而 BIM 技术在其中能够发挥非常大的作用。BIM 以可视化、数字化的载体，精确计量、精准定位、精益加工，代替传统经验型、粗放型的生产和管理动作。

行业趋势。近年来，国家和地方政府出台了大量推进 BIM 技术应用的相关政策，也进一步完善了 BIM 技术应用的相关技术标准。行业主管部门、建设单位等通过招投标、电子化审图、过程监管等方式，促进 BIM 技术推广。通过前期的应用经验积累，以及参与各类 BIM 技术应用大赛和技术应用交流会，充分证明了 BIM 技术在勘察设计、施工建造以及运维管理方面的作用。

数字建造是中天集团在七三"强技术"规划中提出的工作主线之一，通过数字技术来推动企业的转型发展。BIM 技术应用作为集团技术进步的重要内容，主要在以下几个方面开展工作：

队伍建设。要求各经营单位成立独立的 BIM（设计）中心，并且配齐建筑、结构、水暖电等专业 BIM 专业人员及专职 BIM 技术主管，目前集团拥有专职 BIM 工程师 250 人左右、兼职 BIM 工程师 500 人左右的技术队伍。

技术交流。对外方面，各单位积极参加行业内的各类技术竞赛，近三年获得国家级协会奖项 40 余项，省级协会奖项 50 余项，承办当地 BIM 技术应用观摩 10 余次。对内方面，各单位积极创建内部 BIM 技术应用示范项目并组织单位内相关人员观摩学习，开展 BIM 技术人员专项培育，每年培训 3000 人次以上。

技术研发。开展 BIM 技术应用的相关课题，包括数字建造技术研究及示范、基于 BIM 的模块化建造、基于 BIM 的项目管理平台等，近三年立项集团级课题 7 项，省建设厅课题 2 项，住房和城乡建设部课题 1 项，同时主编、参编团体标准 3 项。

奖励激励。中天集团对各单位招聘的 BIM 工程师进行为期 3 年的薪酬补助，对获得的各类 BIM 技术竞赛奖项，集团内 BIM 技术应用示范项目进行科技奖励，另外集团统一采购相关软硬件设备。

效益分析。BIM 的推广应用，培养了一大批既懂业务又懂 BIM 的技术骨干，各岗位人员运用 BIM 软件和平台进行精细策划、精准定位、精确备料、一次成活；公司运用 BIM 工具开发了企业族库平台，制定了相应标准，加强了对项目的精准管控、精准服务。

2. 对于近年企业的 BIM 应用规划和推广，实际情况如何，是否完成了预期，过程中的出入在哪里以及如何解决？

中天集团对于 BIM 应用的规划和推广，我们简单划分为 4 个主要阶段：

第 1 阶段主要任务是建立 BIM 技术应用团队，开展初级的建模、可视化、排砖配模等工作。

第 2 阶段主要任务是建立和完善构件素材库、通用节点库等基础数据库，针对单点应用建立技术应用的组织模式、管理流程及执行标准。

第 3 阶段主要任务是联同业务部门开展管理需求分析，梳理不同业务场景下的应用模式和管控方法，进行系统平台及应用模块的应用和开发。

第 4 阶段主要任务是实现数字建造阶段，BIM 贯穿工程全生命期，施工阶段机械化、工业化建造特征明显，信息化管理平台的运用能够支撑资源要素的科学支配。

对照 BIM 技术发展阶段，目前中天集团整体 BIM 技术应用水平尚处于第 3 阶段与第 4 阶段之间。

在实施过程中，中天集团内部将 BIM 技术应用大体分为两类，一类是技术支撑应用，一类是管理支撑应用。

从技术支撑应用角度，中天集团已建立相对完善的标准族库并开发了自有族库平台；岗位级应用例如三维场布、建模图审、管线综合、深化设计等技术应用已实现标准化、模块化，成熟度较高，且在公建、大客户等项目上亦有一定比例的应用率；但在管理支撑应用上相对薄弱，究其原因，我们发现 BIM 作为管理工具的价值体现除了标准化管理流程、技术标准支撑还需要岗位责任体系、考核激励等管理制度的配套落实，实际上是一项多人、多行为动作的系统工作，影响因素复杂多样，考验的是应用团队的综合管理能力和协作能力。

针对以上情况，中天集团在接下来的 BIM 管理支撑应用推进中应更多考虑业务需求、组织架构、作业流程，形成系统化、体系化的协同应用模式。这里拟从三方面进行：①针对具体管理应用成立专门应用小组展开业务需求分析；②结合需求分析明确技术的应用范围、应用目标等，建立针对性的组织架构、作业流程及管控办法；③在成功实践基础上进行业务流程、管控办法的标准化梳理，在数字化管理系统的整体架构下开发相关业务的应用程序。

3. 与五年前相比，当下 BIM 应用在企业经营、多项目管理和项目精细化管理方面有怎样的变化和进步，原因是什么？

项目精细化管理方面。同 5 年前相比中天集团有了更为清晰的应用目标、应用路径以及应用标准。主要体现在以下两个方面：技术方面从模型的可视化应用进阶到模型的深化设计应用，与集团自身推动的先进建造方式紧密相衔接；管理方面抓住成本管理的首位要点，开展基于 BIM 的成本管理特别是在物料的精细管控上，在管理协同和信息化方面，从机械运用市场上 BIM5D 等相关产品到结合自身业务的个性应用流程开发。

BIM 技术应用的逐步推进和深入主要依赖于两个方面，第一是持续的推广和坚持自然会对 BIM 技术有更为清晰、理性的认识，当然也会在各种不同的方面进行不断的尝试和探索，进而总结出一些具有价值的经验教训；第二是行业上标杆企业以及软件厂商的不断完善和推动，标杆企业更多是在应用对象、应用场景以及应用方法上给予借鉴，软件厂商则提供了丰富多样的应用工具，帮助中天集团更好去实现工作目标的同时也给予中天集团更多不同的尝试。

多项目管理方面。同 5 年前相比在具体的实践方面未能取得明显进展，但从信息化的推进角度来看还是取得了长足的进步，目前集团的多项目管理是基于具体业务流的信息化管理平台，尚未与 BIM 模型进行挂接，因为至少在现阶段中天集团还没能很好地找到项目管理与 BIM 模型挂接非常充分必要的理由或者说应用场景，当然这并不是说 BIM 模型与业务流的挂接没有价值，相反，通过不断的探索与研究，中天集团已经认识到 BIM 模型在业务管理中存有的某些作用，而且当下集团正在开发基于 BIM 的项目管理系统，作为面向未来的与生产方式相适用的平台。

企业经营方面。同 5 年前相比，市场对 BIM 技术应用的需求和要求与日俱增，特别是一些大型的公建项目在招标文件上即明确 BIM 技术内容、标准及交付的成果。可以非常明显地感觉到，业主方对 BIM 技术的认知和了解相比 5 年前变得更为理性和清晰，提出的要求更为具体和有针对性。有些业主甚至还会到公司现场实地考察企业的 BIM 技术应用能力。比较典型的是中天集团承建的湖北鄂州机场项目，该项目从设计、建造到运维全过程采用 BIM 技术，由于严格要求按模施工、按模计量，在建模高峰期我们最多有 90 余位 BIM 工程师驻场，没有 BIM 应用的积累，无论从技术层面还是组织管理方面都是不可想象的。BIM 技术作为一种能力储备，在不经意间就能为企业经营和品牌提升提供助力。

4. BIM 技术与数字化技术集成应用持续深入，中天集团在 BIM 的应用中有哪些感受，对此趋势如何看待？

从技术层面看，BIM+ 云计算、大数据、物联网、移动技术、人工智能等数字化技术的集成应用，将 BIM 打造成为一个庞大的智能数据生态圈，为中天集团实施复杂建筑的建造方案、施工推演提供了直观有效的载体。特别是对于工艺复杂、分包单位多的项目，可以统一模型基准，提高信息交换的效率，专业交叉检查验证，通过预演把大量问题事先暴露，减少过程的各种变更甚至返工，实现所见即所得。对量大面广的房建工程，又为细化优化、精确备料、精准定位提供了有效的工具。

从项目管理的全链条来看，质量管理、安全管理、生产管理、成本管理等各个业务条线，需要将建筑实体和建造措施量化、可视化，提高管理效率，BIM 直观反映项目各个阶段的即时状态，BIM 模型是目前最有效的数据载体。

传统施工管理主要依靠管理人员的实践经验和主观判断，更多采用事中和事后控制，难以实现项目的全面管控以及各参与主体的协调。现在将 BIM 技术与数字化集成，融入信息化系统突破项目管理瓶颈，规范项目管理的流程和技术标准，利用 BIM 技术作为全生命期的结构化信息基础，借助数字传感器、高精度数字化测量设备、高分辨率图像视频设备、三维激光扫描、工程雷达等物联网数字技术，实现工地环境、作业人员、作业机械、工程材料、工程构件的泛在感知，串联项目各阶段及各业务条线，形成物联网数字工地。数字工地具有可分析、可优化的特点，将实体工地的信息通过工程物联网映射到虚拟的数字工地中，利用计算机对工地的资源和活动要素进行科学计算与分析，有助于实现施工管理由"经验驱动"到"数据驱动"，实现优化施工、管控成本，助力工程项目精细化管理和工业化建造，实现"优质、低价、能赚钱"。

另外，中天集团以 BIM 模型为基础，集成人工智能技术，打造数字运维平台，通过智慧办公、智慧管网、智慧社区等数字化建造示范项目的创建，加快推进全生命期数字建造技术的探索应用，用数字化来改造、提升我们的生产方式，前景非常广阔，当然也非常具有挑战性。

5. 在新型建筑工业化推进的过程中，BIM 技术发挥怎样的作用，是如何与装配式等新型建造方式结合的？新型建造方式对施工企业整体的发展进步有什么样的作用？

针对新型建筑工业化，我们在以下几方面开展工作：标准化设计、工厂化生产、装配化施工、信息化管理，BIM 技术在以上几个方面均发挥着重要的作用。

标准化设计。标准化设计比较理想的是在建筑设计阶段，各专业在统一的构配件库中选用相关产品，更多地采用标准件，从而利于后续的生产加工和装配施工。结合当前实际，构件的拆分设计是装配式建筑实施的重要环节，合理的拆分能够有效减少构件类型、优化结构受力布置、便于现场安装。利用 BIM 参数化设计，提高构件拆分效率，增加数据复用程度，同时可建立标准化构配件信息库。另外在模块划分、部品部件设计时，通过 BIM 技术，从设计源头减少错、漏、碰、缺等问题，实现精准的开口与预留，提高设计效率和质量。

工厂化生产。部品部件的加工图在 BIM 软件中直接生成明细表，并通过数据格式转化自动生成下料单、规格参数等生产信息。标准化的部品部件能够尽可能减少构配件种类和非标准件，这样便更有利于大规模的施工生产及储存，同时在效率提升和降低成本方面具有非常积极的意义。

装配化施工。对于装配式建筑，其预制混凝土构件的预埋件细部位置种类繁多，各节点现浇核心区域构造复杂，施工难度相对较高。通过 BIM 技术对复杂节点建模，深化模型至"钢筋"精度级，能有效避免碰撞、安装定位不准确等施工问题。其次，针对总体施工工序和特定构件的装配过程，可利用 BIM 模型进行过程或者工序的仿真模拟，加深施工工艺和环境的理解，及时对问题做出优化调整。

信息化管理。基于 BIM 模型的图元信息及二维码、RFID、IoT 等对部品部件进行动态追踪和全流程周期管理，实现对部品部件的身份识别、状态确认以及在途追踪等操作，最终实现部品部件全过程管理。

新型建造方式融入了以数字化、网络化以及智能化为特征的新一代信息技术，架起了意识世界与现实物理世界的联通桥梁，将我们带入了以算据、算力和算法为支撑的智能建造技术时代，通过数字化的建筑模型、物联网的泛在感知、大数据的深度挖掘、云计算的存储拓展、人工智能的决策支持，未来最终我们将高效率地交付以人为本、智能化的绿色工程产品与服务。

2.15 专家视角：刘洪亮

刘洪亮：正高级工程师，博士生导师，现任上海宝冶集团有限公司（以下简称"上海宝冶集团"）总工程师。兼任中国冶金建设协会理事、中国安装协会科委会副主任委员、中国建筑金属结构协会钢结构专家委员会委员、上海市土木工程学会理事、《施工技术》杂志常务理事等职务，获得国家科技进步奖 2 项，为享受国务院政府特殊津贴的技术专家。先后荣获全国建筑业企业优秀总工程师、中国土木工程优秀总工程师、上海市建设功臣、上海市领军人才等荣誉。

1. 在上海宝冶集团的信息化建设与数字化转型过程中，BIM 技术担任着怎样的角色？

上海宝冶集团的 BIM 技术应用作为集团数字化转型的关键驱动力，也是数字建筑核心技术，与其他数字技术融合应用是推动企业数字化转型升级的核心技术支撑。BIM 与云计算、大数据、物联网、移动技术、人工智能等集成应用，已逐步改变施工项目现场参建各方的协同方式、工作方式和管理模式，形成基于 BIM 的精细化创新管理模式。

BIM 作为载体，是连接建筑实体与数字建筑之间的技术纽带和基础，可打通设计、施工、运维阶段分块割裂的业务，真正实现从设计到施工再到运维的全产业链数据共享，让 BIM 的价值体现在建筑的全生命期。BIM、云计算、大数据、5G、人工智能、区块链等数字技术，每一项与传统建筑业务结合，都会产生不同的价值，但单独任何一项技术创造的价值都是有限。对这些技术进行集成应用，利用项目在全生命期内的工程信息、管理信息和资源信息的集成应用来转变企业的工作方式，实现协同效应才是技术转型的关键。BIM 技术是"数字建筑""数字城市"乃至"数字中国"的数字化基础设施，驱动建筑业转型升级与可持续健康发展。

目前，上海宝冶集团的数字化转型实践，从项目部到集团，各层级对数字化均提出了不同的要求以满足精细化管理的需求，这就要求公司必须充分运用物联网、大数据、云计算、人工智能等数字化手段，进一步提升企业的经营质量和管理水平。上海宝冶构建的项目管控信息平台，以数字化平台为基础，通过横向打通部门间的业务协同、流程互联、数据互通，完成业财一体化数据融合，纵向打通项目部、分 / 子公司和集团的三级数据，完成项企一体化数据融合。通过项目管控信息平台实现了数据的智能采集和互联互通，帮助企业构建数据驱动型决策体系，用数据创造价值，推动企业数字化转型和管理变革。

2. 您认为企业应用 BIM 技术的驱动力有哪些，上海宝冶集团如何看待 BIM 投入与产出的问题？

企业应用 BIM 技术的驱动力可以从多个方面考虑：

（1）政策引导：近年来，为了更好地实现建筑业的数字化转型升级，政府以及行业管理机构对 BIM 技术发展的重视力度持续加强，是支撑 BIM 技术进步和转型升级的重要手段。针对我国特有的国情和行业特点，参考发达国家和地区 BIM 技术研究与应用经验，国家及地方都纷纷出台了对应的 BIM 技术政策、BIM 标准等引导方案，各行业协会也大力地举办 BIM 大赛及技术交流活动。BIM 政策也呈现出了非常明显的地域和行业扩散、应用方向明确、支撑体系健全的特点，指导 BIM 技术科学、合理地高质量发展。

（2）企业需求：在全球进入数字经济时代的背景下，各行各业都在开展数字化转型，建筑行业也在积极地利用数字化手段，改变原有落后的生产方式和管理模式，促进建筑企业可持续发展。BIM 技术应用越来越普遍，范围越来越广泛。现如今我国的 BIM 技术已经可以在变更管理、方案管理、质量管理等一般项目所拥有的各个基础环节中逐渐摆脱标杆化；万达、龙湖、华润等房地产名企作为建设方也纷纷展开了 BIM 技术的应用探索。施工企业也紧需 BIM 技术深度应用，进一步与其他数字技术集成，打通建造过程全周期数据及业务管理，打造建造全过程一体化 BIM 应用模式，实现企业精细化管理，提升企业内在竞争力。

（3）应用效益：推广应用 BIM 不但要重视技术，更要重视价值。BIM 技术不仅在隐性价值上具有巨大品牌推广效益，还有管理效益的产出，这其实是一种隐形的经济效益，从宏观来看肯定是有经济收益的，只是无法具象地量化出来，事实上这方面的收益对施工企业来讲更有价值。上海宝冶集团多年来致力于 BIM 信息化管理实践，将 BIM 与互联网、物联网、虚拟现实、大数据与人工智能、机器人等多种先进技术融合集成，在工程质量管理中的应用覆盖了工程全过程管理，即从项目策划到产品交付和运营，从技术管理、商务管理、质量安全管理、生产管理等各管理主线入手，采取数字推演、实景管控和信息整合传递的数字化方法，让项目质量管理信息透明化、产品质量可视化、流程规范化，实现数据共享、及时纠偏、降本提质的管理目标。

首先，要正确理解 BIM 技术应用方面的投入产出比，与应用策略、应用导向、应用阶段及应用规划等有较大的关系。不同 BIM 应用阶段、不同应用策略有不同的投入产出比的考量。一是试点项目 BIM 实施阶段，BIM 投入更侧重于培训体系、技术研发，企业可以根据试点项目工程特点、项目 BIM 应用人才配备情况，据此投入，并确定项目 BIM 应用成果考核及技术难关攻克；二是 BIM 技术扩展应用阶段，以点带线，示范推行，BIM 投入主要包括软硬件投入、体系建设及管理、专业人员投入等，且很多投入不一定立即就有产出，需要给予一定时间技术积累及项目 BIM 落地经验，BIM 的管理价值与数据价值才会逐步显现出来。只有认识到 BIM 的技术价值和 BIM 的潜在价值，才能正确地看待和重视这些价值产生的过程。而企业决定用不用 BIM，投不投 BIM，需考虑企业管理需求、技术创新及市场需求等多层次、多领域因素，综合考量投入产出效应。

3. 上海宝冶集团在推进 BIM 应用落地过程中，有哪些成功经验可以与行业分享，BIM 的价值主要体现在哪些方面？

经过多年的 BIM 技术的推广及实践应用，经验总结为以下几个方面：

（1）做好 BIM 技术发展规划，制定分阶段、分步骤的上海宝冶集团 BIM 应用路线，分为三阶段推进 BIM 应用：第一阶段（2005 ～ 2013 年）是上海宝冶集团 BIM1.0 时代，是点线式 BIM 技术应用，重点是鼓励进行试点示范应用，及时总结经验，形成技术积累；第二阶段（2014 ～ 2019 年）是上海宝冶集团 BIM2.0 时代，是全面全过程 BIM 技术应用，成立 BIM 中心，规范企业应用，制定统一标准；第三阶段（2020 ～ 2023 年）是上海宝冶集团 BIM3.0 时代，是全面全过程 BIM 管理应用，实现数字建造，赋能企业高质量发展。推进 BIM 从技术管理、商务管理、质量安全管理、生产管理等各管理主线入手，重点强调全面应用效果，并向企业经营决策管理延伸。只有做好顶层规划，才能不断地推进企业 BIM 应用发展，并切实实现 BIM 与企业、项目管理全面融合。

（2）重视人才队伍建设

上海宝冶集团在人才建设方面，注重 BIM 应用全员培训覆盖，一是在 BIM 人才培养上，形成一线 BIM 应用人员、专职 BIM 技术人员、高级 BIM 管理人员、行业 BIM 专家的 BIM 人才梯队建设，有效地支撑 BIM 技术推广、研发及落地实施；二是集团 BIM 技术培训中，形成了从入职培训、岗位技能培训、项目应用培训到管理者培训等分层级培训，培养既有设计施工技术专业能力又有 BIM 技术应用能力的人才。2020 年底统计结果，上海宝冶集团 BIM 培训已累计达到 1 万余人次，为企业输送了大量具备运用 BIM 技术进行项目管理的优质人才；三是针对上海宝冶集团各二级单位人才培养，根据团队的能力及项目应用情况，分为发展期、成长期、建立期三个梯度来支撑各 BIM 团队成长，上海宝冶集团各分 / 子公司现已基本完成 BIM 团队的组建，助力全面推动 BIM 技术在项目全专业、全过程、全产业链的普及应用。

（3）突出重点项目示范作用

为了推进项目 BIM 技术研究与应用深度发展，从 2012 年开始，上海宝冶集团就开始项目示范推广应用探索，并要求宝冶十大重点项目全部开展 BIM 示范实施，到目前总计开展了 42 项 BIM 示范项目，项目涉及主题乐园、工业厂房、超高层、基础设施、大型公建等类型。依托示范项目的推行，提升技术研发，探索了全新的 BIM 实施模式，如上海迪士尼、北京环球影城、2022 年冬奥会雪车雪橇中心、衢州体育中心等一批项目已成为行业 BIM 应用典范，对上海宝冶集团 BIM 应用起到了良好的示范作用。

首先，要正确理解 BIM 的价值。处理好潜在价值与显性价值的关系，大部分企业都认为 BIM 的价值不明显，有的停留在个别样板项目上，不愿大规模推广，认为 BIM 的宣传价值大于实际应用价值。推广应用 BIM 不但要重视技术，更要重视价值。

一是在项目层级，上海宝冶集团主要体现在前期做好 BIM 应用策划，提前明确 BIM 的应用范围及价值点，如上海迪士尼项目、国家雪车雪橇中心、北京环球影城项目等等，不仅在隐性价值上具有巨大品牌推广效益，还具有实际经济价值。如北京环球影城项目通过 BIM 协同优化，共出具了 27990 张深化图纸，开展多方协调会 200 余场，发现解决模型问题达 2000 余处，加快施工进度 25%。

二是在公司层级，着重体现在战略引领、技术指导、技术突破等方面价值创造。BIM 技术为数字化转型提供数据基础及载体，依托数字化平台，横向打通部门间的业务协同、流程互联、数据互通，完成业财一体化数据融合，纵向打通项目部、分 / 子公司和集团的三级数据，完成项企一体化数据融合，为决策层、管控层、项目层对项目的全面管控提供强有力的支撑，帮助企业实现企业管理集约化、项目管理精益化、现场管理智慧化的管理目标，提高企业的核心竞争力。

4. 在您看来，建筑企业推动 BIM 应用的阻力有哪些，应如何推动 BIM 的发展，路径是怎样的？

（1）BIM 人才问题

建筑企业推动 BIM 应用，重点在于专业人员，这一直是企业亟需解决的重要环节。存在几个方面问题，一是总体 BIM 人才缺乏，在政策引导及行业高度重视推广下，BIM 技术已经走入快速发展和深度应用阶段，对 BIM 人才的需求不断加大，而企业 BIM 人才储备、培养及引进不能及时满足需求，培养人才问题成为企业亟待解决的事情。二是 BIM 人员能力与工作要求不匹配，出现懂 BIM、不懂技术的问题。大学毕业新生相对缺乏项目经验，在 BIM 技术的操作运用中无法更好地与业务相结合，对于 BIM 高端人才往往需要一定时间在工程项目中的历练来积累经验。三是 BIM 高端人才的职业发展问题，这是企业推动 BIM 应用比较棘手的问题。在工程项目中应用 BIM 时间久的人员会有巨大的困惑，以后他们自身还能从哪个方向进行突破及发展，从事 BIM 如果不能给人员自身带来更多的利益，对 BIM 人才驱动力就不强，就会间接导致人才的流失。BIM 人才的发展离不开企业人才发展机制和行业对职业发展的认同。

（2）价值认知问题

对 BIM 技术了解一点，但不能正确地理解 BIM 应用，两种极端，一种是认为 BIM 无用，另外一种就是认为 BIM 是万能的。在这些认知的推动下，就会对 BIM 技术应用产生疑惑与观望等现象。

（3）BIM 软件环境问题

近几年 BIM 软件种类、应用业务范围、应用点都有所扩展和深入。一是目前 BIM 软件种类繁多、更新迭代快，不同的 BIM 应用清单，所需要采用的 BIM 软件不一定相同，同时对硬件要求较高，稳定性也存在一定问题。二是国内 BIM 应用软件竞争力不足，因没有我国自主的数据格式和图形格式等数据标准和软件标准，制约了建设工程的数字化发展，如设计领域 BIM 工具的普及，目前基于国家设计标准的 BIM 软件工具未能普及应用，为 BIM 三维正向设计应用带来巨大的挑战。

（4）BIM 标准推广及落地问题

目前已经发布和正在制定过程中的 BIM 标准已有不少，但未能形成完整的系统化体系。现阶段来看，标准不统一、标准无法参考执行已成为阻碍 BIM 应用发展的主要因素之一。BIM 技术发展到现在的阶段，更需要形成与现阶段技术发展相适应的标准体系，才能更好地推进 BIM 普及应用。

解决上述问题可以从以下方面入手：①针对价值认知问题，首先是政府政策指引，行业协会推广，企业内部开展项目示范，多方协力，多维度地对 BIM 技术应用理念进行有序推广。②针对人才问题，通过高校大力培养与企业内部多方位培训，合理推动企业内部项目组织机构及机制优化，打通 BIM 专业人才晋升通道，鼓励 BIM 专业人员学习其他专业技能，成为综合型人才，形成人才培养晋升的内在循环。③针对标准统一性问题，鼓励企业及项目在国家标准基础上，制定行之有效的 BIM 标准，其中包含软件选择、应用路线等内容，有效解决 BIM 应用落地性问题。

5. 随着建筑业数字化的不断推进，上海宝冶集团在 BIM 应用上，对未来是如何规划的？

上海宝冶集团聚焦数字赋能，打造"数字宝冶"新内核，用数字解决业务痛点，为企业决策提供数据支持，为企业"降本增效"赋能。

（1）数字赋能。充分利用 5G、BIM、云计算、大数据、物联网、移动互联网、人工智能等信息技术，推进数据智能采集，提高数据的采集效率和准确率；实现数据互联互通，创造数据协同价值；实现从流程驱动到数据驱动，积累企业数据资产，为企业管理赋能；实现业务横向到边，管理纵向到底，以"数据 + 算法"辅助决策。

（2）协同共享。打通业务财务一体化系统、财务共享系统、项目管控信息平台、协同办公（OA）平台等核心业务系统数据通道，实现统一平台下的人、财、物、技等多种资源的协同共享和聚集增效，为企业战略管控和智慧决策赋能，提升集团整体的运营管控能力。

（3）数字建造。加强以 BIM 技术人员管理、BIM 业务管理以及信息化数据管理为基础管理体系；以数字化转型为契机，拓展自主软件开发能力以 AI 智能、机器人等新技术研发能力，挖掘 BIM 正向设计应用模式以及数字孪生应用潜力，实现以数据为依托的新生产模式，打造全过程、全要素、全参与方的数字化技术深层次应用，推动建设项目管理过程的数据化和信息化，实现项目管理层数字化、企业运营层数字化以及产业生态层数字化的技术新突破。

以建设"智慧宝冶"为愿景，以数据赋能企业高质量发展为理念，通过信息技术驱动数据资源管理应用水平的提升，构建高效协同的企业大数据中心和辅助决策的运营管理监控中心，完善以业务财务一体化为主的企业管理信息平台、以项目管控信息平台为主的项目管理平台和以 BIM 为核心的技术支撑信息平台，打造面向未来的数字一体化协同集成平台，促进企业数字化转型升级和项企一体化进程，助力企业战略目标实现。

2.16　专家视角：许和平

许和平：现任中国铁建股份有限公司科技创新部（技术中心办公室）总经理（主任），正高级工程师。担任中国铁道学会轨道交通工程分会秘书长，中国岩石力学与工程学会水下隧道工程分会、锚固与注浆分会副理事长，中国土木工程学会隧道及地下工程分会理事。长期从事企业科技创新及管理工作。先后参加南昆铁路、内昆铁路、上海轨道交通 2 号线西延伸工程等重点项目建设技术攻关和管理工作。参加"十三五"国家重点研发计划"城市地下大空间安全施工关键技术研究"等项目研究工作。荣获国家科学技术进步二等奖、中施企协工程建设科学技术进步特等奖、铁路 BIM 联盟首届"联盟杯"铁路工程 BIM 大赛一等奖等多项科技成果奖。发表科技论文 10 余篇。

1. 作为国内基建领域的建筑业领军企业信息化专家，您认为区别于房建领域，基建领域的 BIM 应用存在哪些特点？

一个领域的 BIM 应用特点与该领域的工程特点具有很大的相关性，一般房建工程属于区域性的点状工程，如一座超高层建筑、一个小区建筑等；而基建工程一般为长大带状工程，如铁路工程表现为线路长（线路长度从几十千米到几百千米，甚至一次建设上千千米），地域广（一条长大干线一般跨越多个省市），工点多（上千个工点），涉及专业多（20 余个专业），具有规模大、投资大、风险大、建设运维周期长等特点。这些基建领域工程特点决定了与房建领域不同的 BIM 应用特点：

（1）基建领域涉及的面更广，BIM 往往涉及多平台应用

房建领域一般只涉及与建筑结构体相关的 BIM 技术应用，通常采用欧特克系列软件就可以完成多阶段 BIM 应用。而基建工程的规模一般比房建工程大，如铁路工程往往既包含建筑结构工程，也包含桥隧路等土建工程和通信信号等"四电"工程，涉及的专业更多，往往涉及多平台应用，目前主流 BIM 平台如欧特克、奔特力、达索等均在使用，多平台的融合应用存在较大困难。

（2）基建领域 BIM 应用需要考虑与 GIS、地质进行更多的融合

一般房建工程属于区域性的点状工程，通过区域布孔钻探可以把区域地质摸清楚，地质 BIM 模型在施工期变动小。而基建工程一般为长大带状工程，往往跨越多个测绘分带，没有 GIS 的应用无法完成整个工程的 BIM 整合；地质钻探一般沿线路方向进行线状布孔，揭示出一个面状地质分层，有些工程如隧道仅依靠少数钻孔推测整个地质，在工程建设过程中实际地质情况与设计变化较大，地质 BIM 模型变动大、更新频繁。基建领域 BIM 应用需与 GIS 技术融合，需要考虑与大范围的地形、复杂多变的地质融合，通常交互过程多、影响因素多、复杂程度更高。

（3）基建领域 BIM 应用成熟度有待提高

房建领域 BIM 在国内应用的时间较长，各类技术标准比较齐全，技术上相对比较成熟。而基建领域 BIM 在国内应用时间相对较晚，技术还处于探索发展期，各类 BIM 标准规范有待优化完善，BIM 模型创建、计算分析、模拟仿真等软件产品缺失，基建领域 BIM 应用成熟度有待提高。

2. 基建项目多为涉及民生保障的重大公共项目，项目施工过程中的信息安全问题是如何考虑的？在 BIM 技术应用中是否强调这一点？

（1）涉密数据按国家有关保密规定进行保护

带有经纬坐标的地形图、三维地形、实景三维模型、三维地质模型等数据，比例尺较精细、覆盖范围较大的，属于涉密数据，涉密数据在制作过程中通过物理隔离的方式在单机上或与外界隔离的局域网进行处理；对外提供成果数据需通过加密软件进行加密处理，逐级审核后由专人解密才能使用；在数据应用上主要采用单机或内网上传方式进行数据更新。涉密数据需要在互联网上使用时，一般按照"谁提供、谁办理脱密（敏）

程序"的原则，数据提供方按照国家相关办法办理数据脱密（敏）手续，经过脱密后才能使用。

（2）对项目数据加强管理，避免产生涉密数据，规避泄密风险

施工单位在重点工程的关键部位开展工点级的倾斜摄影，利用倾斜实景三维模型数据，构建实景三维场景展示与场景漫游应用过程中应加强管理。倾斜摄影目前的平面精度和地面分辨率都在 10 厘米以内，根据《自然资源部国家保密局关于印发〈测绘地理信息管理工作国家秘密范围的规定〉的通知》（自然资发〔2020〕95 号）规定：10 米平面精度，连续覆盖范围超过 25 平方千米时为涉密数据，因此在应用过程中连续覆盖范围控制在 25 平方千米以下，避免产生涉密数据，规避泄密风险。

（3）加强国外软件授权操作管控，消除安全隐患

目前在基建项目 BIM 应用中大量使用国外软件，国外软件验证服务器部署在互联网上，授权需要通过互联网进行，存在一定的安全隐患，有一定的泄密风险。同时 BIM 模型使用的电脑环境与互联网连接存在数据泄露风险。加强网络安全管理，在软件连接互联网时，授权电脑与模型数据需要分离。在采用国外软件处理模型时尽量在局域网条件下使用，避免连接互联网，规避后门风险。

（4）做好日常数据保护，防止产生数据泄露

对于日常集中管理的数据，需要考虑通过数据备份、磁盘镜像、磁盘阵列等冗余备份技术，关键服务器采用双机热备份，保证系统能提供可靠持续的服务。内部网络与外部网络互联时，要确保保密的等级与安全措施是否对应，必要时应与外部网络进行物理隔离。对于应用系统，需要考虑建立用户身份认证制度和访问控制机制，按用户级别、岗位和应用需求进行应用授权，限制用户的非权限访问。对于文件在网络上传输，需要考虑对重要文件进行加密处理等。

3. 目前基建领域相比其他建设领域，大型机械设备应用非常多，机械化水平高，如何实现机械化与以 BIM 技术为代表的数字化融合？

实现机械化与以 BIM 为代表的数字化融合要重点做好以下方面的工作：

（1）首先要做好以 BIM 为核心的基础工作，基建模型信息要精准、完备，相关的几何信息表达应能反映出工程的特点，属性信息应满足工程建设过程中不同阶段的需要。模型需具备在不同阶段和不同功能下综合应用的条件，只有结合项目特点和全生命期应用需求把 BIM 模型技术做好，后续机械化应用才能顺利推行，没有 BIM 技术作为基础，智能建造将成为空谈。

（2）机械化与以 BIM 为代表的数字化的核心支撑技术主要包括 BIM 技术、IoT（物联网）技术、AI（人工智能）技术等，以 BIM 模型为载体，通过 IoT 等相关技术采集的数据，以及在业务管理过程中（质量管理、进度管理、成本管理等）产生的数据，均与 BIM 模型进行关联。要形成系统性才能发挥出效力，体现数字化融合的价值。

（3）要根据数字化建造的特点，研发信息平台和相关设备，与工程机械施工融为一体。没有信息平台的支撑，BIM 模型就无法有效地与工程设备进行融合，没有物联工程设备，机械就没办法智能化操作，所以，以 BIM 为核心的信息平台和以数字化为支撑的智能化设备的研发都要跟得上才行。机械智能建造需要建立在工程数字化的基础上才能实

现，工程数字化的核心就是 BIM 可视化、信息化技术的应用，利用 BIM 技术对工程建造进行先虚拟构建再实体建造，只有依托 BIM 技术的数字机械化技术应用方能行得通。

4. 国家提出推动智慧城市建设，基础设施作为城市建设的重要组成部分，您认为如何应用以 BIM 技术为代表的数字技术为实现 CIM 提供支持？

应用以 BIM 技术代表的数字技术为 CIM 提供技术支持需要重点考虑以下方面：

（1）BIM 可视化技术是智慧城市系统搭建的支撑，是数字城市各类应用的基础平台。BIM 技术是建筑三维可视化的有效载体，通过 BIM 模型为开展 CIM 技术应用的城市规划、建设、运维等提供支持，在工程项目建设和运维全生命期中，以 BIM 技术可视化的优势提供直观的决策和应用视觉平台，所见即所得，更直观地呈现成果，提供沟通的有效途径。

（2）通过以 BIM 模型为核心的数字化技术数据的支持，实现对 CIM 技术的智能化应用，更好支撑 BIM + 物联网 + 人工智能的融合，更好利用各类感知设备和智能化系统，实现智能识别、立体感知等信息全方位的应用，提升 CIM 技术应用的数据融合。BIM 作为一个可以不断进行多维度数据拓展的信息承载器，可为智慧城市规建运一体化系统的拓展、成长奠定坚实基础。BIM 开放的数据结构结合 IT 技术，可提供多维度的数据基础，为自适应系统的信息获取、实时反馈、随时随地智能服务提供有力的数据支撑。

（3）采用 BIM 技术对 CIM 技术应用效果进行模拟，通过 BIM 技术对城市工程建筑进行仿真分析，如结构分析、日照分析、人流疏散演练等，提升 CIM 技术应用的价值，借助虚拟仿真模拟，解决工艺、技术在设计与施工过程中出现的具体问题，达到节约成本、缩短工期等目的。

（4）BIM 技术为智慧城市运维提供保障，通过以 BIM 技术为核心的孪生数字模型的建造，实现虚拟世界和物理世界的映射和融合，为 CIM 技术在运维阶段全面实现三维可视化的智慧运维提供了支撑，通过 BIM 技术的应用实现利用智能化手段提高整体运维的管理效率。

2.17　专家视角：严心军

严心军：中铁建工集团有限公司（以下简称"中铁建工"）建筑工程研究院 BIM 技术应用研究中心主任，正高级工程师，一级建造师，软件设计师，中铁建工专家，中国安装协会专家，中国安装协会 BIM 应用与智慧建造分会专家，北京市智慧工地建设专家库成员，中国图学学会土木工程图学分会委员，主要研究 BIM 技术、智慧建造技术。

1. 作为基建领域的建筑科技专家，您认为 BIM 技术会给企业的信息化建设和项目管理带来怎样的改变？

企业信息化建设：建筑行业业务形态的显著特点是围绕项目开展生产经营和管理活动，企业在开展工作时，需要不断提高企业信息化水平。利用 BIM 技术形成建筑信息模型，承载企业在生产和管理过程中所产生和存在的大量结构化和非结构化的数据，通过数据分析及基于数据的应用，让信息处理效率更快更高效，决策有据可依、科学精益，从而助力企业实现数字化转型升级。企业信息化建设也主要包含了两方面：技术信息化建设、管理信息化建设。

技术信息化建设：利用 BIM 技术可视化等特性，进行仿真模拟工程设计、建造的进度和成本控制，整合业主、设计、施工、监理、制造、供应商，使工程项目的一体化交付成为可能。同时，为生产技术提供可视化的数据追溯门户。

管理信息化建设：BIM 信息化模型是建筑信息的最佳载体，基于 BIM 模型承载生产经营及管理信息，形成海量项目大数据库。同时，基于互联网、轻量化、云计算等技术平台，搭建可视化的管理信息化门户，建立信息共享、协作的数字化渠道，为企业创造诸如管理效率的提升、运营成本的降低等重要价值。

项目管理：①管理制度的变革：BIM 技术要真正能在项目上用起来、能为项目带来效率的提升和效益，传统的管理制度及流程必须要与 BIM 技术进行融合、改进，才能在项目技术、质量、安全、进度、成本管理中真正发挥 BIM 的价值。②管理效率的提升：基于 BIM 技术来开展深化设计出图、三维可视化交底、重难点施工工艺模拟、管理流程优化等应用，以及全生命期施工生产管理，进而实现施工生产的可追溯性并提升项目管理的效率。

2. BIM 技术在国内推广已经有十余年的时间，中铁建工在 BIM 应用的规划与实践方面，有哪些经验可以与行业分享？

目前建筑业正面临着转型升级的重要任务，以 BIM 技术为基础的信息化技术对建筑业的转型升级有着重要的促进作用，但是 BIM 技术究竟应该如何投入、如何应用、如何发挥价值和体现价值，这也为不少中小型企业带来了困惑。

近年来国家、各级地方政府发布了很多关于 BIM 技术的指导文件及标准规范，用以规范和引导 BIM 行业向广度发展、向深度探索，不少大型企业，特别是央企在 BIM 技术管理及应用方面建立了实施指南与标准制度、组织架构与考核体系，投入人力及物力资源开展课题攻关，为重难点项目解决或辅助解决了技术管理难题，取得了较好的经济效益和管理效益。

只有将 BIM 技术融合到企业管理中，才能充分发挥 BIM 技术的优势，为企业创造诸如管理效率的提升、运营成本的降低等重要价值，而 BIM 技术与企业管理的融合绝非易事，需做好顶层设计、制定切合企业战略发展的实施路线、实施全要素管控。

中铁建工结合多年来在企业 BIM 管理工作中的经验，提出了一套基于路线全局化、管理要素化、技术项目化的企业 BIM 技术管理的实施路线。企业 BIM 技术管理实践路线要从体系建设、标准制定、规章建制、项目试点、竞赛选拔、应用考核等方面统筹制定。企业 BIM 技术应用的要素管理应从团队建设、环境建设、资金投入、平台建设等方面同步实施。另外企业应着眼于未来发展，紧跟国家新基建发展战略，充分利用 5G、IoT、GIS、3D 扫描、3D 打印、装配式等技术，以项目为背景，开展技术难点攻关，不断提升企业科技创新水平，提升企业技术硬实力。

我们从企业 BIM 技术管理实践路线、企业 BIM 技术应用的要素管理两方面分享企业 BIM 技术管理的实施路线及应用探索：

（1）企业 BIM 技术管理实践路线

企业 BIM 技术管理实践路线要从体系建设、标准制定、规章建制、项目试点、竞赛选拔、应用考核等方面统筹制定。

1）体系建设

BIM 技术的管理与应用不是简单的软件及设备的使用，也不是简单的建模型、做漫游、出方案，它涉及企业的管理流程，牵涉企业各部门以及基层管理、技术人员。

企业在开展 BIM 技术应用上面，必须要做好顶层设计及体系建设，企业可以根据自身特点构建 BIM 技术应用管理体系，成立企业级 BIM 技术中心作为保障层，企业分/子公司成立 BIM 技术部门作为执行层，项目部设立 BIM 工作室作为操作层，多方协同、有序推进 BIM 研发与应用。

2）标准制定

目前，国家层面的建筑业 BIM 标准已发布 5 项，地方也针对 BIM 技术应用出台了相关标准和指导文件，如北京市地方标准《民用建筑信息模型设计标准（北京市）》DB11T 1069—2014 等。同时一些团体组织还出台了一些细分领域标准，如门窗、幕墙等行业制定相关 BIM 标准及规范。

这些标准、规范、准则概括性强，无法直接引进标准就开始 BIM 应用。比如针对建模标准：采用中心方式还是链接方式的管控细节如何约定；文件夹及文件名命名；族、视图、标记、线宽、颜色如何约定；文件的收发如何管控等。这些细节与企业有关，与项目的关联性更强，为了更有效地推进 BIM 应用，底层的技术细节、管控细则需要在前期就约定好，企业及项目均需要制定相关的 BIM 技术标准。

另外，企业也需要积极融入行业组织内，相互沟通交流、取长补短，参与 BIM 技术相关标准的编制工作，也能更好地将企业成熟的技术应用推广到行业内，同时也能及早地了解行业发展动态，并做好提前规划和应对。

3）规章建制

BIM 技术的应用能够推进下去，仍然需要依靠管理，仍然需要规章制度的约束。在 BIM 启动之前，需要制定相关 BIM 管理制度，或者将 BIM 技术应用纳入项目、公司的考核体系之中。

4）项目试点

以上措施更多的是从上而下的强制性推行，而在基层执行时，可能面临消极怠工、阻力大等问题，主要原因无非两点，一是 BIM 技术应用能力较低，没有相关经验，对 BIM 技术应用有心无力；二是认为 BIM 技术是花架子，耗费资源，费效比低。

为了消除基层的疑虑，选定试点项目是一种较好的途径。通过试点项目可以在企业内形成 BIM 应用标杆，对试点项目给予资源倾斜，采用帮扶带的方式，推动 BIM 技术应用，通过 BIM 项目的成功应用来消除大家的疑惑和抵触，另外，对试点项目的成功经验进行总结，在其他项目上进行推广，促进 BIM 技术应用在企业内部的良性发展。

在选定试点项目时，要重点考虑三类项目：一是大型重点项目，项目体量大、复杂度高，相关的要求也高，BIM 体现的价值越发明显；二是基层运用 BIM 意愿高，有了好的基层环境和齐心的团队，BIM 技术应用能借助高效协同机制而创造更高的价值；三是项目启动前期，BIM 介入项目越早越好，在设计方案、深化设计与预留预埋、新技术应用等方面能充分发挥 BIM 价值。

5）竞赛选拔

BIM 技术应用水平如何，BIM 技术人员能力如何，这些需要靠一个媒介来进行检验。组织企业内部 BIM 大赛，积极参加行业 BIM 大赛，无论是项目成果大赛，还是个人技能大赛，这些都能对 BIM 技术成果及 BIM 技能水平进行检验，进行优中选优，建立积极向上机制，提升项目及个人的荣誉感及成就感，也能提升各层级技术管理人员对 BIM 技术应用的认可度，有效留住并吸引 BIM 技术从业人员。

（2）企业 BIM 技术应用的要素管理

确定了企业 BIM 技术应用实施路线之后，在 BIM 技术应用的日常管理中，必将面临大量的繁琐事务，这就需要抓住主要问题，实施要素管理，主要包括四个方面：抓团队、建环境、投资金、融平台。

1）抓团队

任何一项工作的落实、技术的落地都需要人去操作、去完成，组建一个对企业忠诚度高、团队协作力强的团队对 BIM 技术应用至关重要。BIM 技术应用面非常广泛，出具的成果表现形式也多样，不仅仅包括模型、图纸，还有视频、效果图，另外还需要对无人机、3D 打印、3D 扫描、软件研发有一定的了解，在组建团队的时候，非常有必要考虑团队中个人技能的搭配，尽可能增加团队技能的全面性。

一般 BIM 中心设置主任一名，负责战略执行、部门计划、组织管理、制度建设、人力资源管理、平台及工程应用管理等。设中心副主任岗位若干，主要协助中心主任制定研发中心的研发方向、发展计划、各项管理制度和流程监理以及人员管理。下设工程应用岗与技术研发岗。工程应用岗成员组成 BIM 咨询小组、智慧工地小组、平面设计小组、视频制作小组、商务策划小组、无人航测小组、3D 打印小组、AOT 研发小组。技术研发岗成员组成科技研发小组、软件研发小组、IoT 研发小组。

2）建环境

"建环境"就是搭建 BIM 技术应用所需要的软件资源、硬件资源以及行业资源，为 BIM 技术工作推进提供环境支撑。软件资源主要包括通用建模软件、用模软件、动画视频软件、分析类软件等；硬件资源主要包括工作站电脑、大幅打印机、3D 打印机、3D 扫描仪等；行业资源主要包括科研院所、行业协会等社会性资源，充分借助行业内力量不断提升 BIM 技术实力。

3）投资金

"投资金"是一大抓手，特别是在 BIM 技术应用（BIM 中心）的起步阶段尤为重要，企业可以充分借助科研经费，以项目为抓手，开展与 BIM 技术相关的科研课题技术攻关，BIM 技术与课题研发的密切融合，将充分体现 BIM 技术的实用价值。

4）融平台

BIM 技术应用切忌独自发展、蒙头苦干，而是应该积极走出去，了解行业发展趋势，建立校企合作、企企合作等平台，建立多方研发平台机制，互通有无，将有利于解决 BIM 技术难题，有利于提升 BIM 技术实力，有利于提高企业竞争力。

（3）结论

企业 BIM 技术管理应用是一个长期的过程，实施路线的制定、管理要素的把控、技术难点的攻关在 BIM 技术应用过程中还需要不断改进和完善，与时俱进。

3. 在中铁建工推进 BIM 技术应用的过程中，遇到的困难和阻碍主要是哪些方面，有什么解决办法或思路？

在中铁建工推进 BIM 技术应用的过程中，三维场布、碰撞检测、管线综合、工程量计取等基本应用点都已经普遍化，但是也面临着 BIM 技术究竟应该如何投入、如何应用、如何发挥价值和体现价值等问题，我们认为只有将 BIM 技术融合到企业管理中，才能充分发挥 BIM 技术的优势，为企业创造诸如管理效率的提升、运营成本的降低等重要价值，而 BIM 技术与企业管理的融合绝非易事，需做好顶层设计、制定切合企业战略发展的实施路线、实施全要素管控。我们提出了一套基于路线全局化、管理要素化、技术项目化的企业 BIM 技术管理的实施路线，实现了 BIM+ 新技术的创新应用，充分体现了 BIM 对企业发展的重要性。

当前，建筑业劳动力显著流失并呈扩大趋势，建筑业劳动力逐步向制造业、服务业流转，BIM 技术下一步发展需要紧跟建筑行业发展趋势，提前布局，另外当前的 BIM 技术应用主要基于虚拟模型来开展，而忽略了项目的周边环境变化导致部分应用无法真正落地。鉴于此，我们认为企业 BIM 技术应用的难点可重点挖掘 BIM+ 装配式、BIM+ 智慧业务、BIM+GIS、BIM+3D 扫描等应用。

（1）BIM+ 装配式

以 "北京铁路枢纽丰台站改建工程" "广州白云站站房工程" 为例，下面主要介绍装配式钢结构全产业链 BIM 应用。

通过对钢结构工程建设进行分析，充分运用 BIM 技术、云技术，建立钢结构全生命期智能建造 BIM 信息平台，打通数据传递链条，实现钢结构设计、深化设计、预制加工、物流运输、现场安装、结构交验全过程的信息无缝传递及全生命期运维管理，做到了钢结构构件及焊缝级别的可追溯性，提升了管理沟通效率，加快了施工工期，形成了钢结构 BIM 全生命期智能建造新模式。

编码管理是钢结构管理的核心，也是追溯构件及焊缝信息的基础，构件编码必须唯一，才能有助实现钢结构全生命期管理平台对钢结构构建级别的管理。根据高铁站房的特点，构件编码由五部分组成，各部分编码、分区编码、定位编码、分段编码以及构件类型编码，用 "-" 连接，部分编码可缺省。

（2）BIM+ 智慧业务

智慧业务主要包括：智慧工地、智慧建造、智慧楼宇。其中智慧工地业务在大型项目上应用较多，部分城市如雄安新区中国雄安集团要求所有在建项目必须接入数字雄安建设管理平台、成都市住房和城乡建设局要求市辖所有在建项目必须接入信息化综合应用平台，且数据与上级平台实现互联互通。

以 "雄安容东片区 E 组团项目" 为例，其建筑面积约 170 万平方米，共安装 120 余台塔吊，下面主要介绍智慧工地管控云平台的应用。

智慧工地管控云平台为集人员管理、机械管理、材料管理、施工管理、监测监控系统、电子信息及绿色施工等管理子系统进行整合为一体的项目智慧工地管理平台，借助云技术、移动互联网技术、GIS、BIM 技术，建立 Web 端、移动端 APP、二维码、物联网设备及集成物联网施工专业设备等应用途径，实现建设环节中人、机、料、法、环、测的智能分析、人性化操控管理和集成展示，汇总施工管理数据和管理模块提供项目智慧工地管理门户，搭建项目智慧工地管理平台，整体提升项目施工智能化管理水平。

（3）BIM+GIS

依托轻量化引擎，融合 BIM 和 GIS 模型，其对进度的形象展示、实测实量、土方算量、土方分析复核等工作有着非常重要的作用。

以"自贡东站站房工程"为例，项目利用大疆无人机倾斜摄影技术结合相关软件，像控刺点平差后，获取地面地物高程 DSM 的 tiff 图像，导入 globalmapper 生成等高线，进而生成原始地面高程点，构建实体 GIS 模型。在此基础之上，可开展土方平衡计算。而采用传统 RTK 基站和移动站采点模式，工作周期大致为 2 个月，而利用无人机倾斜摄影，数据采集为 3 天，数据处理一周，10 天内完成了原始地形高程数据采集，大大提高了数据采集效率。

4. 施工企业应用 BIM 技术的驱动力有哪些，该如何看待现阶段在 BIM 技术应用方面的投入产出比？

我们认为施工企业应用 BIM 技术的驱动力主要有：调控力、拉动力、助推力及行动力。

调控力：为国家产业政策扶持与引导所形成。2011 年以来，住房和城乡建设部先后发布了《2011～2015 年建筑业信息化发展纲要》《2016～2020 年建筑业信息化发展纲要》《建筑业发展"十三五"规划》等，这些政策均对建筑业信息化提出了要求，包括加快推进 BIM 技术在规划、勘察、设计、施工和运营维护全过程的集成应用，加强信息技术在施工现场安全监管的应用，研究基于物联网和大数据等技术施工现场的实时监测，推进重点工程信息化和建筑产业现代化等内容。

拉动力：为两化融合对建筑业信息化形成的外部拉动力。2010 年 10 月，党的十七届五中全会提出"推动工业化和信息化深度融合"，自《国民经济和社会发展第十二个五年规划纲要》起，国家把推动两化深度融合作为全面提高信息化水平的重要内容。随着信息化与工业化的深度融合，软件和信息服务对工业的渗透逐渐从外围走向核心，给服务业的内容和形式带来更大变革，对其他行业的核心支撑和高端引领作用进一步加强，将全面带动软件和信息服务的发展。

助推力：为新技术、新设备的融合突破对行业发展形成助力。随着电子信息技术高速发展，3D 扫描技术、GIS 技术等专业技术与 BIM、大数据、物联网、云计算、节能环保等新技术集成应用，智能化、网络化和移动化的便携消费电子产品层出不穷，新技术、新设备的融合与突破成为建筑信息化的新动力，共同推动建筑信息化持续快速蓬勃发展，形成良好的推动力。

行动力：为建筑行业通过信息化降本提效的内生需求强烈，产生的行动力。建筑行业总产值增速下滑，人均创利水平降低，人员使用成本高企，各项数据表明建筑行业增长放缓和经营效率降低，行业原本粗放式发展模式难以为继。建筑行业现在正步入精细化管理新阶段，依托于信息化的新技术和新管理方式来提效降费成为行业较强的内在需求。

首先，需要看清现实，目前有些大型企业已经实现了较好的收益，但也存在部分企业，特别是 BIM 技术应用时间较短、整合度较低的企业，在 BIM 技术应用方面的直接投入大于产出，需要通过纵向比较、横向比对，不能仅仅关注费用一个维度，其实 BIM 技术所产生的间接效益是十分显著的。

其次，需要用发展眼光看待 BIM 技术在企业中的发展和培育，随着大数据、人工智能等大技术的不断研发与提高，建筑信息化的趋势不可阻挡。BIM 所提供的竞争力，不在于软件的使用程度或数据，而是利用 BIM 软件及数据去承载、分析、整合企业大数据，继而针对数字化管理打造集成平台，进行设计与工程、制造与管理的整合，指导生产经营，提升企业管理效率。

5. 近些年，BIM 与其他数字化技术的集成应用成为行业趋势，在您看来，未来 BIM 以及其他数字化技术的发展方向如何？

BIM 的迅速发展必然引起行业格局的变化，随着大数据、云计算、物联网、GIS、移动互联等数字化技术的冲击，整合社会资源将是建筑行业需要面对的问题，即跨界融合。BIM+ 的集成应用成为行业趋势，主要结合表现形式包含了：BIM+3D 扫描、BIM+3D 打印 +IoT、BIM+GIS、BIM+ 全生命期管理平台、BIM+ 智慧工地、BIM+ 机器人。

BIM+3D 扫描：将 BIM 模型与所对应的 3D 扫描模型进行对比、转化和协调，达到辅助工程质量检查、快速建模、减少返工的目的，尤其在复杂空间钢结构工件预拼装方面，采用模拟预拼装技术可以节省大量人工、措施及设备投入，且不占用预拼装场地，对提高钢结构预拼装质量、效率起到质的改变，是工厂逆向工程中最为至关重要的一个技术环节。

BIM+3D 打印 +IoT：通过 BIM 技术创建建筑或复杂节点三维模型，通过 3D 打印转化为构件实体，结合 IoT 技术，在 3D 打印模型中融入物联网及单片机技术，形成动态化、模拟性、多角度展示方案。

BIM+GIS：利用无人机倾斜摄影技术结合相关软件，采集形成地形地貌，对于进度形象展示、实测实量、土方算量、土方分析复核等工作有着非常重要的作用。

BIM+ 全生命期管理平台：制定构件编码标准，基于 BIM 模型搭载几何、非几何信息，结合互联网、大数据等技术搭建生命期管理平台，打通数据传递链条，全过程监管工程生产技术与管理信息。

BIM+ 智慧工地：围绕施工过程的管理，建立互联协同、智能生产、科学管理的施工项目信息化生态圈，实现工程施工可视化智能管理，以提高工程管理信息化水平，从而逐步实现绿色建造和生产。

BIM+ 机器人：BIM 技术结合机器人技术，可以帮助改变建造现场高危的工作模式，将操作人员从重复性、高危性的工作环境中解放出来，降低施工的人员投入及危险性。如 BIM+ 测量机器人实现快精准的测量放样。将塔吊司机的驾驶室落地到现场，采用 BIM 技术进行模拟，将在高空操作时驾驶员看到的内容通过视频传送到驾驶室，再通过机器臂进行远程操作。

2.18　专家视角：杨震卿

杨震卿：教授级高级工程师，现任北京建工集团有限责任公司（以下简称"北京建工"）信息管理部副部长，科委会委员，智能建造中心副主任；住房和城乡建设部科技项目评审专家，中施企协信息化/BIM 专家，北京市建筑业联合会信息化专家，北京市 BIM 联盟理事。主持天安门修缮、北京城市副中心、超高层、装配式住宅等近 400 万平方米工程的 BIM 和智能建造工作；承担北京市建委"十四五"科技规划，北京城市副中心智慧建造等课题研究；主编、参编二级建造师辅导教材、《智能建造概论》等多部著作。

1. 当下，建筑业不断推进智能建造，您认为 BIM 与智能建造之间是怎样的关系，北京建工对此有哪些探索？

根据近年来我们在北京城市副中心、大兴机场、天安门修缮等一系列工程和企业信息化管理方面的实践总结，智能建造将必然成为施工企业数字化转型的核心，建筑企业数字化转型就是要实现智能建造这种新的生产建造模式，完成企业核心竞争力重构。未来建筑行业将出现在产业互联网支撑下行业生态加速变化的局面，建筑企业需要通过掌握智能建造，构建数字化基础设施，实现以数据为核心的企业管理信息化和生产信息化闭环体系，以适应市场的不确定性，为用户提供品质更高、价格更低、企业获利更大的建筑产品。

随着 BIM 技术研究的深入，BIM 的内涵和外延不断丰富。在 2016 年北京城市副中心建设过程中，我们意识到 BIM 的虚拟和施工的现实已经严重脱节，极大制约了 BIM 技术在施工阶段的应用。结合此前的经验，我们提出了智能建造的概念，主要目标是解决 BIM 在虚拟侧的工作不能与现实生产结合的问题，经过几年的实践和认知发展，今天我认为智能建造可以理解为："以创效为目标，以工业化为主线、以标准化为基础、以建造技术为核心、以信息化为手段，通过 BIM 技术实现在虚拟侧的数据生成，并进行模拟和数据承载；通过智慧工地实现高精度的测量和感知，实现联结虚拟和现实；通过智能装备实现对现实的反馈，把施工作业现场转移到工厂完成，把工厂能力移植到施工现场，从而实现新一代信息技术与建造技术的深度融合，丰富、延展建造能力，提升建造产品品质的新型建造模式"。需要指出的是在智能建造这个模式中，建造是本体，智能是属性，装备是基础。在研究和应用的过程中要避免为了智能而智能，智能必须围绕建造展开。

为了能适应智能建造的发展需要，北京建工在行业内较早地把 BIM 中心升级转型为智能建造中心，并从原来的科技质量系统转移到信息化系统进行管理。这样强化了智能建造与企业业务部门的关联，并开展了试点示范工程，普及概念、推广应用，取得了较好效果。

2. 近些年，BIM 技术与其他数字化技术集成应用不断深入，您如何看待此趋势？在北京建工的应用有哪些突出体现？

一方面 BIM 技术本身也是新一代信息技术的组成部分，并且在很大程度上依赖其他信息技术的发展不断提升自身能力，BIM 要依靠高性能的显卡、AI、数据库、图形引擎、云计算、通信等技术的提升改善用户体验，解决使用问题，如随着云计算与 BIM 技术的结合，大场景的 BIM 模型加载已经有了比较成熟的解决方案；另一方面，从智能建造的角度，BIM 只有与测量、感知、自动化的智能装备相融合才能充分发挥自身价值。BIM 在计算机里的模拟结果要通过其他的数字技术与现实工程建造的生产过程相结合，利用 BIM 数据指挥智能设备，辅助工程决策。因此 BIM 与各种数字化技术的集成是发展的必然趋势。但现在 BIM 与其他技术集成难度还是比较大的，通信手段存在问题，数据交互、存储存在问题，成果交付存在问题，最主要的还是应用场景的问题。目前的 BIM 应用与管理的结合程度还相对较低，而 BIM 对企业的管理提升价值才是企业核心能力的体现。所以企业要以积极的态度不断探索包括 BIM 技术在内的各种新一代信息技术与自身建造管理能力的融合应用路径，形成自己的核心能力，这个能力是不能通过花钱买到的，将是未来不同企业能力差异的直接体现。

在具体应用方面，利用 BIM 与三维激光扫描、无人机航测相结合已经成为工程项目的标准应用；BIM 模型对钢筋翻样、模板下料、幕墙加工、机电预制等支持逐渐普及；而通过智慧工地系统对塔吊、机械、人员数据的采集与 BIM 分解的 WBS 相结合已经在很大程度上可以辅助工程进度与风险的分析了。这些都是我们或者已经在使用，或者正在探索并且取得一定成效的应用。

3. 有观点认为主数据治理是企业的"心疾"，以 BIM 为核心的数字化平台能力对于企业尤为关键，对此您有何看法？

这个问题要从两个方面来看，从发展趋势上说，数据作为新的生产要素，企业必须要有能力掌握它。BIM 具有建筑信息的数据生产和承载工具属性，必然是企业数据治理的重要内容。理论上 BIM 具有汇集各方数据，支持工作协同的作用，并且 BIM 的数据以可视化的方式表达，降低了数据使用门槛，相应的 BIM 平台通过集成、整合各方数据实现业务协同，在企业业务能力提升方面具有非常重要的意义。

但是在现实层面，国内目前阶段，BIM 在很多方面刚刚进入深水区，有很多技术、方法和模式的问题还没有得到充分解决，BIM 模型的合法地位还没有得到认可，BIM 应用的成本还相对较高，基于 BIM 的数据标准尚不完备。BIM 对企业数据治理主要对象的人、财、物数据的承载能力不足，法人治理、供应商管理、劳务管理、集采等方面的数据协同也还不能提供足够的支撑。因此现阶段的数据治理不管是做主数据，还是做数据中台都依然要面向数据来源的业务系统，采用比较传统的数据治理方案。BIM 平台可以作为一个较为重要的数据源持续研究，对于标准化程度比较高的铁路、桥梁、电站等可以在项目层级尝试应用。

4. 北京建工在实现 BIM 应用落地过程中，BIM 的价值主要体现在哪些方面，BIM 技术对提高企业竞争力有怎么样的作用？

北京建工在 BIM 的落地过程中我认为比较有收获的是三个方面：一是在工程建设方面。作为施工企业主要的 BIM 应用是深化设计、方案模拟、工程算量和总包管理，目前最主要的价值来源于前两个方面，尤为突出的是深化设计，在工程总承包模式下，基于 BIM 的设计能力提升是施工企业核心竞争力的提升，而通过数字化的手段将深化后的结果用于工业化的生产也是智能建造的主要工作之一。在方案模拟方面，BIM 在招标投标、方案论证、方案汇报、工程创优等过程中的作用已经是比较广泛的共识了。在算量和总包管理方面,北京建工的一些工程项目已经实现了和甲方的 BIM 过程对量并支付工程进度款,较之传统方式回款周期大幅压缩,对工程的融资压力有比较明显的缓解作用。以 BIM 基础的进度管理对材料采购、劳务需求分析也起到有效的辅助作用。

二是在产业链协同方面。BIM 对产业链协同起到较好的支持,这点在装配式工程方面效果更加明显。例如通过 BIM 将北京建工旗下的地产公司、设计公司、构件厂、总包单位四方汇聚在一个体系下。打通了设计和构件厂、总包单位之间 BIM 数据通道。提升了地产公司对工程项目图纸、工期、成本、质量的管控力度。

三是在人才培养方面。通过推广 BIM 技术和智能建造技术,北京建工的数字化人才方面取得了较大收获。企业领导的数字化意识大幅度增强,很多下属企业的领导开始研究 BIM、数字化、智能化与企业高质量战略发展的协调关系。企业的中层干部运用数字化手段的管理能力有显著提升,遇到工程管理问题开始有意识地思考如何运用 BIM 和数字化手段解决。一线的员工 BIM 技能得到大幅度的普及,BIM 软件应用的基础人才不再是制约项目 BIM 应用的障碍。而从上至下的全员数字化意识提升给企业下一步数字化转型奠定了坚实的基础。

5. 北京建工在 BIM 应用推广中有怎样的经验积累,对企业 BIM 应用的未来是如何规划的?

北京建工在 BIM 应用推广的主要经验体现在三个方面。首先是顶层设计清晰,集团统筹发展。北京建工是行业比较早在集团层面成立 BIM 管理机构的企业,由于管理机构设置的层级较高,对下属单位开展 BIM 应用具有较强的统筹协同能力,通过建立 BIM 示范工程,以项目补贴的方式带动发展,有效地汇聚力量解决了 BIM 推广过程中的资金、人才、落地工程等问题。其次是坚持 BIM 应用以创效为导向,持续开展工作。在推动 BIM 工作的过程中,始终在要求应用单位测算投入产出关系,鼓励推广具有明显创效作用的 BIM 应用,投标模拟、装配式施工现场堆场布置、模板加工周转、精细排砖等一批价值应用得以普及。同时北京建工的 BIM 骨干团队持续探索,较早地进行了市场化研究,并取得了成功,给集团下属企业开展 BIM 工作起到了良好的示范。三是坚持问题导向,不断创新求变。BIM 技术的发展是一个逐渐深入的过程,在这个过程中要主动发现问题,明确思路,快速应变。在发展 BIM 技术之初我们就认识到 BIM 是信息化,较早地开展了 BIM 平台的探索,而后又意识到 BIM 与其他数字化技术集成的重要性,较早地梳理了对智能建造的认识。这给北京建工 BIM 持续发展注入了活力。

未来我们将着力重点发展智能建造,BIM 作为智能建造重要的基础,北京建工将会持续大力发展。一方面会加大 BIM 对 EPC 支持的研究,持续提升设计板块 BIM 设计能力;在施工方面要积极拓展国产 BIM 软件的应用场景,加强 BIM 和智慧工地、智能装备的集成,提升建造效率;在运维方面关注数字资产交付,提升工程建造与城市服务的数字化衔接能力。

2.19　专家视角：崔满

崔满：同济大学结构工程毕业，现任上海建工集团股份有限公司（以下简称"上海建工"）总承包部 BIM 中心主任，教授级高级工程师，国家一级注册结构工程师，上海市建设工程评标专家，上海市 BIM 技术推广中心专家。多年来，致力于以 BIM 为基础的数字化技术研究与应用，先后在上海迪士尼工程、杭州西湖大学工程、上海顶级科学家论坛等重大项目工程中，深入信息化管理及智慧建造实践，发表核心期刊论文 20 余篇，主编及参编多项 BIM 技术应用重点图书及行业标准，累计获 5 项上海市及全国建筑行业科技进步奖项。

1. 您认为 BIM 技术的应用在建筑业企业数字化转型过程中起到哪些作用？

在百度词条中，数字化转型定义为：建立在数字化转换、数字化升级基础上，触及公司核心业务，以新建一种商业模式为目标的高层次转型。数字化转型是开发数字化技术及支持能力以新建一个富有活力的数字化商业模式。因此，建筑企业数字化转型，则是在企业运行中，通过数据的准确流动来解决复杂系统中的各类问题，以此优化和提高资源配置效率，从而辅助企业决策及规避风险的过程。

我认为 BIM 技术在这个过程中起到了以下几方面的作用：首先，BIM 模型为数字化提供了一个数字载体作用。建造过程中，数字化需要去创建、集成、分享、管理，这一过程是从 BIM 模型产生而开始的。数字化是建造全过程的虚拟体现，BIM 模型在虚拟和现实之间起到了沟通桥梁的作用。其次，BIM 技术是一个贯穿建筑全生命期的技术集成，BIM 技术的各项应用可在项目全过程中实现数据信息的串联作用，正在以工业化生产、信息化管理、绿色建造实现建筑全行业的巨大变革。最后，BIM 技术及其思维方式，对建筑行业管理模式的升级和创新，起到了不容忽视的引领和启发作用。BIM 技术深度参与项目管理和工程建设，逐渐由技术层面，上升至管理层面，以数字化的方式突破原有的界限，改变原有的工作流程和岗位设置，改变原有的工作模式和协同方式，形成数字孪生的信息资产，形成建筑实体、要素对象和作业过程的大数据库，以数据统计分析的方式，借助大数据库辅助企业决策及规避风险。

建筑企业的数字化转型，不仅仅是从线下到线上，而是根据环境和基础设施的变化，对业务（流程、场景、关系、员工）进行的重新定义，通过内部完成全面在线，外部适应各种变化，最终创造价值，BIM 技术在建筑企业数字化转型过程中扮演了其不可替代的重要作用。

2. 上海建工近 5 年在 BIM 应用方面有哪些新的进展，是否达到公司的预期？如果有偏差，您认为主要原因有哪些？如何改进？

近 5 年来，上海建工在 BIM 应用方面，主要围绕以下内容开展：

（1）BIM 技术在机电数字化加工方面的应用

数字化加工在生产制造行业已经发展得较为成熟，但对于机电安装行业而言，不会存在两个完全相同的项目，机电专业的架构体系缺乏可复制性，这是机电安装行业常年处于落后地位的主要原因之一，随着 BIM 技术的不断发展，BIM 技术成为机电安装和数字化加工的技术桥梁，目前该项技术在上海建工重大项目建设中应用较广。

（2）BIM 技术在钢结构数字化加工与拼装方面的应用

随着数字信息技术发展，以 BIM 为核心的深化设计在整个钢结构施工产业链中已经不单单起到施工图和钢结构施工之间的纽带作用，而是成为后续数字化加工的信息源。上海建工重点发展钢结构数字化加工技术，数字化排版首先基于深化设计进行三维实体建模，然后应用自行开发、能与内部 ERP 数据库对接的 PDM 系统导出零件清单和零件图，通过原材料数据库寻找最匹配、料耗最经济的钢板，自动生产材料限额单和排版图。

（3）BIM 技术在建造全过程虚拟仿真技术方面的应用

上海建工重点研究施工全过程进行数字化虚拟仿真建造技术，包括结构施工过程力学仿真、施工工艺模拟、虚拟建造等方面，提前暴露工程施工过程中可能出现的问题，为施工方案的确定和调整提供依据，有利于实现工程建设的综合效益最优化，主要内容包括：基坑变形及环境影响、混凝土裂缝控制及超高泵送、超高层建筑竖向变形协调、复杂曲面幕墙安装、大型机电设备安装仿真模拟等。

（4）数字化协同管理平台技术

工程建设行业管理信息化普遍存在手段落后、项目信息获取滞后、资源配置不全面、协同管理类软件与实际项目脱节等问题。针对以上问题，上海建工在数字化协同管理平台方面，同步发展项目级管理系统和企业级管理系统，项目级管理系统基于总承包管理模式而构建，整合了总承包内部各条线管理以及各参建方的协作关系，为项目参与方提供共享、交流和协同工作的信息基础；企业级管理系统基于企业运作管理模式而构建，整合企业内部各条线对企业内承建的各项目的管理需求，把控企业内各个工程项目的运转，提升企业管理效率。

在设计项目级与企业级协同平台构建过程中，曾对构建方式产生过分歧：一种方法是建立一个大平台，再建立分功能的子系统；另一种是根据需求建立多个独立的子系统，再通过数据打通形成整体系统群。两种方式各有优缺点：第一种方式比较理想，整体性好，但实施周期长，需做好科学合理的顶层设计；第二种方式比较实际，自由度高，成熟一个，推广一个，但需为后续系统集成数据做好预留工作。

3. 施工企业应用 BIM 技术的驱动力有哪些，您认为企业应如何看待 BIM 投入产出与长短期收益的问题？

施工企业应用 BIM 技术，其驱动因素在于有助于加快企业转型，提升管理能效，增强企业核心竞争力。

2011 年住房和城乡建设部下发《2011～2015 年建筑业信息化发展纲要》，第一次提到了 BIM 技术，2015 年住房和城乡建设部下发《关于推进建筑信息模型应用的指导意见》，详细指出应用 BIM 的探索方向，BIM 的应用意义、基本原则、发展目标以及发展重点。2020 年新型基础设施建设概念提出以来，以技术创新为驱动，以信息网络为基础，国家政策重点扶持形成一批信息技术应用达到国际先进水平的建筑企业。大力发展 BIM 的外部政策持续推出，BIM 技术已经上升为建筑行业的国家战略。

建筑业作为国民经济的支柱产业之一，建筑业信息化转型升级，实现节能减排，降本增效迫在眉睫。BIM 作为一种全新的生产方式，在场地分析、方案论证、协同设计、施工进度模拟、空间管理、投资估算、成本控制、碰撞检测等方面拥有强大的生命力，BIM 技术及其应用更是为建筑产业转型、建筑业重新塑性、创新发展模式带来无限机遇，也将引领建筑业走向更高、更快、更好的方向发展。改变建造业从劳动力密集型企业向科技创新、精益建造型企业转变，BIM 技术正在成为企业利润新的增长点。

通过 BIM 技术提升项目施工管理水平，最终实现项目效益最大化。从价值方面来看，BIM 技术带来的经济效益和社会效益，在短期内不能完全量化：第一，通过 BIM 技术的有效应用，例如优化施工组织、工艺节点、杜绝窝工、减少材料浪费等，可以实现对工程成本的有效控制，从而提高项目的总体经济收益；第二，融合了 BIM 技术的项目管理，即项目管理模式的转型升级，是一种隐性的经济效益，从宏观来看肯定是有经济收益的，只是无法具象地量化出来，事实上这方面的收益对施工企业来讲更有价值。

4. BIM 技术应用呈现出与其他数字化技术集成应用的特点，在上海建工的实践中有哪些突出体现？

随着数字化施工理念以及物联网、"互联网＋"等最新科技手段在建筑施工各个阶段的应用不断扩大，数字化施工控制技术得到了快速发展，极大地提高了工程建设管控能力，上海建工在具体实践中，在地下水实时监测与可视化控制技术、逆作法桩柱垂直度实时监测与可视化控制技术、基坑及周边环境变形实时监测与可视化控制技术、大体积混凝土温度实时监测与可视化控制技术、超高建筑变形监测与可视化控制技术、钢结构整体安装过程监测与可视化控制技术、基于三维模型的机电安装可视化控制技术等方面，进行了较具代表性的数字化技术集成应用实践。

以地下水实时监测系统为例，利用现阶段信息及物联网技术的发展成果，实现对地下水数据的实时采集，并依托现代通信手段，将监测数据无线传输至数据中心，最终实现地下水监测数据的分类、汇总及分析管理。该系统具备以下功能：①自动实现施工降水监测数据的不间断采集、存储、处理、精度评定；②自动实现施工降水监测数据的实时传递，确保数据可以在第一时间通过网络传送到管理者手中；③自动生成各类地下水监测报表及相关分析曲线图等监测数据分析报表，通过多种预测分析手段进行施工降水风险的实时预警。

该系统划分为三个子系统：数据采集系统、数据发射系统、数据分析中心，通过数据采集设备、传输设备及数据处理设备完成整个系统的指令和数据交互传输。监控系统发布采集地下水位数据的相关指令，通过无线数据中心传输至现场采集单元，利用现场采集仪器采集地下水原始数据；然后无线数据中心将该仪器采集的原始数据存储至该工点在数据库中的对应位置，监测控制软件在将相关数据进行解算的基础上，保存至数据库；最后系统将数据清空处理，完成整个指令及数据的传输流程。

5. 近几年 BIM 技术逐渐出现了设计施工一体化，乃至建筑全生命期一体化的应用，您如何看待这一趋势？

由于建筑行业在设计、施工及运维阶段的相对独立性，设计 BIM 团队和施工 BIM 团队以及运维 BIM 团队主营业务也存在差异性，如何有效地将 BIM 技术的作用发挥到最大，如何真正发挥 BIM 技术的强大优势，全生命期一体化的趋势成为 BIM 技术发展的未来方向之一。

设计院在做 BIM 设计时，更多的是解决设计阶段存在的问题，设计院的 BIM 应用到施工阶段时存在很多问题，比如设计深度与施工阶段不符、未考虑现场的安装条件、管线综合与现场不符、设计的设备与采购设备尺寸不符等状况，施工单位不得不在施工阶段做进一步的深化设计，花费大量的成本和时间。同时，由于目前国家缺乏相应的法律法规，施工单位 BIM 深化设计图纸需要设计院审核校对，过程繁琐，反馈慢，审核周期长，在一定程度上造成工程进度的滞后。

而基于利益分配和时间成本的投入，设计院往往不会过多考虑施工阶段的问题，而更多的是把施工阶段存在的问题交给施工单位自己处理，有问题通过设计变更的形式解决。这种传统的工作方式造成大量的人力及时间成本浪费。

BIM 技术的出现，为解决这些问题提供了条件。将设计施工一体化，将施工阶段存在的问题提前到设计阶段，使设计单位的施工图直接可以应用到现场，减少或避免施工阶段的变更以及大量的人力和物力成本。

全生命期一体化存在巨大的产业优势：设计与施工无缝衔接，问题反馈迅速，设计与施工协同工作从而提高工作的效率和实效性；设计施工相互促进，设计部门的专业知识可以指导施工部门，施工部门将施工问题反馈设计部门，形成专业上的相互促进，整体提升建筑从业人员的专业素养；从业主的角度，设计施工一体化减少了业主作为中间方很多沟通的问题，加快项目建造的进度，节省设计变更等造成的成本；有助于产业升级，通过全生命期一体化的工作模式，对设计 BIM、施工 BIM、运维 BIM 进行有效衔接，真正实现为业主省心、省钱、省时间，为建筑行业工作模式的升级提供有益的实践。

2.20 专家视角：刘宏

刘宏：成都建工集团有限公司（以下简称"成都建工"）总工程师，硕士研究生，正高级工程师。现担任住房和城乡建设部绿色施工专家委员会委员、中国建筑业协会质量专家、中国施工企业管理协会质量专家、中国土木工程师学会总工程师专家委员会委员、四川省地方标准审查专家、四川省天府杯复查专家和评委会副主任、四川省住房和城乡建设厅专家库专家、四川省科技厅专家库专家、四川省建设工程质量安全与监理协会专家库专家、四川省土木建筑学会副理事长、四川省工程质量安全监理协会质量分会副会长等职。荣获全国优秀施工企业家、全国建筑业企业优秀项目经理、全国优秀建造师、全国质量管理小组活动卓越领导者等称号；获四川省科技进步奖三等奖 2 项，中国施工企业管理协会科技进步二等奖 1 项；取得专利 13 项；取得四川省省级工法 8 项；作为主要编制人员参加了 10 项四川省地方标准的编制工作；发表论文 6 篇；参与研究住房和城乡建设部科研项目两项，四川省科研项目 2 项。

1. 您认为哪些因素驱动企业应用 BIM 等数字化技术，数字化技术的应用可以带来哪些价值？

从全球范围来看，工程建造领域的数字化水平仍然处于较低阶段，这预示着建设行业的数字化进程有着广阔的前景和发展空间。个人认为主要有以下三个方面驱动企业应用BIM 等数字化技术：

第一，国家发展战略与政策引领。党的十八大以来，建设数字中国是新时代国家信息化发展的新战略。2020 年 7 月，住房和城乡建设部等部门联合发布《关于推动智能筑工业化协同发展的指导意见》，提出"推进数字化设计体系建设；积极应用自主可控的 BIM技术，加快构建数字设计基础平台和集成系统"。2021 年 7 月，四川省住房和城乡建设厅等部门发布《关于推动智能建造与建筑工业化协同发展的实施意见》，明确要求加大建筑信息模型（BIM）、物联网、大数据、云计算、互联网、移动通信、人工智能、区块链等技术在建造全过程的集成应用，采取保障措施推动建筑信息模型（BIM）和城市信息模型（CIM）互通相融。成都市住房和城乡建设局于 2021 年建立了智能建造与建筑工业化协同发展政策体系和技术体系标准体系，全面启动全过程正向 BIM 技术应用试点工作，各层面的政策引领驱动着企业进行数字化应用。

第二，行业的发展规律与趋势。建筑业是国民经济的支柱产业之一，为我国经济持续健康发展提供了有力支撑。但建筑业生产方式仍然比较粗放，与高质量发展要求相比还有很大差距。建筑业下一步将开展工业化、数字化、智能化升级，加快建造方式转变，以推动建筑业高质量发展。BIM 技术具有能够应用于工程项目规划、勘察、设计、施工、运营维护等各阶段，实现建筑全生命期各参与方在同一多维建筑信息模型基础上的数据共享，为产业链贯通、工业化建造和繁荣建筑创作提供技术保障；支持对工程环境、能耗、经济、质量、安全等方面的分析、检查和模拟，为项目全过程的方案优化和科学决策提供依据；支持各专业协同工作、项目的虚拟建造和精细化管理，为建筑业的提质增效、节能环保创造条件等特点，是建筑业工业化、数字化、智能化升级的重要抓手，加快 BIM 应用必将极大地促进建筑领域生产方式的变革。

第三，企业生存发展需要。一是外界竞争日益加大。在新冠肺炎疫情情况下，全国对外承包工程完成营业额、新签合同总额和增速双双下降，国内市场竞争日益白热化，企业必须降本增效才能在竞争中取得胜利。BIM 技术能在深化设计、优化工艺、竣工验收等方面实现降本增效、提高管理效率。二是劳动力市场波动，人口红利日渐减少，施工企业应实现由劳动密集型向科技密集型、手工作业向工业建造、线下管理向线上管理的转型，BIM 等数字化技术应用是企业转型升级的主要途径。三是智能制造和智能建造是行业发展的必然趋势，而 BIM 作为智能制造和智能建造的核心技术手段，能够为企业在未来的竞争中获取竞争优势创造良好的条件。

数字化技术的应用可以带来的价值方面，综合美国、德国、英国、日本等国家早期对数字化施工的研究来看，数字化施工是建筑业发展的必然。近年来，国内大型综合性重大工程实践证明，BIM 等数字化技术给建筑业发展革新创造了较大的效益，显著提高规划设计、工程施工、运营管理乃至整个工程的质量和管理效率，深刻影响和改变着建筑业的发展。主要价值在于：提升工程建造的质量和施工工效；提高工程建造的环境保护和资源利用率；实现交付产品的科技含量和功能属性，实现工程建造全生命期的增值；将建设全过程信息化、标准化管理，促进绿色化、工业化和信息化三位一体协调发展。

2. 成都建工作为西南区域年产值超 700 亿元的优秀建筑企业，是如何考虑 BIM 技术的应用推广的，在应用 BIM 时有怎么样的特性？

成都建工 2020 年完成产值超 700 亿元，围绕建设"绿色建工""千亿建工""百年建工"发展规划，已全面启动"数字建工"建设，在 BIM 技术应用推广方面主要分三个阶段进行。

第一：BIM 应用准备阶段。

（1）BIM 技术研究：2008 年以来，成都建工开始了对 BIM 技术的研究和初步实践，并成功应用于成都双流国际机场 T2 航站楼等项目。2016 年集团公司成立了 BIM 技术课题攻关小组，由集团科技质量部统一管理，下属各单位技术负责人与 BIM 技术人员为组员。BIM 技术攻关课题项目包括 BIM+ 应用创新、BIM 在复杂结构及超高层中的综合应用、BIM 技术在空间曲面异形连续钢箱梁桥梁中的应用等 7 大子项、22 个子课题。课题先后取得工法、专利、著作权、论文等成果，为下一步应用提供了基础。

（2）BIM 培训：集团及各公司先后组织 BIM 应用培训工作，目前 BIM 专职与兼职人数 800 余人。

（3）BIM 标准：集团建立企业标准族库、工艺节点库等企业资源库。

第二：BIM 工具化应用阶段。

通过梳理集团产业链的关键点位，在构件生产安装、施工过程、竣工交付等阶段开展 BIM 建模和工具化应用。

（1）构件生产安装阶段：装配式构件拆分设计和生产、安装。

（2）现浇混凝土结构深化设计：构造柱、过梁、止水反梁、女儿墙、压顶、填充墙、隔墙等二次结构设计，预埋件、预埋管、预埋螺栓及预留洞口设计，节点设计，模型的碰撞检查，砌块排布模型。

（3）机电深化设计：设备选型、设备布置及管理、专业协调、管线综合、净空控制、参数复核、支吊架设计及荷载验算、机电末端和预留预埋定位。

（4）施工组织模拟：开展工序安排、资源配置、平面布置、进度计划等模拟，实现施工组织模型、施工模拟动画、虚拟漫游文件、施工组织优化。

（5）施工工艺模拟：开展土方工程、大型设备及构件安装、垂直运输、脚手架工程、模板工程、钢筋工程、幕墙工程、墙地砖排布等模拟，形成施工工艺模拟、施工模拟分析报告、可视化资料、必要的力学计算书或分析报告。

（6）竣工阶段：应用三维扫描技术，形成竣工资料的数字化、信息化。

第三：BIM 平台化管理阶段。

建立集团级 BIM 应用管理平台，平台管理层级可穿透集团、分 / 子公司、项目部三个层级。项目应用层利用 BIM 岗位工具，围绕技术、质量、安全、进度开展 BIM 应用；企业管理层将项目应用层数据进行汇总和分析，平台以项目应用层和企业管理层两级联动形成基于 BIM 的综合协同体系。

通过 BIM 平台收集系统运行数据，积累总结形成集团经营数据库、生产要素数据库、内部定额数据库和知识数据库，共享至集团企业，实现集团各企业均衡发展，同时，通过不断的积累总结，实现集团管理能力的迭代升级和管理水平的螺旋式上升。

成都建工 BIM 应用的特性主要有：

一是 BIM 技术创新。集团通过开发 BIM 软件插件，探索实用的新功能，提高了应用效率。

二是工具化应用方面求精不求多。针对 BIM 技术特点和集团现状，重点开展 BIM 在构件拆分设计、现浇混凝土深化设计、机电设计、重点项目施工投标、模板工程、幕墙工程等方面的应用，以实现 BIM 技术的价值。

3. 目前成都建工 BIM 应用处于什么阶段，取得了怎样的成果，成功的最关键因素有哪些？

成都建工 BIM 应用处于项目级应用向企业级应用提升阶段，主要以 BIM 岗位工具和集成 BIM 技术开展的技术、质量、安全、进度、智慧工地等应用为主，重点项目已成熟应用综合 BIM 管理平台。

从应用深度来看，集团在房建、市政、路桥、机电等业务板块中进行 BIM 技术应用以及创新应用，二次开发了软件插件，同时开展了基于 BIM 的技术集成智慧工地、项目综合管理等信息化应用，以探索更多的"BIM+"应用。

从应用的广度来看，BIM 技术已应用在了投标阶段、生产阶段、施工阶段和维保阶段。

成都建工 BIM 应用成果先后取得了中国建设工程 BIM 大赛成果奖、省市科技进步奖等奖励，完成了四川省地方标准《建筑信息模型（BIM）技术施工应用标准》的编写（暂未发布）以及专利、著作权、工法、论文等成果。

我们认为，集团 BIM 应用成功的关键因素应该是全面统筹推进之下的平台化管理和资源的集中共享。

4. 谈一谈成都建工在 BIM 应用中有哪些阻力，走过哪些弯路，是如何解决这些问题并持续推进 BIM 应用的？

成都建工集团在 BIM 应用中遇到的阻力主要有以下几个方面：一是价值认知。项目经理部对 BIM 的认知了解不够深入，认为 BIM 的投入产出匹配度低，经济效益不突出，这对工程项目部主动采用 BIM 技术的积极性影响较大。二是人才队伍建设。BIM 应用是否能够顺利推进，很大一个因素取决于人才，尤其是既懂得 BIM 技术又有丰富施工管理经验的复合人才。从外部引入 BIM 人才不易且成本高，内部培养周期长且流动频繁，配备稳定的 BIM 人才队伍是需要解决关键问题。三是工具平台多，数据不集成。目前缺少全面系统的 BIM 应用软件，现在市场上有很多关于 BIM 的工具软件和平台，有国外的、国内的、工具类的、平台类的，每年均在更新换代；各软件的数据都是独立存在，缺少共享和集成，对数据的延用性和关联性较低，不利于 BIM 在项目全生命期的应用，对 BIM 应用成效造成阻碍。

针对以上问题成都建工主要做了以下三个方面工作持续推进。

第一，改变观念。通过国家和行业发布的 BIM 应用指导性文件，从宏观层面建立认识。通过参观优秀 BIM 项目展示，学习优秀方法，吸取优秀经验寻找自身差距。通过应用，将实现的经济效益和社会效益展现出来，让更多项目认识 BIM 应用的价值。

第二，建设 BIM 团队。集团加大对 BIM 专业人员综合素质的培养，集中开展培训学习，并积极参与行业的 BIM 应用大赛，激发员工的学习热情。在成果奖励上也制定了相应的机制，激励团队更好地发展。

第三，基于企业平台管理扩展 BIM 技术应用点。首先是立足于项目确定 BIM 应用方案，针对不同项目情况设定不同应用等级。其次在 BIM 常规应用外，扩展 BIM 技术平台软件接口，在现场施工人员、材料管理、机械设备管理、成本管理、质量管理、安全管理、进度管理、运维管理等方面扩展 BIM 应用点，使管理水平精细化。

5. 如何看待建筑业 BIM 应用的未来方向，对于企业自身的 BIM 发展路径是如何考虑的？

根据国家政策导向、市场需求和工程实践，以 BIM 等数字化技术实现对建筑全生命期的服务是必然的趋势，结合这一特点，建筑业 BIM 应用的未来方向个人认为有以下三个方面：

第一，以 BIM 等数字化技术，形成数据资源整合积累，提高管理标准化能力水平。数字化技术优势在于信息的共享与积累，在建设过程中强化数字化理念，对于积累的数据挖掘更多可借鉴的推广应用点，降低对个人能力的绝对依赖，为企业高速度高质量发展提供保障。

第二，以 BIM 技术为关键应用点，逐步实现技术集成，构建出完整的虚拟建造体系。在施工前对施工全过程进行仿真模拟，通过模拟和评估可以暴露出施工过程中可能出现的问题，并经过优化针对性地加以解决，为施工方案的确定和调整提供依据，提高施工建造的综合效益。

第三，以 BIM 为载体，提高全生命期各方的协同程度。一是工程项目管理和参建各方需要一个共同和通用的载体进行项目数据交换和施工过程控制管理；二是工程建筑、结构、水电、暖通、智能化等各专业需要用同一个平台进行沟通和协作。目前国内通过发展已经具备各类业务平台，信息化程度显著提高，未来在数据整合共享方面，各平台各专业会整合和共享各阶段的建筑信息数据资源，无损传递，使各方通过基于 BIM 技术的协同平台，对信息实时记录、动态调整、及时分析沟通，减少建筑全生命期的资源浪费，提高工程管理水平。

成都建工按照集团"十四五"战略发展规划的相关要求，把打造"数字建工"作为推动集团转型升级的重要措施，以"统筹资源、协同工作"为原则，通过鼓励试点、整合资源、标准化应用、建立信息化协同平台的路径，预期在"十四五"期间初步实现建筑全生命期 BIM 数字化管理和运维服务。

2.21 专家视角：马西锋

马西锋：河南科建建设工程有限公司（以下简称"河南科建"）董事、副总经理，高级工程师，建筑及市政公用工程一级建造师、注册安全工程师。河南省建筑业协会专家委员会专家、湖北省建筑业协会专家委员会专家。从项目技术员到项目技术负责人、12 亿元规模 EPC 项目经理、企业技术负责人、副总经理、董事，经历多岗位历练，在项目及企业管理方面积累了丰富经验。担任创优总监的"恒大绿洲项目 A10 地块 17 号、18 号、19 号楼及地下车库"工程荣获中国建设工程鲁班奖。引领企业 BIM 技术应用,主导部署企业数字化转型规划并逐步落实,已经实现企业办公、人力资源管理信息化,在建项目数字化全覆盖。

1. 任何技术的应用都会随着时间变化而变化,对比 5 年前,河南科建 BIM 技术应用发生了哪些变化?

河南科建是 2016 年引入并逐步应用 BIM 技术的,起步较晚。5 年来河南科建 BIM 技术应用方面的变化主要有以下几点:

第一,BIM 技术应用能力的变化,主要包括建模能力、模型应用能力、BIM 技术与管理结合能力的变化。

河南科建初期的 BIM 技术应用受建模能力及行业 BIM 应用趋势的影响,加上对 BIM 技术掌握和理解不足,项目 BIM 技术应用主要是模型的简单应用、三维视图渲染、施工现场平面布置和局部漫游动画。项目片面地追求模型三维视图渲染效果及漫游动画仿真性,耗费了大量的人力、物力。能够解决的实际问题并不多,与施工项目管理实际应用脱节的状况非常严重,BIM 技术应用的高投入低收益矛盾日益激烈。

多年来,政府主管部门 BIM 相关的政策、标准、规范的陆续发布,各级各地行业协会、学会组织的 BIM 类大赛的举办,给河南科建 BIM 技术的应用及快速发展带来助力。随着对 BIM 技术的深入学习和企业 BIM 技术人才培养力度的加大,公司 BIM 技术人员建模能力及模型应用能力大幅提升。

各在建项目 BIM 技术在施工组织设计编制、施工方案编制与模拟、安全专项方案编制与模拟、技术交底文件编制与交底以及项目复杂节点模型创建、动画制作与交底、质量策划与交底等多方面均得到不同程度的应用,BIM 技术与项目管理深度融合的能力得到了大幅提升。

为提升企业质量与安全文明施工管理水平,公司陆续推出了《施工质量标准化图册》《强制推行标准化措施图册》《安全文明施工标准图册》《项目临建施工标准化图册》等,并根据公司质量、安全文明施工管理需求不断更新。公司 BIM 中心全程参与标准图册的编制工作,为企业 VIS 形象设计、标准图册策划做了大量的工作,为企业项目质量、安全文明施工管理能力和效率的提升作出突出贡献的同时企业 BIM 技术应用与企业管理结合的能力也得到了提升。

第二,BIM 技术应用深度的变化。主要是从最初的模型创建及简单应用往深度结合项目实际管理需求、解决项目技术重难点问题的转变。现阶段 BIM 技术应用的主要特点是根据项目管理需求,制定项目 BIM 技术应用标准、措施和管理制度。以解决项目实际问题和满足项目管理需求为首要任务,不再片面追求华丽的视觉效果。

第三,BIM 技术应用广度及扩展应用的变化,主要从最初可视化应用以及简单参数化应用往 BIM 技术与质量、安全、进度、成本管理及技术创新深度结合的应用转变。现阶段 BIM 技术应用的特点是结合 BIM 技术基础应用和 BIM 技术 + 数字项目管理平台应用,解决项目管理要素的数字化问题,助力企业技术创新,提升企业技术创新水平,以实现提升项目和企业管理效率和水平、实现绿色建造和高质量发展的目标。

2. 在河南科建的实践中，BIM 技术如何与建造阶段核心业务结合，做到管理效率和效益的提升？

建筑施工企业建造阶段工作内容是按照施工总承包合同规定的工程工期和工程质量标准，完成工程承包范围内的施工任务，并提交完整的工程技术资料。建造阶段的核心业务当然也在保证工程施工安全的前提下围绕工作内容展开，主要包括：安全管理、工期管理、质量管理等。河南科建自从将 BIM 技术用于项目管理以来，积极探索 BIM 技术与工程建造阶段核心业务结合的路径与方法，以提高项目管理效率和效益。

（1）BIM 技术与安全管理结合

安全专项方案编制过程中利用 BIM 技术进行方案比对优选、模拟并辅助完成专项方案及安全技术交底的编制工作；BIM 技术结合动画、VR 技术对施工管理人员及作业人员进行专项方案和安全技术交底，提高施工管理人员及作业人员对方案和安全技术理解和执行的效率。

应用 BIM 技术进行安全文明施工措施的创新，模拟施工现场安全文明施工措施安装效果，规范安全文明施工设施，使其标准化、可周转，从而实现安全文明施工设施的成本节约。

BIM 结合动画技术、VR 技术对施工操作人员进行安全教育。

应用 BIM 技术进行施工现场安全疏散模拟，比选疏散方案，提高安全事故发生时人员疏散效率，减少人员伤亡。

（2）BIM 技术与工期管理结合

BIM 技术在工期管理方面的应用主要包括以下内容：利用 BIM 提取主材工程量，用于主材的申报、采购、数字化加工、现场验收及合理使用，提升工期管理效率；应用 BIM 技术对施工总平面进行布置和优化，提高现场垂直运输和水平运输的效率，提升施工现场管理水平；应用 BIM 技术模拟作业面空间，以优化作业面空间布置，确定合理的材料摆放位置、确定一定范围作业面内作业人员合理数量，避免窝工和作业人员工作效率的降低；利用 BIM 技术进行施工方案比选、优化，选择最优方案，达到缩短工期、降低成本的目的。

（3）BIM 技术与质量管理结合

BIM 技术在质量管理方面的应用主要包括：基于 BIM 技术的创优策划；制作施工质量虚拟样板，作为施工质量管理和比照依据；利用 BIM 技术进行施工工艺、施工技术的改进和创新，以提升施工质量，减少质量缺陷和通病；应用 BIM 技术进行施工方案模拟、比选；应用 BIM 技术结合动画、VR 技术进行技术交底，以提升交底效果、效率等多方面的应用。

（4）"BIM+"数字项目管理平台综合应用

随着 BIM 技术普及应用及对数字化管理认识的加深，公司及项目部对数字化、信息化管理的需求也越来越高，河南科建引进了广联达"数字项目管理平台"。平台业务中心集质量管理系统、生产管理系统、安全管理系统、劳务管理系统、物料管理系统、智能视频监控、"BIM+"技术管理等多系统集成，综合管理的模式使得项目管理效率大幅提升。BIM 模型作为工程数据源和项目管理过程信息的主要载体，起到了关键作用。

BIM 技术与以上项目核心业务结合要想真正实现管理效率和效益的提升，需要以 BIM 技术应用管理体系及组织结构的建立为基础，以 BIM 技术应用措施、标准为准则，建立健全 BIM 技术与项目核心业务结合的管理机制，应用评价办法、奖惩制度为保障。

3. 在管理效率和经营效益提升方面，BIM 用怎样的方式起到了怎样的作用？

项目应用 BIM 进行施工方案沟通、方案比选、方案编制，结合动画制作技术和 VR 技术，模拟施工方案工序、进程用于方案交底及技术交底，现场施工管理及操作人员学习效果和效率均得到提升；BIM 技术的应用，减少甚至避免了通过现场放样、搭建实体等方式进行施工方案验证的费用；随着沟通、交底、学习效率、效果的显著提升，项目施工过程中有效地避免了返工，减少了不合格品发生率，经济效益也得到了提升。

在项目创优过程中，通过建立外墙石材幕墙、真石漆模型、屋面砖排砖模型、公共部位及厨卫间的墙、地砖、吊顶模型进行创优策划和方案比选，提高了项目创优策划、沟通的效率，同时通过 BIM 技术的应用减少了大量施工样板制作费用，通过 BIM 技术三维图像和视频交底，提升了交底效率和效果，避免了返工，给项目一次创优成功打下了坚实基础。2018 年河南科建承建的 "恒大绿洲 A10 地块 17 号、18 号、19 号楼及地下车库工程" 荣获中国建设工程鲁班奖，公司社会知名度、企业质量管理水平均显著提升。

BIM 技术给项目带来的管理效率和经营效益的提升还包括：利用 BIM 管线综合技术解决地下室、走廊空间和净高优化难题；利用 BIM 技术解决高难度工程问题，如异形钢结构、异形幕墙工程的测量、放样，空中结构拼接，整体钢结构提升等；利用 BIM+ 无人机、BIM+ 智能测量机器等技术进行大场地土方测量平衡；利用 BIM 进行大型机房管线、设备的工厂数字化加工、现场安装等等。

目前河南科建正在探索的 BIM 应用还有：利用 BIM 技术进行施工图纸管理、技术资料管理；利用 BIM 技术结合数字项目管理平台进行自动化物资管理、工程质量实测实量、验收挂账以及工程实验、试验管理等。

4. BIM 技术如何与企业管理相结合，发挥最大作用？

目前阶段，在国家房地产市场宏观调控力度空前加大、新冠肺炎疫情全球肆虐、环境治理力度不断加大、实现双碳目标企业压力逐步增大的情况下，施工材料成本增加、年有效工期大幅压缩，建筑施工企业利润空间降低，施工企业生存空间被压缩。提升管理效率、降低管理成本成为多数施工企业共同目标。

（1）BIM 模型与项目管理数据结合，形成企业数据资产

鉴于上述现阶段行业状况，健全企业的数据管理和利用能力，逐步形成企业数据资产正逐步成为施工企业的阶段性目标。在企业数据资产中，企业定额是重中之重。企业定额是企业管理水平和能力的真实体现，是企业进行目标成本测算与成本管理的依据，也是招标投标过程中编制投标预算和技术标的重要依据。此处所指的企业定额是狭义上的，是依据各项目大量日常管理数据与工程本身特征数据结合形成的指标性成果。如：同类工程单层或单位建筑面积施工所需天数的工期定额，相同单位、分部、分项工程所需施工人员数量的劳动定额，机械、材料消耗定额，企业不同类型施工平面布置的运输效率等等。随着数字化项目管理平台的普及应用，大量项目日常管理的数据被记录下来，将日常管理数据与平台中 BIM 模型集成的项目数据相结合并对各项目数据整理分析，就会形成企业定额，

从而形成企业数据资产，在企业更好的经营、发展中发挥更大的作用。

（2）BIM 与数字项目管理平台结合实现项目管理数字化

利用数字项目管理平台及企业 BI 进行各工程项目实时在线监督、监控、管理，对各项目管理数据指标进行对比分析，及时发现项目管理风险，提升企业对项目的管理水平、服务水平，提高项目赢利能力，正成为数字化企业标准管理场景。BIM 技术作为数字项目管理平台的数据来源和数据载体，发挥着关键作用，企业各项管理指标的量化都离不开 BIM。

另外，在企业创新能力提升与企业成本管理方面 BIM 也将发挥其重要作用。

5. 在您看来，企业的数字化平台能力具有什么样的价值，BIM 技术在其中处于怎样的位置？

在我看来企业数字化平台能力主要包括以下几个方面：数字化平台开发能力、数字化平台应用能力和数字化平台创新能力三个方面。

（1）数字化平台开发能力及其价值

建筑施工企业数字项目平台开发能力需要专业人才和大量资金支持的，具备这种能力的企业国内并不太多，多数是大型国有企业和大型私营施工企业。其优势是企业能够根据自身需求来开发数字项目平台，平台对企业适用性较高。具备数字化平台开发能力的企业可以形成一体化的综合管理能力，开发时能够充分考虑各信息系统之间的数据互通互联能力，减少企业信息孤岛的发生。平台管理效率高，对企业本身来讲其价值要比采购多方软件组成的平台要高。

（2）数字化平台应用能力及其价值

不管是企业自行开发还是从外部采购的数字化项目平台，决定企业数字化管理能力和水平的是企业数字化平台的应用能力。目前，有些企业为了应付上级主管部门的检查或者以取得相应奖项为目的应用数字化平台，在应用过程中没有建立健全相应的组织机构和管理制度。造成数字化平台应用人员应付了事，不能及时上传数据，或者干脆上传假数据，造成数据连续性、及时性、真实性得不到保障，数字化平台的价值也得不到体现。

（3）数字化平台创新能力及其价值

数字化平台创新能力是指在数字化平台应用过程中，企业能够根据自身管理需求或平台应用过程中积累的经验，及时与平台供应方沟通，并提供平台改进建议甚至解决方案，不断完善平台功能，提升平台价值的能力。具备数字化平台创新能力的企业往往也是多数数字化平台供应方渴望合作的企业，在不断对平台完善过程中，平台供应方和建筑施工企业都从中受益，这种数字化平台创新能力的价值值得肯定。

建立和应用数字化平台的目的是为了实现企业的数字化管理，而工程项目管理是企业数字化管理的根本和管理重点，多数数字化平台是在数字化项目管理平台的基础上建立企业 BI，通过数据中台对数据进行管理和应用的。BIM 作为建设工程物理和功能特性的数字化表达，在数字项目平台中处于核心位置，是项目数据源和管理过程信息的载体。在未来建筑施工企业数字化管理进程中，几乎所有的项目数字化管理业务都将围绕项目本身开展，BIM 技术是项目管理核心业务的根本，在建设工程及设施全生命期内，都将起到关键作用。

2.22　专家视角：孙震

孙震：高级工程师、国家一级建造师，瑞森新建筑有限公司（以下简称"瑞森新建筑"）总经理、瑞森新运维有限公司董事长，山东省青联委员，山东省公共资源交易综合评标评审专家。作为总负责人主持公司在建筑工程项目的设计、采购、施工、运维全生命期 BIM 技术推广应用工作。积极引领公司科技创新工作，领导并主持的 BIM 技术应用成果荣获国家级和省部级奖项 40 余项，并将"基于 BIM 技术的精益建造"定义为企业发展核心竞争力。现致力于 BIM 技术在数字建造、精益建造、IPD 集成项目交付中的推广应用，并带领团队积极研究人们对未来建筑空间的需求，完善高性能建筑的解决方案，力争将企业打造成为国内高性能建筑首选承包商。

1. 瑞森新建筑在 BIM 应用方面有不错的表现，作为企业数字化转型的带头人，您认为 BIM 给企业带来了哪些方面的价值？

BIM 技术作为企业数字化转型的核心技术，也是推动建筑企业高质量发展的有效工具，BIM 技术在企业的应用价值可从市场营销、履约管理、数字化交付和数字化运维 4 个方面分享。

（1）市场营销方面，借助 BIM 技术三维可视化优势，对拟建项目的建造方案进行全方位展示、模拟和优化，并根据客户的需求进行及时调整，提高了沟通效率和客户体验，为市场开拓打下了良好的基础。投标过程中，结合切实可行的技术方案，运用 BIM 技术针对场地布置、建造方案以及施工重难节点等方面进行模拟和展示，提升了项目中标率，实现了企业市场营销能力的多元化。

（2）履约管理方面，瑞森新建筑根据项目特点和需求建立了分级 BIM 应用体系。运用 BIM 技术解决履约管理过程中的实际问题，例如，运用管线综合解决管线安装施工难题，运用 BIM 深化设计解决幕墙精准排版和标准化生产问题等。通过 BIM 应用与技术管理融合，不断消除建造过程中的浪费，逐步实现工程的精益建造。同时，BIM 技术的深度应用也在不断变革着传统管理流程，个人认为 BIM 不仅是一个工具或者技术，而是利用可视化、数字化等特点，并通过高效的组织协同方式，对企业管理流程持续改进和优化的重要举措。运用 BIM 技术将各类信息集于一体，打破了业务岗位之间的信息孤岛，实现了各业务之间的高效协作。

（3）数字化交付方面，基于 BIM 技术的数字化交付是工程建设期间设计、建造阶段各类数据的集成和整合，更是实现数字化和智能化运维的关键节点。2018 年瑞森新建筑在住宅项目交付过程中使用《基于 BIM 的可视化用户说明书》，并自主研发了基于 BIM 的运维服务系统，打通了设计、施工和运维各个阶段的数据壁垒，为企业在数字化运维方面的探索奠定了坚实基础。

（4）数字化运维方面，运维管理阶段在建筑项目全生命期中占据了绝大部分的时间和成本，BIM 数据在运维阶段能够显现出更大价值。通过引入 BIM 技术能够有效解决传统建筑运维管理中存在的不足和问题，不但辅助客户提高了运维管理质量，也为企业带来可观的价值回报。瑞森新建筑在质子中心项目的数字化运维中做了深度探索和实践，以 BIM 模型为载体，将项目设计、建造阶段数据顺承下来，并融合互联网、云计算、IoT 等技术，实现了物理实体建筑和数字虚体建筑的映射，使运维管理变得更简单、更高效，并探索了一条以 BIM 集成信息为载体，贯穿建筑全生命期的数字化转型之路。

2. 在企业管理效率和经营效益的提升方面，BIM 技术的应用起到了什么作用，是通过怎样的方式发挥这种作用的？

BIM 技术的应用在企业管理效率和经营效益提升方面发挥了非常积极的作用。

BIM 在企业管理效率提升方面可概括为以下三点：一是高效协同。基于 BIM 模型全专业数据和信息得以集成，借助协同管理平台，极大促进业务及部门间的高效协作，提高了管理效率，节约了人力资源成本。二是工期管理。业主决策效率低、设计变更多是影响项目建设工期的主要因素，通过 BIM 深化设计、碰撞检查、方案模拟与优化等应用落地，大幅降低了设计变更和后期拆改带来的返工风险，提高了业主决策效率。三是流程优化，BIM 技术落地需要多专业协同，在各部门协作过程中更容易击穿冗余的管理环节，促进了扁平化组织结构的形成，提高了管理效率，从而驱动企业管理流程的变革甚至再造。

BIM 在经营效益方面的作用概括为企业经营能力增长、建造成本降低以及企业品牌力提升等三点，其中 BIM 在成本管控方面的效益尤为显著，其效益又可归纳为减少物资浪费、缩短建设工期、降低人工消耗和减少管理费用四个方面。对于成本管理来讲，高精度 BIM 模型是重要的基础，瑞森新建筑经过实践，将 BIM 建模流程、规则和精度要求固化到模型样板文件中，通过 BIM 精准算量实现了一模到底。经分析，BIM 模型算量与商务算量、现场实际工程量相比，准确率可控制在 4‰ 以内。因此，在施工前，基于高精度 BIM 模型完成精准算量、方案对比、参数化排版优化等应用，策划材料精准采购和集约化生产加工，在减少物资浪费方面发挥了积极作用。在施工过程中，瑞森新建筑在 2019 年率先提出了"全域穿插"理念，基于 BIM 技术结合精益建造，对作业空间、工序组织及工人数量合理配置，避免了因工序交叉带来的工效降低，因作业面或场地规划不合理导致的二次搬运等现象的发生，实现了各项工作的紧密穿插。在各工序作业前，运用 BIM 可视化交底，提高工人质量控制意识和作业准确率，确保了工人工效的充分利用，减少了工日消耗量。经统计，通过基于 BIM 的工序级作业管理实施，可节约工期 5%。BIM 技术的应用提高了项目管理人员的工作效率，减少了项目管理人员的投入约 15%。

3. 您如何看待项目部不愿意应用 BIM 的现象，企业与项目部应该如何共同促进 BIM 的落地？

建筑业数字化是必然趋势，而 BIM 技术是数字化的重要支撑是当前行业内的共识。从瑞森新建筑走过的路来看，项目部不愿意用 BIM 的原因可以归纳为以下三个方面：一是项目经理和管理人员思想认识不到位，没有认识到 BIM 对建筑业未来的影响。BIM 应用在项目是一把手工程，需要项目经理自上而下地系统推动，项目经理看不到 BIM 价值，所以不愿意用。二是项目部缺乏 BIM 技术人才，BIM 人才培养的速度与项目进度不匹配。在项目层面，BIM 应用推广和实施需要由专人负责，BIM 人才的数量和培养速度直接影响了项目 BIM 应用的积极性。三是很多人在项目开始之前没有看到 BIM 带来的价值，因为没有看见，所以选择了不相信，对 BIM 应用价值持怀疑的态度。

瑞森新建筑在项目 BIM 应用推广和落地方面目前经历了 4 个阶段，一是统一思想认识。BIM 技术在公司的战略定位中占据非常重要的位置，BIM 技术在项目中的应用推广首先要做好思想统一，通过基础教育培训和企业集中宣讲等方式加大宣传力度，确保各层级管理人员对 BIM 有正确的认识。二是成立企业级的 BIM 技术中心全面负责 BIM 技术专业人才培养和项目技术支持工作，同时通过战略引导和政策鼓励等措施在项目建设 BIM 工作站，逐步推进 BIM 人才的培养。三是发挥试点项目示范作用。通过试点项目深度探索 BIM 应用价值，及时总结提炼 BIM 应用价值，通过示范引领、观摩学习以及经验共享等手段，在全公司范围内推广，让"观望者"直观感受 BIM 应用价值，打消其疑虑。四是推行 BIM 应用评价指标体系。在公司 BIM 技术全面推广过程中，为科学评价 BIM 应用效果，公司在项目管理绩效考核中增加了 BIM 应用考核指标，充分调动项目员工 BIM 应用的积极性，实现了 BIM 应用价值最大化。

4. 在 BIM 落地过程中，行业普遍缺乏人才和方法，难以建立统一的标准和机制，瑞森新建筑是否也面临同样的问题，如何解决？

瑞森新建筑 BIM 技术应用和发展的前期也曾面临过类似的问题，总的来讲，BIM 在不同阶段应用应根据需求树立不同的目标，以"点—线—面—体"顺序逐步深入和拓展，才能将 BIM 落地中的困难逐个击破。随着 BIM 技术在公司的不断发展和积累，我们也总结了很多经验。

（1）试点项目应用是基础

树立试点项目是 BIM 在企业和项目应用推广非常关键的一步。在最初阶段，我们可以将 BIM 应用聚焦到某几个点，例如管线综合、复杂节点模拟、可视化虚拟仿真等技术层面的应用，这样可以很好地辅助项目解决技术或管理难题，树立项目 BIM 应用推广的信心，并积极引导 BIM 在各业务应用点的拓展。当然，试点项目还承担着 BIM 价值点深度挖掘和技术创新等更重要的任务，BIM 落地可能会与传统的业务流程产生冲突，如何解决这类冲突，需要在多次实践和尝试中，结合公司管理具体情况去寻找更多的思路。

（2）标准化体系是核心

目前，国家层面近年来相继出台了《建筑信息模型应用统一标准》GB/T 51212—2016、《建筑工程设计信息模型分类和编码标准》GB/T 52169—2017、《建筑信息模型施工应用标准》GB/T 215235—2017 等多部标准，为行业的 BIM 应用标准化指明了方向。瑞森新建筑结合国家标准和规范进行摸索和实践，编制了指导企业 BIM 应用的企业标准 3 部，包括《模型标准指导手册》《建筑信息模型应用指导手册》和《MEP 管线综合深化设计标准》。通过企业标准对模型构件命名、建模流程、精度等级和软件选择等进行详细规定，进一步保障了 BIM 模型在业务管理各个环节中的真正落地实施。

（3）人才队伍建设是保障

BIM 技术应用和发展离不开人才支撑，因此，人才培养是一个重要的保障环节。瑞森新建筑在 BIM 人才队伍建设方面投入了大量的资源和精力。首先，在公司建立 BIM 技术中心，整体负责 BIM 人才组织架构创建、专业知识体系梳理和复合型人才培养等工作。在项目建立 BIM 工作站，配置专职 BIM 工程师负责配合各业务完成落地实施。为了保障

BIM 在企业的健康发展，公司建立了以 BIM 中心支持、项目经理负责的 BIM 应用体系，并制定了定期培训、专业知识竞赛、轮岗学习和 BIM 工程师岗位津贴等一系列保障措施。在推广过程中，除组织日常 BIM 培训外，公司每年还会定期分别举办项目和公司层级的 BIM 应用大赛，通过以赛促学方式，积极推动企业全员 BIM 应用进程。尤其在各项目实施阶段，项目经理亲自负责 BIM 应用整体规划，BIM 主管负责应用策划和目标分解，各业务岗位和 BIM 工程师负责应用点落地实施，通过推动 BIM 与各业务融合，逐步培养了一批 BIM 应用复合型人才。

（4）学习型组织创建是动力源泉

BIM 在国内的发展已历经十余年，从最初的单点应用、多专业融合应用到全过程拓展应用，个人认为，除了技术本身的更新迭代，众多从业者的创新应用不断拓展 BIM 在建筑全生命期内应用的深度和广度。团队的创新意识和学习能力能够很好地摆脱 BIM 落地中的诸多困境，所以更需要企业在 BIM 应用方面去创建学习型组织，通过不断创新、持续改进，不断挖掘 BIM 更深层次的应用价值。

5. 瑞森新建筑在 BIM 应用推广中都有哪些体会或教训，未来对 BIM 应用的规划又如何？

关于 BIM 在瑞森新建筑的应用推广谈两点体会：

一是 BIM 技术的推广要有强有力的领导支持作为基础，是名副其实的一把手工程。要有明确的方向、实施路径，还要对 BIM 有清醒的认识，BIM 有很多优点，但不是万能的；BIM 技术的应用不是立刻就能产生效益，但 BIM 一定会产生效益，需要一定的耐心和投入。

二是 BIM 技术的应用应从数字化转型的大处着眼，从解决实际问题入手，让大家看到效益以后，再进行不断的拓展和外延。各个企业应根据自身情况，正确选择在哪些项目、哪些应用点采用 BIM 技术。作为以施工为主体的单位，瑞森新建筑是先立足解决施工中的重点、难点问题，及时梳理和总结，实现应用点快速迭代，等经验丰富了，再拓展到其他应用点。经过长期的实践，在条件成熟之后，将 BIM 技术前延到设计阶段、深化设计阶段以及 BIM 咨询中，随后又拓展到运维阶段，真正打磨出了贯穿项目全生命期的数字建造新方案。

在 BIM 未来的规划方面：

一是业务深度集成。将 BIM 技术与企业的数字化转型更加紧密的结合起来，梳理 BIM 工作流程，实现 BIM 建模、校核、应用及 "BIM+" 等各项工作的数字化。同时积极探索 BIM 技术在参数化设计方面的应用，真正实现海量方案的优化选择，并加强 BIM 与 VDC 技术的深度融合，真正实现数字孪生。

二是应用维度持续拓展。BIM 技术在设计和施工阶段应用已经相对比较成熟，但 BIM 在运维阶段应用前景仍然十分广阔。公司目前也在进行现有运维服务项目的实践，通过基于 BIM 的设计、建造和运维阶段的数据承接，辅助高效运营和智慧化运维，为客户需求增值，同时不断发掘运维数据价值，反哺工程的设计和建造，持续优化改进，提升建筑性能。

三是管理模式转型。BIM 价值最大化发挥取决于产业链整合的进程，产业上、下游整合越多，BIM 能发挥的价值越明显，瑞森新建筑将借助 BIM、VDC 技术结合精益建造思想，通过 EPCO、IPDO 等交付模式，推动 BIM 在建筑全生命期的应用与实践，并助力企业的数字化转型，重点探索高性能建筑产品的打造，让工程建造更好、更快、更简单。

2.23　专家视角：孙彬

孙彬：毕业于北京林业大学土木工程系，从事多年机电专业 BIM 设计与施工现场工作，2017 年创立微信公众号"BIMBOX"，致力于 BIM 技术、建筑信息化与数字化技术的知识普及，品牌定义为建筑新科技新媒体。媒体内容以视频与文章结合的方式推广，挖掘行业一线的实践经验与需求痛点，分析政策走向，关注建筑数字化前沿科技。目前团队录制了 4000 多分钟的免费视频，写下了 270 万字的行业内容，以"BIMBOX"为品牌的微信公众号、知乎专栏、BiliBIli 视频号、今日头条号等媒体专栏拥有超过 35 万垂直领域粉丝，团队拥有微信社群 35 个，2000 人 QQ 群 2 个。已出版书籍《BIM 大爆炸》《智能化装配式建筑》，正在出版书籍《数据之城：被 BIM 改变的一代建筑人》。

1. 作为以 BIM 为核心内容的建筑科技媒体，您和团队深度接触过很多应用 BIM 的企业和个人，根据您的观察，过去 5 年不同企业面对 BIM 应用在思维上的变化是怎样的，未来走向如何？

过去的 5 年，也恰好是我们团队从事媒体行业的 5 年。问题中说到的"不同企业"，其实有很多的划分维度，其中一个维度就是按照设计、施工、甲方等行业角色来划分，我把这个维度放到第二个问题来解释。

另外一个分化比较明确的维度，我称之为"数能重视性"维度。这里的"数能"代表数字化能力。

2020 年我在"基础设施领域工程企业数字化转型与实践研讨会"上做了一次演讲，演讲的核心内容就是把与 BIM 相关的技术分为"棍子"和"碗"。

"棍子"是指用来作用于其他东西的工具，它的功能是延长我们的身体。而"碗"是指那些用来承载其他东西的工具，它的功能是用来承载一些东西。

这几年我发现，在面对 BIM 这类新技术的时候，"棍子"和"碗"用来解决两种不同的问题，虽然有关联，但本质上它们是两种思维模式，两套解决方案，不能混为一谈。前面我说到的数字化能力，就属于 BIM 在"碗"这个范畴的应用，它不是帮助我们把图画得准一些、把成本算得准一些，而是沉淀下来，作为未来一系列问题的解决方案、企业员工的经验以及一切工程建设相关数据和知识的容器。

当我们用"棍子"的思维去看人家的"碗"，我们只能看到外面的陶瓷，碗里面装着的东西，人家不会给，我们也看不到。我们看到有的企业会说，用 BIM 效率低，所以越是重要的项目越不能用；同时也会有企业会说，BIM 要长线发挥价值，越重要的项目越要用，效率的问题通过管理和研发来解决。

虽然行业里的公司有不同的参建角色、不同的体量，但对于数字化转型这个话题，有些企业是真金白银地投入，也会做较为长远的规划；有些企业则只是嘴上说说，写写 PPT，做一两个数字大屏展板，实际上没有什么具体的行动。

企业数字化转型是一个很大的话题，简单粗暴一点地来区分，我们可以观察这么几个现象：一把手关心不关心、有没有独立的团队参与研发、数字化相关人员有没有较高的薪酬和升迁通道。

目前这个阶段，如果把视野放到单个专业、小团体的短期收益，BIM 的性价比一定是不够高的，否则人们早就趋之若鹜了；而同时我们看到有一些企业，把视野放到了整个公司 5～10 年的规划，放到了整个公司所有部门，或者整个项目所有参与方的共同利益上，BIM 与数字化转型这两件事，就不会讨论"要不要做""当下有多少收益"，而是讨论"当前的问题该怎样解决"。

这样的视野，只有企业的一把手和各部门的一把手才会去思考和把控。

同时，无论是走很难的自主研发路线，还是对外寻求合作开发，对数能改革更加重视的公司，一定会有独立的研发团队和产品团队，负责内部与外部对接。

最后，因为我们这个行业——甚至扩大到多数行业——数字化转型都是一个新课题，从业人员的未来有相当大的不确定性，抵消这种不确定性最好的方式就是较高的薪酬待遇。我们会同时看到月薪几万甚至十几万重金求高级人才的公司，也看到只招月薪 4 位数的建模员的公司，这种区别能在一定程度体现公司背后对于数能的重视程度。

在这里我并不是呼吁所有企业都参与到"数字化转型"的洪流中去，任何一个时期、任何一个领域的转型，都有头部企业、腰部企业、众多的追随者，以及大量成为历史的企业，数字化并没有那么特殊，它也是众多企业不同发展维度的一个分水岭。

未来，我们将看到这种分化愈发明显，资源、人才、项目都在向头部和腰部企业集中，未来 5 年，我们相信会看到建筑行业里企业与人才发展巨大的分化。

2. 请您谈一谈设计、施工、甲方等不同领域的 BIM 从业者目前对 BIM 应用的困惑和集中关注点有哪些，以及这些困惑和关注点产生的原因是什么，对比 5 年前有哪些区别？

无论技术未来如何发展，有一个当前阶段绝不能绕过去的主题就是生产。任何一家企业都不可能彻底放下眼下的具体业务，单纯去抓下一个时代的机会。所以我们才说是"数字化转型"，而不是"数字化变身"。

与 BIM 相关的从业者，遇到的问题五花八门，这些问题总结到一个原因，就是和当下生产行为的矛盾。

设计师的生产成果是图纸，企业和员工的收益都是以图纸作为结算。BIM 能不能让图纸的质量提高？有些企业能，有些企业不能。BIM 能不能让图纸的生产效率明显高于二维方式？对于绝大多数公司来说，答案是不能。

我们经常说 BIM 出图效率也很高，但如果你走进设计院，真正看到设计师的工作状态，单从键盘的声音就能感受到效率的差异。使用 CAD 的设计师，左手永远在键盘上飞快地敲打，屏幕上的图纸像是有生命一样飞快地成长；而使用 BIM 的设计师，电脑的卡顿跟不上手速，还时不时要停下来，思考一些最基础的问题——比如标注怎样符合要求、模型剖切出来为什么线型不对，等等。

设计师用 BIM，出图变慢了，单位时间的收入变少了，一定要有什么其他的东西来弥补这种生产效率的差异，要有人为这个"弥补"去买单。

施工方的生产成果就是实体建筑，带来收益的不是这个成果，而是在于生产的过程。在施工单位，话语权和升迁通道往往取决于能在建设过程中贡献多少产值、解决多少与成本挂钩的问题，BIM 可以在这个过程中提供价值，但一个从事 BIM 工作的人，往往需要数倍的努力才能赶上一个管理岗位的人。

施工方在过去几年里，对于 BIM 的应用也产生了很大的分化。有不少企业经过几年的沉淀，对于不同项目能做哪些应用点、哪些方向能解决实际问题、哪些地方偏向投标和宣传、哪些事情可以外包、哪些效率可以通过采购软件提高、哪些管理可以通过 BIM 提升，都已经形成了一套标准化的流程，做 BIM 这件事，至少是能为项目贡献一部分产值的。关于一个老生常谈的"透明化"问题，也有不少施工企业已经在新的格局里与甲方形成了新的平衡，甚至有企业重新找到了在 BIM 体系中新的"不透明"方法（这里只阐述事实，并非提倡）。

而与之相对地，有些企业则是面临越来越多要求使用 BIM 的项目，却挣扎在最底层的 BIM 应用，无法创造价值，也拿不到相应的费用，员工也自然无法享受到新技术的红利。

过去几年变化最大的就是甲方，从地产黄金十年易盈利期对新技术的不关心，到利润下降对新技术的无比热情，到第一波尝试后对 BIM 成果的普遍失望，再到一部分企业重新找到 BIM 与运维、管理和数字化转型的结合应用。

目前甲方最多的困惑在于，前期要么自己投入人力和金钱，要么用其他方式强压设计与施工应用 BIM，巨大的投入之后，到底怎样与后期的运维管理相结合，BIM 这项技术，最直接的获利者是甲方，但应用方向最不明朗、成功案例最少的也是甲方。

我们看到像万达这样的业主，选择深度介入设计流程，用高度标准化的设计来实现项目的高周转和高复用；也看到华润、龙湖这样的业主，利用 BIM 与平台来深度介入工程项目管理；还有许多政府或政府相关的业主，在利用数据和智能，向更宏观的智慧城市与数字孪生方向发展；当然还有大量业主，对于 BIM 与周边辐射的相关技术持观望态度。无论哪一个方向，里面都有着大量 BIM 相关的从业者在追问，到底 BIM 该怎么用。

过去的 5 年，是一批最有热情的年轻人，从毕业到成家立业的 5 年，他们从一线人员逐渐向管理层发展，心态上比起刚毕业时的一腔热血已经成熟了很多；而这一代命运与 BIM 强相关的工作者，又属于一个更大的年轻群体——他们不只重视收入，也重视工作本身的意义。当自己工作的意义遭到质疑、被人冷眼相对的时候，带来的迷茫和困惑是相通的，与他们工作的职业无关。

3. 在当前的大环境中，不同的 BIM 相关从业者的职业发展状态和个人心态是怎样的？

上一个问题，我谈到了很多困惑和迷茫，在这个问题下，我来说说积极的一面，我把它叫做"BIM 环境"。

今年有两个项目让我印象深刻。

第一个是今年刚刚建成的北京某大型园区项目，一位参与建设的设计师对我说，他在这个项目中真正体会到了用 BIM 的舒畅，每一个工作环节都很省心，甚至比他原来用二维的方式还要舒服。但后来再参与其他项目，类似的规模、类似的流程，却处处碰壁，工作很累还出不了成果。

第二个项目是四川一个体育公园项目，和我交流的是一位来自甲方的朋友，他们作为业主方制定了很严格的 BIM 标准，各参建方都需要额外做不少 BIM 相关的工作。一开始确实阻力很大，但项目临近结束的时候，大家发现设计院比原来改图少了、跑现场少了，施工单位发现成本低了、对供应商的控价能力强了，各方都得到了利益，最后整体对 BIM 的评价相当高。

这两个案例让我总结了前文所说的"BIM 环境"问题。打个比方，就好比一家人过日子，一个家庭里有人挣来的钱要全家人花，有人要做双倍的家务，有人要牺牲自己的时间陪伴家人，如果只看其中的一个点，或者家庭中的其他人不配合，那就会觉得很亏，但如果一家人都多付出一点点，每个人又会发现自己得到的东西远比单身的时候多。

我们的行业也是这样，用 BIM 技术，一定会比原先的工作多了额外的付出。设计院不仅要考虑出图的问题，还要考虑现场安装和成本的问题；施工企业不仅要考虑自己的收支问题，还要考虑设计配合、数据生产，甚至是交付运维的问题；咨询方不仅要考虑交付模型、合同履约的问题，还要考虑一趟一趟跑到现场去解决生产和安装的问题。

但，如果所有人都把这些问题考虑到位，没有一方拖后腿，反倒大家都会感受到数据与信息打通之后带来前所未有的高效工作方式，感受到每一次线上交流，每一次多人协作，是如何让自己的本职工作变得更加愉悦的。

回到这一小节的问题，我认为目前的 BIM 已经分化到没有一个通用的所谓"大环境"，每个人都活在自己周边的"小环境"里，我们作为媒体方，有幸看到了不同的小环境，也看到不同人在不同环境下的发展和心态。

但总体上来说，具备良好"BIM"环境的项目还是少数，这种"1+1>2"的 BIM 环境，单靠大家的自觉是很难达成的，这也是未来几年摆在业主方面前的一个大课题。

4. BIMBOX 作为专业媒体做过一些客观的 BIM 软件调研和测评，请您谈一谈调研结果和感想。

这里分两个层面来回答。

先说关于从业者的感受。过去几年，我们做过三次大范围的软件用户调研，也针对很多软件做过比较深入的测评，对于从业者总体的感觉是：大家都是站在一个大行业的从业者角度，但软件的开发者和最终用户看待同一件事的视角有很大区别。

首先，软件开发者会更注重工具本身，而用户更关注工具产生的结果。就好像一把铲子，生产者更关注手柄是什么材质的、是否符合人体工程学，而使用者更关注一铲子下去到底能挖出来多少土。比如我们最近做的一次调查显示，对于软件开发者普遍关注的国产化、知识产权等问题，将近 2/3 的个人和企业用户表示，不以是否国产作为选择软件的标准。

其次，开发者对于所属行业的未来评价普遍要高于使用者。这一方面来自于工作属性本身，毕竟不会有人去开发一个自己都不相信的工具，另一方面也和所处的环境有关，开发者的待遇普遍更高，身边人也更有一个共同的奋斗目标。我们也看到很多在传统行业从事 BIM 的人，把转行进入软件公司当作下一个阶段的人生目标，以此来抵消 BIM 工作的不确定性与传统职业发展路线的矛盾。

再说说关于软件本身的感受。

目前国内 BIM 行业，以欧特克为代表的国外软件公司，还是占有绝对的市场地位，这里既有使用习惯的因素，也有行业生态的因素。BIM 不仅仅是一项应用于生产的技术，围绕着它还有庞大的教育培训、报奖评优、资质认证、二次开发等产业，这个领域的从业者数量很多，也是行业里出发更早、相对更有热情的一批人。

同时，我们也看到众多国产软件也找到了自己的差异化发展方向，除了极少数的国内开发公司向国外软件公司擅长的 BIM 建模领域发起挑战，大多数企业则是找到了国内用户独有的 BIM 需求。

中国 BIM 发展了十几年，已经离它当初在国外诞生时的样子很远了，很多早期 BIM 软件没有解决的问题，也在国内项目落地的过程中暴露出来。这些问题汇集成海量的用户需求，成为国内软件研发团队成长路上最丰沛的养料。国内开发团队离用户足够近，甚至很多成员就是从一线设计和施工企业中来的；同时他们的开发不需要考虑全球用户，有的功能还带着一点"土味儿"，但却能解决现场的"土"问题。

同时我们也看到，国内软件市场一个更好的版权和付费环境正在到来。这一方面是因为新一代成长起来的年轻人，比起老一辈"看得见摸得到的东西才付费"的观念，他们更具备为正版付费的普遍意识。另一方面也因为 BIM 发展多年，人们在软件购买的时候，从一开始算糊涂账，变得越来越能算明白账，一项工作带来多少价值、需要投入多少人力、用新工具替代能节省多少成本，都能算得出来了，只要工具真能解决问题，能提高效率，剩下的就是和"堆人工"的笨办法做比较的问题了。

我们认为，未来的 BIM 软件市场发展会很精彩，BIM 软件离"大一统"还有很远的距离，这对于广大的开发人员和创业公司来说是好消息，对于靠掌握多种软件技能谋求职业发展的人来说也是好消息，但同时也让一个长期存在的矛盾愈发尖锐：BIM 是需要多方数据互通的技术，而数据彻底开放在商业上是与研发公司的利益存在冲突的。

5. 从建筑行业来看，有一些行业热点是不能避开的，例如设计施工一体化，全供应创新链、价值链发展等，您如何看待 BIM 在这些方向中的作用和价值？

站在"可能性"这个视角来看，BIM 给我们描绘了一个没有上限的美好未来。每一条数据都可以存储在模型里，都可以被所有人使用，这背后能产生的价值是无限的。

但如果我们回到现实，就会发现"所有数据被所有人任意使用"是一件非常艰难的事。前面我们说到了商业问题，大家在日常生活中最直观的感受，就是支付宝中的余额不能用于微信付款，这不是技术问题，但也许比技术问题还难突破。

技术层面存在的问题也不少。我们这个行业，还处于一个原始的"数据生产"的前夕阶段，懂得怎样生产数据的人很少，懂得数据结构化梳理的公司更少，懂得用数据产生价值的公司则是凤毛麟角。

我们目前建立了 50 多个微信群，有大家闲聊的群，有面向施工、设计等行业的群，也有面向特定技术的群，但无论群属性定义成什么样，大家在多数时间都在探讨一些非常具体的软件操作问题，比如"这根梁画出来为什么连接点错误？"比如"怎样在出图的时候让门与结构板相连？"比如"为什么这个软件导入 IFC 会丢失 400 个构件？"而让人沮丧的是，往往这类问题得到的回答是：没有人知道。

我们在这些微信群里，每天会看到成千上万条类似的交流，一个比较大的感受是，上层设计已经在描绘一个非常美好的未来，而很多非常基层的问题还没有得到解决。更重要的是，这些问题太过于基础，基础到工程师无法与领导层达成有效交流。

设计施工一体化、建筑全链条价值管理，乃至于现在非常火热的数字孪生技术，与 BIM 发生关联的链接点就是"数据的生产和流转"，这么简单的 8 个字里面，包含着我们未来需要解决的大量问题——从业人员为什么要生产这些数据？生产数据和生产传统成果的矛盾如何处理？数据怎样进行整理和管理？数据流通中的错误和损失该怎样控制？

尽管存在这么多问题，我们对未来还是理性乐观的。存在问题，意味着那些能解决问题的人是有价值的，意味着建筑行业数字化这片广阔的海域还等待着无数勇者去乘风破浪。

6. 从行业现象来分析 BIM 应用发展的本质，您认为 BIM 应用未来发展的趋势是怎样的？

BIM 刚诞生的时候，本质很简单，就是用计算机去计算和存储更多建筑信息。而任何一门学科都会在成长的路上与其他学科发生关联、碰撞和融合，进而诞生新的需求、新的成果，正如计算机学科与生物学相遇，发展出的脑机接口技术一样。

这几年 BIM 在国内，从最简单的三维设计和成本预算逐渐成长，遇到了新的项目管理和建筑运维思想，遇到了人工智能、云、VR、AR 等新技术，也遇到了审图改革、数字中国等大大小小的新政策，如今的我们既不能按照最初的环境去定义"什么是 BIM"，也不能把 BIM 与建筑业整体环境剥离开单独讨论。

我认为，作为一项技术，BIM 的未来是一个 3D 交互界面，是数据存在的容器，是连接真实世界和数字世界的纽带，以这三个身份为基础，我们可以展开大量针对具体场景的想象——正如当年一个开放的智能手机系统，只给人们开发 APP 这么一个功能，却发展出今天无数的生活场景一样。

而作为一个在行业里奋斗的人，我也愿意相信未来还有很多的职位和发展方向没有被发现。

凯文·凯利曾经写道："今天的人们会感慨，互联网的红利窗口已经关闭了，没人可以随便做一个搜索引擎或者发点视频就能赚钱了，前几波的开拓者已经把每一个可能的角落都开发得一干二净。但是到了 2050 年，同样会有人发出感慨：你能想象在 2019 年的人有多幸福吗？你随便找个什么东西，都可以加上人工智能，那时的设备里只有一两个传感器，不像现在传感器成千上万。那时的壁垒很低，成为第一轻而易举。"

我认为，BIM 的未来，属于那些勇于跨学科发展的人，属于那些深入到一线观察现场需求的人，属于那些把场景转化为需求的人，属于那些具有一双鹰眼的人——既能看到草丛里的兔子，知道今天怎样填饱肚子；也能看到远处的群山，知道未来该飞向何方。

中　篇
中国建筑业 BIM 应用情况分析

第 3 章　建筑业 BIM 应用环境分析

随着国家"十四五"规划的提出，各省、自治区、直辖市陆续出台了"十四五"规划和二〇三五年远景目标，建筑行业部委及各行政管理部门也落地了相关文件政策，结合近两个五年规划的实践，进一步清晰了 BIM 技术的定位：BIM 技术是建筑行业数字化转型的关键技术引擎。

通过近五年的调研对比，BIM 技术在我国建筑行业的应用推广已有了较大进展。调研数据显示，BIM 应用的项目覆盖范围持续提升，BIM 应用的业务范围不断扩大，越来越多的 BIM 应用价值得到验证，行业对 BIM 技术的整体认知有了大幅度提升，同时也提出了更高的要求，BIM 核心技术的开发利用、BIM 技术与其他技术的集成进程对其推广应用影响日趋紧密。这都说明了我国建筑业 BIM 应用基础已具备。同时，行业各界也在持续探索适合 BIM 发展的应用环境，如 BIM 相关标准和规范体系、BIM 配套实施政策体系和 BIM 人才培养体系等方面。这些是 BIM 持续应用发展的保障。

这个阶段，理清现状、总结前期实践经验、发现不足、制定改进措施是当前的必要工作。通过调研数据发现，当前 BIM 应用水平参差不齐，立规矩、定标准的重要性日渐凸显。本章将从 BIM 标准规范、BIM 政策制定、BIM 人才培养情况 3 个方面，对我国建筑业 BIM 应用环境进行分析，并着重对近两年关注度较高的具体强条、规定、费用、价值链延伸等相关内容进行深入剖析，便于行业同仁及时洞察、提前布局、调整规划，尽快适应行业发展趋势。

3.1　BIM 标准规范的制定与发展情况

BIM 标准的核心诉求是建立一种统一的 BIM 技术准则、方法与流程，帮助建筑工程行业最大限度地提高数据的兼容性、互操作性、安全性、质量性能水平，通过协调工程项目各参与方的需求，解决实际或隐性问题，达成决策与共识，从而推动行业完成秩序优化并获得最大效益。

工程建设领域对各阶段项目参与方的协作要求较高，BIM 技术相关的应用平台致力于赋能各方信息交互、业务沟通共识，不论是通过建筑信息模型建立输入信息，还是在建筑项目全过程中协同工作使用信息，都需要公开的、达成共识的、可共享的相关标准作为基础支撑。让信息与数据在项目全生命期每个环节、每个角色之间顺利、高效的传递是 BIM 标准的核心目标。然而为了达到这一目标，就必须要有全面的、可靠的、相互关联的 BIM 标准体系，这样才能发挥 BIM 技术的最大价值。

BIM 标准及相关规范对行业相关产品研发应用及服务产业化发展有着深刻影响，制定合理有效的 BIM 标准能够不断提升建筑行业生产效率，改善建筑行业现状，随着行业生产力发展与技术的进步，BIM 标准也在不断前行和细化、改进和完善，2021 年《建筑信息模型存储标准》GB/T 51447—2021 发布，代表着在国家与行业层面对 BIM 相关标准的审视更进一步。近两年来 BIM 标准体系的发展体现出以地方性需求为主，以 BIM 技术为基础，延伸到其他技术领域应用标准的态势，比如与智慧工地标准、质量管控、安全管控等标准的结合，反映出整个行业更加注重 BIM 标准的实用性与落地性。

根据行业中标准应用体系的层级，按照对标准制定的指导定位、应用领域、技术范围、标准细度等维度分析，可将 BIM 标准分为三个层级：

第一层为国家和行业性 BIM 标准与规范。包括基础标准，如模型分类和编码标准、模型存储标准；通用标准，如国内的模型应用统一标准；应用标准，如国内的设计信息模型交付标准、施工信息模型应用标准。

第二层为地方性 BIM 标准与规范。国家 BIM 标准在编制时考虑到了标准未来扩展的可能性，各地结合地方发展需求，在国家层面发布的政策和标准基础上进行拓展与衍生形成的 BIM 标准。

第三层为企业级 BIM 标准与规范。为了充分保证建筑工程相关企业项目高质量建设与技术高标准发展，企业基于地方 BIM 标准与规范要求，参考相关政策，制定平台、模型、管理方面的 BIM 标准体系，支持企业 BIM 平台搭建，保障 BIM 技术的标准化应用与推广。

国内各层级 BIM 标准整体架构及关系说明如图 3-1 所示。

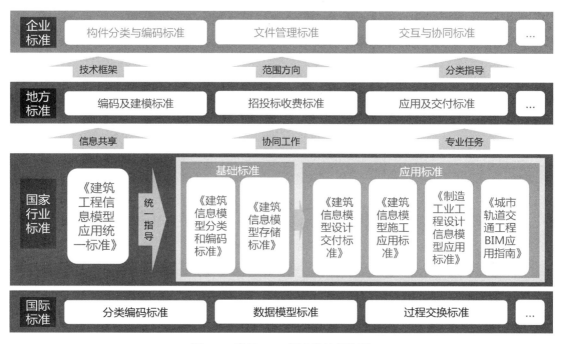

图 3-1　我国 BIM 标准整体架构图

3.1.1 国家和行业性 BIM 标准规范情况

我国国家 BIM 标准编制的出发点是在国内已有 BIM 应用软件成果的基础上，确保数据互通完整性与存取完备性，充分考虑 BIM 技术与国内建筑工程应用软件紧密结合，满足实际项目建造应用需求。

住房和城乡建设部于 2012 年与 2013 年共发布了 6 项 BIM 国家标准制订项目，开始从信息共享能力——信息内容、数据格式、信息交换、集成存储，协同工作能力——流程优化、辅助决策，专业任务能力——用专业软件提升完成专业任务的效率与效果并降低成本等方面对国家和行业 BIM 技术应用进行研究与相关内容编制。并于 2017 年发布了第 7 项 BIM 标准制订项目，现对 7 项标准的关注点做简要介绍与说明：

（1）统一标准：《建筑工程信息模型应用统一标准》，标准号 GB/T 51212—2016，2018 年 1 月 1 日起开始实施。它是对 BIM 模型在整个项目生命期中如何建立、共享、使用做出统一规定，关注 BIM 技术应用原则，并没规定具体细节，是其他标准的基本准则。

（2）基础标准：《建筑信息模型分类和编码标准》，标准号 GB/T 51269—2017，2018 年 5 月 1 日起开始实施。此标准对应国际标准体系的分类编码标准，是对建筑全生命期包括已有模型与自建构件、供应商的产品构件、项目进行事项与工序进行编码，在数据结构和分类方法上与 OmniClass 基本保持一致，但在本土化方面做了改进，具体分类编码编号有所不同。

（3）基础标准：《建筑信息模型存储标准》，标准号 GB/T 51447—2021，2019 年 4 月完成征求意见稿，2022 年 2 月 1 日起开始实施。此标准为对应国际标准体系的数据模型标准，主要参考的是 IFC 标准。此标准关注的是 BIM 技术应用过程中每个环节的模型文件用什么样的格式进行交互，如何完成正常数据传递，以及每个环节模型存储内容有哪些。

（4）应用标准：《建筑信息模型设计交付标准》，标准号 GB/T 51301—2018，2019 年 6 月 1 日起开始实施。此标准对应国际标准体系的过程交换标准，主要对项目设计阶段的 BIM 模型命名规则、模型精细度等级、建筑基本信息、属性信息、交付信息等进行了较为详细的描述，设计人员可以根据项目的进展需求找到对应的模型精细度的相关要求。

（5）应用标准：《制造工业工程设计信息模型应用标准》，标准号 GB/T 51362—2019，2019 年 10 月 1 日起开始实施。此标准是面向制造业工厂和设施的 BIM 执行标准，包括 BIM 设计标准、模型命名规则、模型精细度要求、模型拆分规则、项目交付规则等，属于按照行业划分的制造业工业分支标准。

（6）应用标准：《建筑信息模型施工应用标准》，标准号 GB/T 51235—2017，2018 年 1 月 1 日起开始实施。此标准面向施工和监理阶段，详细地描述了在施工管理过程中如何使用 BIM 模型，包括利用 BIM 模型进行深化设计、方案策划、进度管理、安全管理、成本管理等，以及向工程相关方交付施工模型的要点。

（7）应用标准：《城市轨道交通工程 BIM 应用指南》，2018 年 5 月 30 日发布。此指南面向适用于城市轨道交通工程新建、改建、扩建等项目的 BIM 创建、使用和管理。指导城市轨道交通工程在可行性研究、初步设计、施工图设计和施工等建设全过程应用 BIM，并实现工程的数字化交付。

中国国家 BIM 标准　　　　　　　　　　　　　　　　　　表 3-1

序号	标准名称	标准要点	重点关注对象
1	《建筑信息模型应用统一标准》 GB/T 51212—2016	关注 BIM 技术应用原则，是其他标准的基本准则	所有使用 BIM 技术的人员
2	《建筑信息模型分类和编码标准》 GB/T 51269—2017	提出适用于建筑工程模型数据的分类和编码的基本原则、格式要求	软件开发人员、相关 BIM 技术人员
3	《建筑信息模型存储标准》 GB/T 51447—2021	提出适用于建筑工程全生命期模型数据的存储要求	所有使用 BIM 技术的人员
4	《建筑信息模型设计交付标准》 GB/T 51301—2018	提出建筑工程设计模型数据交付的基本原则、格式要求、流程等	BIM 设计人员、咨询人员
5	《制造工业工程设计信息模型应用标准》 GB/T 51362—2019	面向制造业工厂和设施的 BIM 执行标准，属于制造业工业分支标准	制造业工厂的 BIM 设计和建造人员
6	《建筑信息模型施工应用标准》 GB/T 51235—2017	提出施工阶段建筑信息模型应用的创建、使用和管理要求	施工人员、监理人员
7	《城市轨道交通工程 BIM 应用指南》 2018 年 5 月 30 日发布	适用于城市轨道交通工程新建、改建、扩建等项目的 BIM 创建、使用和管理	城市轨道交通工程建设参与人员

3.1.2　地方性 BIM 标准规范情况

　　大部分地方 BIM 标准基本上是在国家与行业标准的基础上，结合各地建筑工业发展需求做标准的拓展。一方面补充了国家与行业尚未发布的标准空白，另一方面对各地 BIM 技术应用进行研究，制定出比国家与行业标准更加细化的参考规范。这样 BIM 标准才能具备引导各地工程建设项目顺利引入 BIM 技术的可操作性，并且能够针对地方发展特色制定出更加严格的地方标准，使得 BIM 技术应用更加具有落地性。经过对地方性 BIM 标准、规范内容的研究与整理，地方标准的内容可以大致划分为三种类型：

　　（1）技术推广应用类相关标准

　　这部分标准与规范是地方性 BIM 标准最常见的一种类型，它们对国家与行业的 BIM 标准规范是一种承接关系，在国家标准未详细规定的区域与技术细节上进行深化与补充，加入各地对 BIM 技术应用更加深入的要求。例如对各地 BIM 模型的出图要求上，线性比例与显示颜色上，结合各地设计招投标、施工图审图的要求，进行了更加细致与明确的规定。包括模型与构件的命名与编码，需要结合城市信息管理对模型的要求，细化到土建、安装、装修等专业大类下细分构件的命名与编码规则，均做了详细的说明与注释，来保证各地工程建设项目 BIM 技术应用的顺利推进。

　　（2）应用收费模式类相关标准

　　2016～2017 年短短一年内时间，上海、广东、浙江便出台了 BIM 技术推广应用费用计价指导标准与参考依据，而这类标准比国家第一本标准正式出台实施时间还早。这种情况充分说明各地在推动 BIM 技术研究与应用的过程中已经受到关于 BIM 技术相关应用与推广服务费用的困扰，并且在反复尝试与试行的过程中不断对 BIM 技术收费标准进行调整与修缮，最终结合各地工程建设项目设计、施工、运维等各阶段 BIM 技术应用特点，参考各专业对 BIM 模型细度的不同要求，辅助以调整系数，纷纷出台了 BIM 技术应用收费模式的相关标准与规范，为更好地推广 BIM 技术提供了强有力的费用政策支持。经过 2～3 年的发展，随着各地 BIM 技术应用服务类型的增多，又衍生出更多其他类型的收费模式。

（3）细分领域应用类相关标准

近几年来，关于住宅保障性住房、城市轨道交通、地下隧道工程等建筑工程细分领域的 BIM 应用标准的出台越来越多，意味着原有的各地方性 BIM 标准与规范已不能满足不同建筑工程细分领域 BIM 技术应用的建设需求，需要这些细分领域的参建方，如建设方、设计方、施工方牵头来补充完善各自细分领域的 BIM 相关标准与规范，包括 BIM 建模要求、模型细度、模型应用范围与内容等，都较为及时地迎合了各地城市建设过程中遇到的不同领域的 BIM 技术应用标准无法通用的需求，能够补充各细分领域对 BIM 技术的全方位应用要求。

按照以上类型对目前地方性 BIM 标准和技术政策进行列举示例，如表 3-2 所示，详细的各地 BIM 标准可在各地政府网站查阅，此处不再罗列。

中国部分地方主要 BIM 标准（部分）　　　　　　　　　　　　表 3-2

标准类型	标准名称	发布机构	发布 / 实施时间
技术推广应用相关标准	《河北省建筑信息模型（BIM）技术应用指南（试行）》	河北省住房和城乡建设厅	2021 年 4 月
	《山西省住房和城乡建设厅关于进一步推进建筑信息模型（BIM）技术应用的通知》	山西省住房和城乡建设厅	2021 年 7 月
	《青岛市房屋建筑工程 BIM 设计交付要点》	青岛市住房和城乡建设局	2021 年 5 月
应用收费模式相关标准	《南京市建筑信息模型（BIM）技术应用服务费用计价参考（设计、施工阶段）》	南京市城乡建设委员会	2021 年 6 月
	《河南省房屋建筑和市政基础设施工程信息模型（BIM）技术服务计价参考依据》	河南省住房和城乡建设厅	2021 年 5 月
	《青岛市 BIM 技术应用费用计价参考依据》	青岛市住房和城乡建设局	2021 年 5 月
	《甘肃省建设项目建筑信息模型（BIM）技术服务计费参考依据》	甘肃省住房和城乡建设厅	2021 年 4 月
	《海南省建筑信息模型（BIM）技术应用费用参考价格》	海南省住房和城乡建设厅	2021 年 1 月
	《安徽省建筑信息模型（BIM）技术服务计费参考依据》	安徽省住房和城乡建设厅	2020 年 10 月
细分领域应用相关标准	《深圳市装配式混凝土 BIM 技术应用标准》T/BIAS 8—2020	深圳市住房和建设局	2020 年 4 月
	《城市轨道交通建筑信息模型（BIM）建模与交付标准》DBJ/T 15-160—2019	广东省住房和城乡建设厅	2019 年 11 月
	《城市轨道交通基于建筑信息模型（BIM）的设备设施管理编码规范》	广东省住房和城乡建设厅	2019 年 11 月

3.1.3　企业 BIM 标准规范情况

随着地方性 BIM 标准规范的出台与细化，企业作为 BIM 技术应用的最终载体，承担着 BIM 技术相关研究与落地应用最重要的责任。一个建筑工程项目，不论是发起项目的建设单位，还是项目源头的规划、设计单位，亦或是项目建设的施工、监理单位，乃至项目运营的运维单位，均需要对 BIM 技术与各环节业务结合应用做详细而实用的计划与实践，这样才能使得建筑工程各阶段对 BIM 技术应用保持持续而有利的推动。企业在 BIM 技术应用过程中扮演着最重要的角色，一方面要充分利用 BIM 技术的优势，完善原有的业务流程，改进工作习惯，为提升工作效率与降低成本作贡献；另一方面又要投入人力物力，为充分了解 BIM 技术而作出更多的努力，促进企业能够更好、更健康地发展。在这种情况下，制定企业 BIM 标准规范便成为企业推广 BIM 技术应用前必不可少的一环，通过制定企业 BIM 标准规范，能够让企业更加了解自己的业务痛点，充分认知 BIM 技术的优缺点，更好地利用 BIM 技术为企业发展作贡献。

企业对 BIM 模型中的数据信息随着项目进展不断积累，这些信息是从不同管理部门、岗位、人员使用各种不同的软件输入产生，为了使信息与数据流动起来并产生作用，企业需要搭建 BIM 技术平台实现信息存储、转换、协同与应用。而 BIM 标准能够帮助企业梳理标准的业务框架体系与工作流程，规定企业项目在不同阶段的模型建立深度、构件细度等级，以及与之对应的各阶段 BIM 技术应用内容，明确企业各业务部门、系统之间的协同工作模式，BIM 技术应用流程、BIM 技术实施方法、培训管理机制等，确保企业 BIM 技术循序渐进完成落地应用。每个企业 BIM 标准方向、范围、内容均有差异，某集团 BIM 标准体系管理办法见表 3-3、表 3-4。

某集团 BIM 标准体系

表 3-3

标准册名称	一级目录	二级目录	三级目录
标准体系分册（房建方向）	总则	编制目的	
		适用范围	
		编制依据	
	术语		
	基本规定	各阶段模型的基本要求	
		BIM 软件的功能要求	
	BIM 技术标准	一般规定	
		文件组织规则	
		文件命名规则	
		构件分类规则	
		构件表达要求	
		分类编码规则	

续表

标准册名称	一级目录	二级目录	三级目录
标准体系分册（房建方向）	BIM 应用标准	一般规定	
		BIM 应用策划	应用目标
			组织设计
			应用流程
		各阶段应用	设计阶段 BIM 模型应用
			深化设计 BIM 模型应用
			施工阶段 BIM 模型应用
			运维阶段 BIM 模型应用
		集团级应用及要求	BIM 模型与 CIM 平台对接要求
			BIM 模型与监管平台对接要求
			BIM 模型与招采平台对接要求
	BIM 交付标准	基本规定	
		交付要求	一般规定
			设计阶段
			施工阶段
			运维阶段
		交付物	一般规定
			交付内容
		附件	本专业模型深度等级表
	BIM 审核评价标准	基本规定	参考依据
			审核评价范围
			一般规定
		模型要求	模型质量要求
			阶段性审查要求
		协同效果评价	
		设计阶段 BIM 成果评价与审核	设计方案比选
			场地资源平衡
			专业综合
			工程量统计
		施工阶段 BIM 成果评价与审核	深化设计
			施工场地规划
			施工放样
		运维阶段 BIM 成果评价与审核	运维 BIM 实施准备
			集成与监控

某集团 BIM 管理办法

表 3-4

标准册名称	一级目录	二级目录	三级目录
BIM 标准管理办法	总则	编制目的	
		适用范围	
		术语与定义	
	组织机构设置	集团组织机构	
		设计方组织机构	
		施工总承包组织机构	
		咨询审核方组织机构	
		监理组织机构	
		分包组织机构	
	职责与分工	各组织机构职责分工	
		各部门相关负责人	
	业务流程	模型审核交付流程	设计阶段工程审核流程
			施工阶段工作审核流程
			运维阶段工程审核流程
		模型与数据归档流程	
		BIM 应用评价申请流程	
	数据存储与归档	归档内容	
		归档形式	
		验收标准	
		归档时间要求	
		数据安全	
	BIM 考核管理	考核原则	
		适用范围	
		考核周期	
		考核评价体系	
		BIM 应用管理制度	
	集团级应用	BIM 模型与 CIM 平台对接	对接要求
			对接流程
		BIM 模型与监管平台对接	对接要求
			对接流程
		BIM 模型与招采平台对接	
	BIM 商务标准	费用名称	技术应用服务费
		计费参考适用范围	
		技术应用要求	模型细度
			费用列项
		费用计价说明	计价费用
			计价范围
			费用调整
		费用基价表	本专业费用基价

3.1.4 典型性国家 BIM 标准规范及应用情况

与 BIM 政策相近，在全球 BIM 应用典型国家中，美国和英国的 BIM 标准最具有代表性，同时也是全球被引用最为广泛的国家标准。目前国内施工企业在"一带一路"的海外工程中，所涉及的大部分国家的标准都是直接引用的英标和美标。目前，新加坡、印度、欧盟（非洲采用欧标国家较多）等国家或地区虽然有自发标准，但借鉴英国 BIM Level2 的思路较多，而中东、部分东南亚国家、美洲国家等，借鉴或直接使用美国 BIM 标准较多，下面以欧标国家 BIM 标准及应用情况为例做简要说明。

全世界建筑行业对 BIM 的理解在不断发展，随之而来的是 BIM 技术功能和能力也发生了变化，从几年前的"精英"应用者群体转变为目前的新"主流"建筑技术应用，再加上各国政府及行业协会的政策及规范支持，BIM 技术已经不仅仅限制于三维建模，更包含了各专业间的整套数字交付与协作。英国定义了 BS1192：2007 标准，构成了当今 ISO 19650 的基础，通过 4 个不同的级别来定义 BIM 应用成熟度：

（1）0 级：包括普通的 CAD 图纸。团队之间交流仍然停留在纸面上，或者充其量是通过电子媒体，但无法在系统环境中工作。

（2）1 级：数据是统一结构的，并可以用 3D 格式进行补充。BIM 级别 1 表明存在基本信息、有条件的通用数据环境，信息交换以数字格式进行，通常通过文档管理系统进行，但该过程不能被描述为完全协作。

（3）2 级：这个阶段的特点是各方之间的协作。不同的专业人员可以使用自己的不同程序与模型交互，这使团队能够检查模型之间的冲突并模拟分析其他可能的场景。还可以跟踪时间和成本等其他参数，充分释放 BIM 技术优势。

（4）3 级：这个阶段需要一个多层次的协同环境，整合所有项目参与者的工作，包括建筑设计、结构设计、建造工程师、承包商、业主和设备厂商等。它意味着整合所有项目数据和流程的所有阶段，使用一套国际标准并确保所有数据与 IFC 格式兼容，海量的项目数据将为任何形式的管理与运营带来新机遇。

对照本书 BIM 成熟度级别，表 3-5 显示了英国、德国、波兰、法国、克罗地亚、奥地利和俄罗斯等国的建筑公司采用 BIM 应用的成熟度、某些类型项目强制使用 BIM 技术的日期以及使用 BIM 技术的公司占比：

全球典型性国家 BIM 成熟度   表 3-5

国家	BIM 成熟度级别	规定使用 BIM 时间	BIM 应用占比
英国	整体 2 级，向着 3 级发展	2016 年，政府项目	73%（建筑公司）
德国	整体 2 级，部分地区 1 级和 3 级	2017 年，造价超过 1 亿欧元的项目	70%（建筑公司）
波兰	整体 1 级，向着 2 级发展	2030 年，有国家预算基本建设项目	43%（建筑公司）
法国	整体 2 级	2022 年 1 月 1 日	35%（房地产） 50%～60%（建筑公司）
克罗地亚	整体 0 级，部分地区 1 级	目前不是强制性的	25%（设计师） 4%（承包商）

国家	BIM 成熟度级别	规定使用 BIM 时间	BIM 应用占比
奥地利	整体 1 级，地方标准推进 3 级	2018 ～ 2020 年，需要控制成本的公共建筑	20%（建筑公司）
俄罗斯	整体 1 级，向着 2 级和 3 级发展	2022 年 3 月 1 日，适用于所有政府资助的项目	12%（建筑公司）

通过表 3-5 可看出，欧洲国家采用 BIM 的情况不均衡，截至 2021 年，英国仍然是在建筑项目中使用和实施 BIM 的领头者，一方面，它制定并采用的 BIM 标准均在国家层面获得批准，并构成了 ISO 19650 的基础；另外一方面，自 2016 年以来，国家资助项目必须至少使用 BIM 2 级应用，因此在 2011 年至 2020 年，英国 BIM 技术的普及度与使用率大幅增加。然而，在强制使用 BIM 的立法数量方面，俄罗斯是明显的领先者，没有其他国家能像俄罗斯一样通过如此多的关于标准化和建筑行业 BIM 强制实施的法律。在 BIM 实施方面排名最低的是克罗地亚，BIM 基本是孤立应用，其成熟度通常为 0 级，仅是在整个设计和建造过程中几乎没有协作的建筑师和工程师单独应用。

随着全球商业环境受到新冠肺炎疫情的影响，世界各地的建筑企业都在加速其数字化进程，在远程沟通和项目协调的趋势背景下，BIM 技术本身的有效性能力变得更加明显。如果行业、政府和软件供应商能够齐心协力解决其中一些常见问题，我们将会看到，不仅在处于 BIM 应用领先地位的国家中，还包括在那些 BIM 应用没有取得太大进展的国家中，BIM 技术都会加速应用。

3.1.5　BIM 标准与其他技术标准的关联性

2020 年度，住房和城乡建设部牵头发布 4 项"CIM 与 BIM"相关政策，强调城市信息模型（CIM）与建筑信息模型（BIM）的数据融通联动、轻量化、数据信息安全等方面内容，指出 CIM 的数据基础来源于 BIM，要提高建筑行业全产业链资源配置效率，构建起三维数字空间的城市信息有机综合体；近年来各地政府陆续出台智慧工地应用标准，标准中均包含 BIM 技术应用要求，BIM 技术应用标准与 IoT 硬件检测标准、质量安全业务过程管理标准等一同支撑智慧工地应用标准；随着装配式技术发展，BIM 技术也在装配式建筑产业中获得更加广泛的推广和应用，BIM 技术与装配式建筑的结合，可通过装配式"集成"的主线，将设计、建造、运维全生命期串联起来，实现虚拟建造、协同设计、可视化装配、工程量提取等新的技术应用，整合建筑全产业链，结合 BIM 构件标准化的技术特点，以更高效的形式实现建筑产业的升级。近年来 BIM 标准作为基础技术支撑，已经逐渐与其他技术标准进行结合，形成更加实用的综合性标准，为 BIM 技术的落地应用提供了更广泛的研究方向。其中比较典型的关联技术标准有以下 3 个方向：

（1）BIM 与 CIM

城市或园区项目通过构建统一的数字城市 CIM 大数据平台，打通了规划、建设、城市管理的数据壁垒，将规划设计、建设管理、城市管理有机融合，建设阶段形成的地上地下 BIM 模型可提供给城市规划及管理阶段使用，通过统一的 CIM 数据底座，将城市规划、建设、管理的数据积累形成完整的城市大数据资产，为智慧城市更为广阔领域的应用奠定基础。

2020 年 9 月 21 日，住房和城乡建设部办公厅在《城市信息模型（CIM）基础平台技术导则》中指出：城市信息模型（CIM）以建筑信息模型（BIM）、地理信息系统（GIS）、物联网（IoT）等技术为基础，整合城市地上地下、室内室外、历史现状未来多维多尺度信息模型数据和城市感知数据，构建起三维数字空间的城市信息有机综合体。2020 年 8 月，住房和城乡建设部联合 9 部委发布关于《加快新型建筑工业化发展的若干意见》，大力推广建筑信息模型（BIM）技术。意见指出针对项目试点推进 BIM 报建审批和施工图 BIM 审图模式，推进与城市信息模型（CIM）平台的融通联动，提高信息化监管能力，提高建筑行业全产业链资源配置效率。

（2）BIM 与智慧工地

根据各地建设工程特点与管理需求对 BIM 技术应用做出相应的规定，项目建设单位组织各参与方采用信息化、智能化等手段，推进施工管理行为和施工作业行为数字化，通过收集、整理、储存、分析数据，推动项目数据信息实时共享与资料文件整编归档，实现参建各方基于数字化平台全过程业务协同和 BIM 综合应用。BIM 技术应用可贯穿智慧工地建设过程，例如：根据施工现场实际情况建立施工阶段 BIM 模型；通过 BIM 技术实现工地现场各施工阶段的临边防护、外防护脚手架等主要防护设施的模拟，包括危大工程安全专项施工方案；采用三维激光扫描技术与 BIM 技术结合，进行施工质量验收；采用设备信息数据与驱动 BIM 施工场地模型，同时实现工地现场布置模拟演示动画；采用 BIM 技术进行工程造价的智能应用和管理，实现对工程造价计算、统计及分析；采用 BIM 的标准化族库，实现相关数字化资料与 BIM 模型构件的关联。

2020 年 7 月，浙江省建筑业行业协会与浙江省智慧工地创新发展联盟发布试行《浙江省智慧工地评价标准》DB33/T 1258—2021，此标准结合物联网、BIM、GIS 等信息技术，规范和推进智慧工地建设，提高施工现场数字化技术应用水平，适用于房屋建筑和市政基础设施工程的智慧工地评价。2021 年 7 月，重庆市住房和城乡建设委员会发布《重庆市房屋建筑和市政基础设施工程智慧工地管理办法》《智慧工地建设与评价技术细则》征求意见稿，应用大数据、物联网、云计算等现代信息技术，形成具有信息化、数字化、网络化、协同化特征的智能建造工地，分为"建设方案评价"和"应用实施评价"。2021 年 8 月，青岛市建筑业协会发布团体标准《智慧化工地建设标准》T/QDCIA 01—2021，旨在推动"数字青岛"建设，以智慧工地、BIM 等信息化手段加强房屋建筑工程质量安全管理，促进信息共享和业务协同，提高行业对工程建设的监管效率、管理水平和决策能力。

（3）BIM 与装配式

通过 BIM 深化设计，结合工程经济专业，论证工程项目的技术可行性和经济合理性，同时为设备及预制构件制作、施工安装、工程预算等提供完整的建筑模型和图纸依据；通过各专业建立 BIM 模型，进行碰撞检测及三维管线综合，优化竖向净空，实现虚拟仿真漫游，完成施工图设计；利用 BIM 技术对装配式建筑结构和预制构件进行精细化设计，减小装配式建筑在施工阶段出现的安装偏差，通过对施工技术措施进行 BIM 深化设计和施工方案模拟，从装配式建筑模型中调取预制构件的几何尺寸信息，进行预制构件加工，最终将虚拟进度和实际进度对比，进行实时工程量统计、设备与材料管理、质量与安全管理，构建竣工模型。

2020 年 7 月，住房和城乡建设部印发《关于推动智能建造与建筑工业化协同发展的指导意见》，提出大力发展装配式建筑，在建造全过程加大建筑信息模型（BIM）等新技术的集成与创新应用。2020 年 9 月，河南省住房和城乡建设厅发布关于《加快落实大力发展装配式建筑支持政策的意见》，指出在装配式建筑项目中推行工程总承包 (EPC) 建设组织模式，推进 BIM 技术应用，提升工程建设质量和效益。2020 年 4 月，深圳市住房和建设局发布《深圳市装配式混凝土 BIM 技术应用标准》T/BIAS 8—2020，加快推进 BIM 技术在装配式建筑项目建设全过程的应用，提高装配式建筑项目信息应用效率和效益。

3.2　BIM 政策的制定与发展情况

当前阶段，BIM 政策的重要性体现在几个方面。首先，BIM 技术作为一项新技术，其发展和推广需要政策的引导和培育。其次，单纯依靠市场机制分配资源有时难以满足 BIM 技术发展的需要。最后，迅速增强本国的技术力量，解决行业卡脖子问题，需要包括政府在内的各级组织的共同努力。

从近几年数据上来看，我国 BIM 发展需求越来越广泛化、精细化、协同化。随着需求的变化，BIM 政策呈现出相同的变化特点，整体环境越来越好：

（1）BIM 政策数量越来越密集，涉及范围越来越广，从国家和行业到各省（区、市）均发布了各类 BIM 政策，呈现出非常明显的地域和行业扩散、应用方向明确、应用支撑体系健全的发展特点。政策发布主体从部分发达省份向中西部省份扩散，目前全国已经有接近 80% 的省（区、市）发布了省级 BIM 专项政策。有效地支撑了整体市场的活跃。

（2）BIM 政策执行力度逐渐加强，BIM 落地效果更加明显。起步阶段 BIM 应用的政策主要多为通用指导性意见，后逐步细化落地，如 BIM 技术应用通知类政策、BIM 如何与现行管理制度融合类政策、示范工程类政策、BIM 取费类政策等。

（3）BIM 政策与其他政策的互促愈发频繁，如发布了 BIM+ 装配式、BIM+ 智能建造等 BIM+ 新型建造方式的相关政策，以及 BIM 与 CIM、EPC 相结合的新型建造模式的相关政策。

3.2.1　国家及行业 BIM 政策情况

从国家针对 BIM 发展的一系列政策可以看出国家推动 BIM 技术的决心，BIM 技术正在成为建筑业转型发展的主要支撑技术。自 2011 年开始，国家就开始对 BIM 技术的应用进行政策上的引导，国家层面最早的一项 BIM 技术政策是《2011 ～ 2015 年建筑业信息化发展纲要》，这是 BIM 第一次出现在我国行业技术政策中，可以看作是国内 BIM 起步的政策，文中 9 次提到 BIM 技术，把 BIM 作为"支撑行业产业升级的核心技术"重点发展。

随后在 2012 年，住房和城乡建设部启动"勘察设计和施工 BIM 发展对策研究"，针对我国特有的国情和行业特点，参考发达国家和地区 BIM 技术研究与应用经验，提出了我国在勘察设计与施工领域的 BIM 应用技术政策方向、BIM 发展模式与技术路线、近期应开展的主要工作等建议。这为后期《关于推进 BIM 技术在建筑领域内应用的指导意见》和《2016～2020 年建筑业信息化发展纲要》的推出打下了基础。在《关于推进 BIM 技术在建筑领域内应用的指导意见》中，国家将 BIM 技术提升为"建筑业信息化的重要组成部分"，并在《2016～2020 年建筑业信息化发展纲要》中重点强调了 BIM 集成能力的提升，首次提出了向"智慧建造"和"智慧企业"的方向发展。

在 2021 年，政策与 2020 年相比，国家在智能建造层面提出了 BIM 应用，此外，各地方出台了许多 BIM 技术取费政策以及建立有关 BIM 信息管理平台等相关方面的政策（表 3-6），选取了大量 BIM 技术应用试点。

国家和行业主要 BIM 政策

表 3-6

序号	政策名称	发布单位	发布时间	政策的主要内容
1	《2011～2015 年建筑业信息化发展纲要》	住房和城乡建设部	2011 年 5 月	加快 BIM、基于网络的协同工作等新技术在工程中的应用
2	《关于推进 BIM 技术在建筑领域内应用的指导意见》	住房和城乡建设部	2015 年 6 月	到 2020 年末，建筑行业甲级勘察、设计单位以及特级、一级房屋建筑工程施工企业应掌握并实现 BIM 与企业管理系统和其他信息技术的一体化集成应用。到 2020 年末，以国有资金投资为主的大中型建筑新立项目勘察设计、施工、运营维护中，集成应用 BIM 的项目比率达到 90%
3	《2016～2020 年建筑业信息化发展纲要》	住房和城乡建设部	2016 年 8 月	着力增强 BIM、大数据、智能化、移动通信、云计算、物联网等信息技术集成应用能力，建筑业数字化、网络化、智能化取得突破性进展
4	《关于印发推进智慧交通发展行动计划（2017～2020 年）的通知》	交通运输部办公厅	2017 年 1 月	推进建筑信息模型（BIM）技术在重大交通基础设施项目规划、设计、建设、施工、运营、检测维护管理全生命期的应用，基础设施建设和管理水平大幅度提升
5	《关于促进建筑业持续健康发展的意见》	国务院办公厅	2017 年 2 月	加快推进 BIM 技术在规划、勘察、设计、施工和运营维护全过程的集成应用，实现工程建设项目全生命期数据共享和信息化管理
6	《推进智慧交通发展行动计划》	交通运输部	2017 年 2 月	深化 BIM 技术在公路、水运领域的应用。在公路领域选取国家高速公路、特大型桥梁、特长隧道等重大基础设施项目，在水运领域选取大型港口码头、航道、船闸等重大基础设施项目，鼓励企业在设计、建设、运维等阶段开展 BIM 技术应用
7	《关于推进公路水运工程 BIM 技术应用的指导意见》	交通运输部	2018 年 3 月	围绕 BIM 技术发展和行业发展需要，有序推进公路水运工程 BIM 技术应用，在条件成熟的领域和专业优先应用 BIM 技术，逐步实现 BIM 技术在公路水运工程中的广泛应用

序号	政策名称	发布单位	发布时间	政策的主要内容
8	《关于印发〈住房和城乡建设部工程质量安全监管 2019 年工作要点〉的通知》	住房和城乡建设部	2019 年 2 月	要点指出：推进 BIM 技术集成应用。支持推动 BIM 自主知识产权底层平台软件的研发。组织开展 BIM 工程应用评价指标体系和评价方法研究，进一步推进 BIM 技术在设计、施工和运营维护全过程的集成应用
9	《关于推进全过程工程咨询服务发展的指导意见》	国家发展改革委、住房和城乡建设部	2019 年 3 月	意见指出：大力开发和利用建筑信息模型（BIM）、大数据、物联网等现代信息技术和资源，努力提高信息化管理与应用水平，为开展全过程工程咨询业务提供保障
10	《关于印发〈推进综合交通运输大数据发展行动纲要（2020—2025 年）〉的通知》	交通运输部	2019 年 12 月	加强技术研发应用。推动各类交通运输基础设施、运载工具数字孪生技术研发，加快交通运输各领域建筑信息模型（BIM）技术创新，形成具有自主知识产权的应用产品。研究制定交通运输行业互联网协议第六版（IPv6）地址规划，推进第五代移动通信技术 (5G)、卫星通信信息网络等在交通运输各领域的研发应用。开展综合交通运输体系下大数据关键技术研发应用
11	《关于印发〈住房和城乡建设部工程安全质量监管司 2020 年工作要点〉通知》	住房和城乡建设部	2020 年 4 月	2020 年将重点：创新监管方式，采用"互联网＋监管"手段，推广施工图数字化审查，试点推进 BIM 审图模式，提高信息化监管能力和审查效率。推动 BIM 技术在工程建设全过程的集成应用，开展建筑业信息化发展纲要和建筑机器人发展研究工作，提升建筑业信息化水平
12	《关于发布〈工程项目建筑信息模型（BIM）应用成熟度评价导则〉〈企业建筑信息模型（BIM）实施能力成熟评价导则〉的通知》	全国智能建筑及居住区数字化标准化技术委员会	2020 年 5 月	对工程项目 BIM 实施成熟度评价、企业 BIM 能力成熟度评价有了相应的导则参考
13	《关于推动智能建造与建筑工业化协同发展的指导意见》	住房和城乡建设部等十三部委	2020 年 7 月	意见指出重点任务要加大建筑信息模型（BIM）等新技术的集成和创新应用，并且要积极应用自主可控的 BIM 技术
14	《关于加快新型建筑工业化发展的若干意见》	住房和城乡建设部等八部门	2020 年 8 月	指出要推广精益化施工和加快信息技术融合发展［其中，要大力推广建筑信息模型（BIM）技术、大数据技术、物联网技术和智能建造技术］
15	启动《中国建筑业信息化发展报告 (2021)》的编写工作	住房和城乡建设部	2021 年 4 月	主题为聚焦智能建造，旨在展现当前建筑业智能化实践，探索建筑业高质量发展路径。大力发展数字设计、智能生产、智能施工和智慧运维，加快建筑信息模型（BIM）技术研发和应用

3.2.2　地方 BIM 政策情况

在国家和行业政策的引领下，我国出台 BIM 推广政策的省（区、市）数量逐渐增多，全国 BIM 技术应用推广的范围更加广泛，BIM 政策更加细化，更具有操作性；同时，对房建、公路、水运等工程类型也提出了相应的 BIM 应用政策，BIM 技术应用领域更加专业化。这些都表明了国家和地方对 BIM 应用的重视程度越来越高。

　　自 2014 年开始，在住房和城乡建设部的大力推动下，各省（区、市）相继出台对应的 BIM 落地政策，BIM 政策呈现出了非常明显的地域和行业逐渐扩散、应用方向日趋明确、应用支撑体系日益健全的发展特点。到目前我国已初步形成 BIM 技术应用标准和政策体系，为 BIM 的快速发展奠定了坚实的基础。

　　其中 2017 年，贵州、江西、河南等地正式出台 BIM 推广意见，明确提出在省级范围内推广 BIM 技术应用。到 2020 年，各地政府对于 BIM 技术的重视程度不减，重庆、湖南、上海等多地出台 BIM 应用意见的相关政策，旨在推动 BIM 技术的进一步应用普及。表 3-7 列举了部分地方主要 BIM 政策（2017～2021 年），详细的各地方 BIM 政策可在各地方政府网站进行查阅，此处不一一罗列。

各地方主要 BIM 政策

表 3-7

序号	政策名称	地区	时间
1	《关于推进建筑信息模型（BIM）技术应用的指导意见》	贵州省	2017 年 3 月
2	《关于加快全省建筑信息模型应用的指导意见》	吉林省	2017 年 6 月
3	《关于印发〈江西省推进建筑信息模型（BIM）技术应用工作的指导意见〉的通知》	江西省	2017 年 6 月
4	《关于印发〈安徽省勘察设计企业 BIM 建设指南〉的通知》	安徽省	2017 年 6 月
5	《关于印发推进建筑信息模型（BIM）技术应用工作的指导意见的通知》	河南省	2017 年 7 月
6	《武汉市城建委关于推进建筑信息模型（BIM）技术应用工作的通知》	武汉市	2017 年 9 月
7	《关于进一步加快应用建筑信息模型（BIM）技术的通知》	重庆市	2018 年 4 月
8	《关于促进公路水运工程 BIM 技术应用的实施意见》	广西壮族自治区	2018 年 5 月
9	《关于进一步加快推进我市建筑信息模型（BIM）技术应用的通知》	广州市	2019 年 12 月
10	《关于公开征求〈湖南省住房和城乡建设厅关于开展全省房屋建筑工程施工图 BIM 审查工作的通知（试行）（征求意见稿）〉意见的函》	湖南省	2020 年 5 月
11	《关于开展 2020 年度建筑信息模型（BIM）技术应用示范工作的通知》	重庆市	2020 年 5 月
12	《关于开展 2020 年度上海市工程系列建设交通类各专业高级专业技术职务任职资格评审工作通知》	上海市	2020 年 6 月
13	《关于进一步推进建筑信息模型（BIM）技术应用的通知》	山西省	2020 年 6 月
14	《关于试行建筑工程三维（BIM）规划电子报批辅助审查工作的通知》	广州市	2020 年 7 月
15	《关于征求〈关于推进 BIM 技术应用的通知〉意见的通知》	青岛市	2020 年 10 月
16	《关于启用重庆市 BIM 项目管理平台的通知》	重庆市	2020 年 11 月
17	《浙江省七部门关于深化房屋建筑和市政基础设施工程施工图管理改革实施意见》	浙江省	2020 年 11 月
18	《关于公开征求〈济南市房屋建筑和市政基础设施项目工程总承包管理办法（征求意见稿）〉的通知》	济南市	2020 年 12 月
19	《关于推进智能造的实施意见》	重庆市	2020 年 12 月

序号	政策名称	地区	时间
20	《关于印发〈黄浦区建筑节能和绿色建筑示范项目专项扶持办法〉的通知》	上海市	2021 年 1 月
21	《开展 BIM 技术应用示范工作通知》	河北省	2021 年 2 月
22	《关于加快推进我市建筑信息模型 (BIM) 技术应用的通知》	南京市	2021 年 2 月
23	《开展以 BIM 技术为基础的建筑企业数字化中心预选工作》	河北省	2021 年 4 月
24	《河北省发布建筑信息模型（BIM）技术应用指南》	河北省	2021 年 4 月
25	《河南省发布 BIM 收费参考依据》	河南省	2021 年 5 月
26	《关于印发〈南京市建筑信息模型（BIM）技术应用服务费用计价参考（设计、施工阶段）〉的通知》	南京市	2021 年 6 月
27	《苏州市住房城乡建设局关于进一步加强苏州市建筑信息模型（BIM）技术应用的通知》	苏州市	2021 年 6 月
28	2021 上海市 BIM 技术应用与发展报告发布	上海市	2021 年 6 月
29	《关于增加全省建筑信息模型（BIM）技术应用试点企业的通知》	山西省	2021 年 7 月
30	《关于印发〈上海市进一步推进建筑信息模型技术应用三年行动计划（2021～2023）〉的通知》	上海市	2021 年 7 月
31	《关于印发广东省促进建筑业高质量发展若干措施的通知》	广东省	2021 年 8 月

3.2.3　BIM 政策的推行力度

随着国家和行业、地方 BIM 政策相继出台，我们可以看到，我国 BIM 政策推行力度越来越强，应用要求更加明确，更趋具体落地。

起初 BIM 政策主要多为指导性意见，后逐步发展到主要为具体性要求，如 BIM 技术应用通知类政策、BIM 融入现行管理制度的相关政策、示范工程类政策、费用类政策，接着近些年已经出现了部分强制性 BIM 政策要求。由此可看出政策逐渐向着推行力度持续增强、BIM 落地效果更加明显的趋势发展。

在指导性意见方面，主要集中在 2016 年及以前，住房和城乡建设部及各地住房城乡建设主管部门出台了许多相关政策，主要为了引导 BIM 技术在建筑业的应用，以及说明 BIM 技术发展的必要性。

在具体性要求方面，全国多地都颁发了 BIM 技术应用相关政策，如 2019 年 12 月广州颁发了《关于进一步加快推进我市建筑信息模型（BIM）技术应用的通知》，就 BIM 如何落地应用提出了具体性要求，通知指出，自 2020 年 1 月 1 日起，符合条件的新建工程项目，如装配式工程、政府投资单体建筑面积 2 万平方米以上大型工程项目等应在规划、设计、施工及竣工验收阶段采用 BIM 技术，鼓励在运营阶段采用 BIM 技术，列入 BIM 应用范围的建设工程，尚未立项的，建设单位按照所列阶段开展 BIM 技术应用；已立项尚未开工的，建设单位根据所处阶段开展本阶段及后续阶段的 BIM 技术应用。并明确了 BIM 配套费用以及明确了 BIM 应用审核和监管要求。

在 BIM 融入现行管理制度上也有相应的政策支撑。如 2020 年 10 月中国建筑业协会发布的《基于 BIM 的绿色施工监控信息化管理规程》，以及 2021 年 4 月河北省住房和城乡建设厅印发通知，要开展以 BIM 技术为基础的建筑企业数字化中心预选工作，将 BIM 融入日常的管理当中，并对如何落地有明确的指示，通知要求各市预选不少于 3 家以 BIM 技术为基础的数字化中心（定州、辛集市和雄安新区不少于 1 家），经河北省住房和城乡建设厅认定后对外公布。

建设以 BIM 技术为基础的数字化中心，可为建筑企业的施工现场智慧管理、企业数据计算分析等提供有力支撑，助力企业转型升级与高质量发展。根据要求，预选的数字化中心在人员上不少于 8 人，且结构、机电、装饰等专业建模人员齐全，具有 BIM 等级证书的人数一般不少于 4 人；高性能计算机一般不少于 8 台、笔记本电脑 2 台，具有 Revit、Navisworks、CAD 等正版软件。近一年指导应用 BIM 技术的工程项目数不少于 2 项（结构、机电均采用 BIM 建模），有明晰的组织架构、完整的规章制度，对本企业的 BIM 技术应用、创新具有引领作用。

为鼓励 BIM 技术的推广应用，计费类相关政策逐渐增多，2021 年 1 月，海南省建设工程造价管理协会发布《海南省建筑信息模型（BIM）技术应用费用参考价格》（琼价协〔2021〕02 号），规范了海南省新建建筑工程（含装配式建筑）、综合管廊工程的 BIM 应用服务取费标准。并且在文件中要求 BIM 技术建模精度、应用范围、提交成果应符合国家规程或标准；根据工程项目复杂程度与应用深度的不同，在项目立项时应明确计取 BIM 技术应用要求和配套费用，并计入工程建设成本，在工程建设其他费用中单独计列，专款专用。参考价自 2021 年 1 月 1 日起实行。

此外，2021 年 5 月，河南省住房和城乡建设厅发布了《关于印发〈河南省房屋建筑和市政基础设施工程信息模型（BIM）技术服务计费参考依据〉的通知》，6 月南京市发布了《关于印发〈南京市建筑信息模型（BIM）技术应用服务费用计价参考（设计、施工阶段）〉的通知》，6 月苏州市住房城乡建设局发布了《关于进一步加强苏州市建筑信息模型（BIM）技术应用的通知》。

其他 BIM 计费类政策整理如表 3-8 所示。

各地 BIM 计费相关政策　　　　　　　　　　　　　　　　　　表 3-8

序号	政策名称	地区	发布时间
1	《关于本市保障性住房项目实施建筑信息模型（BIM）技术应用的通知》	上海市	2016 年 4 月
2	《关于印发〈浙江省建筑信息模型（BIM）技术推广应用费用计价参考依据〉的通知》	浙江省	2017 年 9 月
3	《广西壮族自治区建筑信息模型 (BIM) 技术推广应用费用计价参考依据》（征求意见稿）	广西壮族自治区	2018 年 6 月
4	《关于印发〈广东省建筑信息模型（BIM）技术应用费用计价参考依据〉的通知》	广东省	2018 年 7 月
5	《关于征求市标准化指导性技术文件建筑信息模型（BIM）技术应用导则征求意见稿意见的通知》	厦门市	2018 年 9 月
6	《关于印发〈湖南省建设项目建筑信息模型（BIM）技术服务计费参考依据（试行）〉的通知》	湖南省	2018 年 12 月

续表

序号	政策名称	地区	发布时间
7	《关于印发〈关于福田区政府投资项目加快应用建筑信息模型（BIM）技术的通知〉的通知》	深圳市	2019 年 5 月
8	《关于印发〈山西省建筑信息模型（BIM）技术应用服务费用计价参考依据（试行）〉的通知》	山西省	2019 年 9 月
9	《关于发布〈内蒙古自治区建筑信息模型（BIM）技术实施应用收费指南〉的公告》	内蒙古自治区	2020 年 4 月
10	《关于印发〈安徽省建筑信息模型（BIM）技术服务计费参考依据〉的通知》	安徽省	2020 年 10 月
11	《关于发布〈海南省建筑信息模型（BIM）技术应用费用参考价格〉的通知》	海南省	2021 年 1 月
12	《关于印发〈工程勘察设计收费导则（第二版）〉的通知》	广东省	2021 年 4 月
13	《关于征求〈甘肃省建设项目建筑信息模型（BIM）技术服务计费参考依据〉（征求意见稿）意见的通知》	甘肃省	2021 年 4 月
14	《关于印发〈河南省房屋建筑和市政基础设施工程信息模型（BIM）技术服务计费参考依据〉的通知》	河南省	2021 年 5 月
15	《青岛市 BIM 技术应用费用计价参考依据》	青岛市	2021 年 5 月
16	《关于印发〈南京市建筑信息模型（BIM）技术应用服务费用计价参考（设计、施工阶段）〉的通知》	南京市	2021 年 6 月
17	《苏州市住房和城乡建设局关于进一步加强苏州市建筑信息模型（BIM）技术应用的通知》	苏州市	2021 年 6 月

　　同时，示范类相关政策逐步增多，如 2021 年 2 月，河北省住房和城乡建设厅发布《关于组织开展 BIM 技术应用示范工作的通知》，主要针对全省行政区域内，在勘察、设计、施工、监理、运维等阶段（单个或多个阶段）应用 BIM 技术的工程项目。投资额 1 亿元以上或单位建筑面积 2 万平方米以上的政府投资工程、公益性建筑、大型公共建筑及大型市政基础设施工程建设项目优先纳入。作为典型案例的示范项目，在省今后优秀勘察设计奖等评选推荐时，可作为一、二等奖项的重大评价指标予以优先推荐。

　　2021 年 1 月，上海市人民政府发布《关于印发〈黄浦区建筑节能和绿色建筑示范项目专项扶持办法〉的通知》，明确指出：对 BIM 技术应用示范项目进行扶持。扶持的标准和方式为：符合 BIM 技术应用示范项目，专家评审等级合格的补贴 5 万元；专家评审等级良好的补贴 8 万元；专家评审等级优秀的补贴 10 万元。单个示范项目最高补贴 100 万元。其他示范工程类政策在各地方政府网站可进行查阅，此处不一一列举。

　　在强制性要求方面，多地政府投资类项目都强制要求使用 BIM，如 2020 年 5 月湖南省住房和城乡建设厅发布关于公开征求《湖南省住房和城乡建设厅关于开展全省房屋建筑工程施工图 BIM 审查工作的通知（试行）（征求意见稿）》意见的函，意见指出：2020 年 6 月 1 日起，建筑面积在 1 万平方米及以上的单体公共建筑、建筑总面积在 30 万平方米及以上的住宅小区、采用装配式的房屋建筑、采用设计施工总承包模式的房屋建筑施工图实行 BIM 审查；2021 年 1 月 1 日起，全省新建房屋建筑（不含装饰装修）施工图全部实行 BIM 审查。

值得关注的是湖南省住房和城乡建设厅此次发布征求意见稿，旨在提高工程设计质量，推动住房和城乡建设领域转型升级。只有在建筑设计阶段就开始应用 BIM 做正向设计，才能推动 BIM 进入全面应用阶段。而只有建筑全生命期应用 BIM，才能将 BIM 节能增效的作用发挥到最大。从这个角度来看，湖南省住房和城乡建设厅此次的发文将对湖南省建筑行业产生非常重要的积极影响。

此外，2021 年 2 月，南京市城乡建设委员会、南京市规划和自然资源局发布了《关于加快推进我市建筑信息模型 (BIM) 技术应用的通知》，文件提出：自 2021 年 3 月 1 日起，在南京市新建工程项目中推广应用 BIM 技术；对于满足一定条件的新建工程项目，要求应用南京市工程建设项目 BIM 智能审查系统进行 BIM 规划报建、施工图报审和竣工验收管理。

2021 年 3 月，合肥市城乡建设局发布《关于印发〈合肥市 2021 年装配式建筑工作要点〉的通知》，指出 2021 年全市装配式建造规模力争达到 1000 万平方米，其中重点推进区域装配式建筑占新建建筑的面积比例不低于 25%，积极推进区域装配式建筑占新建建筑的面积比例不低于 20%。搭建装配式建筑产业创新联盟，争创 1～2 个省级及以上装配式建筑产业园区，预制构件企业信息化、工业化水平显著提升，BIM 技术项目应用率达 100%。

其他 BIM 技术应用相关强制性政策不一一列举，可在各地方政府官方平台上查阅。

3.2.4 BIM 与其他政策相互促进

近几年，国家和地方发布越来越多与 BIM 结合性的政策，如 BIM+ 装配式、BIM+ 智能建造等新型的建造方式，BIM 与 CIM、EPC 等新型建造模式相关的政策陆续出台。从中可以看出，BIM 技术的推广政策并不是孤立的，而是和其他领域政策紧密相关，相互促进，还对 BIM 技术发展起到了引导和推进的作用。

在 CIM 政策方面，2019 年 1 月，河北雄安新区管理委员会发布《关于印发〈雄安新区工程建设项目招标投标管理办法（试行）〉的通知》，明确提出，在招标投标活动中，全面推行建筑信息模型（BIM）、城市信息模型（CIM）技术，实现工程建设项目全生命期管理；招标文件应合理设置支持技术创新、节能环保等相关条款，并明确 BIM、CIM 等技术的应用要求；雄安新区工程建设项目在勘察、设计、施工等阶段均应按照约定应用 BIM、CIM 等技术，加强合同履约管理，积极推行合同履行信息在"雄安新区招标投标公共服务平台""河北省招标投标公共服务平台""中国招标投标公共服务平台"公开；结合 BIM、CIM 等技术应用，逐步推行工程质量保险制度代替工程监理制度。

2020 年度，住房和城乡建设部牵头发布 4 项"CIM 与 BIM"相关政策，强调城市信息模型（CIM）与建筑信息模型（BIM）的数据融通联动、轻量化、数据信息安全等方面内容，指出（CIM）的数据基础来源于（BIM），要提高建筑行业全产业链资源配置效率，构建起三维数字空间的城市信息有机综合体。BIM 和 CIM 相关政策（部分）如表 3-9 所示。

在装配式建筑政策方面，2016 年 9 月，国务院办公厅发布《关于大力发展装配式建筑的指导意见》，将"创新装配式建筑设计，积极应用 BIM 技术"列为重点任务，检查信息化管理、智能化应用。

CIM 和 BIM 相关政策　　　　　　　　　　　　　　　　　　　表 3-9

序号	政策名称	发布机构	发布时间	政策主要内容
1	《关于进一步加快推进我市建筑信息模型（BIM）技术应用的通知》	广州市城市信息模型（CIM）平台建设试点工作联席会议办公室	2019 年 12 月	要求加快推进 BIM 技术应用
2	《关于组织申报 2020 年科学技术计划项目的通知》	住房和城乡建设部办公厅	2020 年 4 月	将"建筑信息模型（BIM）技术应用体系研究、建筑信息模型（BIM）与城市信息模型（CIM）的数据接入、轻量化和数据信息安全技术"列为科研开发类项目重点支持方向
3	联合印发关于《推动智能建造与建筑工业化协同发展的指导意见》	住房和城乡建设部等 13 部门	2020 年 7 月	通过融合遥感信息、城市多维地理信息、建筑及地上地下设施的 BIM、城市感知信息等多源信息，探索建立表达和管理城市三维空间全要素的城市信息模型（CIM）基础平台
4	联合发布关于《加快新型建筑工业化发展的若干意见》	住房和城乡建设部等 9 部门	2020 年 8 月	大力推广建筑信息模型（BIM）技术。试点推进 BIM 报建审批和施工图 BIM 审图模式，推进与城市信息模型（CIM）平台的融通联动，提高信息化监管能力，提高建筑行业全产业链资源配置效率
5	《城市信息模型（CIM）基础平台技术导则》	住房和城乡建设部办公厅	2020 年 9 月	城市信息模型（CIM）以建筑信息模型（BIM）、地理信息系统（GIS）、物联网（IoT）等技术为基础，整合城市地上地下、室内室外、历史现状未来多维多尺度信息模型数据和城市感知数据，构建起三维数字空间的城市信息有机综合体

　　2021 年 6 月，住房和城乡建设部发布《住房和城乡建设部关于发布行业标准〈装配式内装修技术标准〉的公告》，指出：装配式内装修工程宜依托建筑信息模型（BIM）技术，实现全过程的信息化管理和专业协同，保证工程信息传递的准确性与质量可追溯性。BIM 和装配式建筑相关政策（部分）如表 3-10 所示。

BIM 和装配式建筑相关政策　　　　　　　　　　　　　　　　表 3-10

序号	政策名称	发布机构	发布时间	政策主要内容
1	《"十三五"装配式建筑行动方案》	住房和城乡建设部	2017 年 3 月	建立适合建筑信息模型（BIM）技术应用的装配式建筑工程管理模式，推进 BIM 技术在装配式建筑全过程的集成应用
2	《加强装配式建筑工程设计、生产、施工全过程管控》	湖南省住房和城乡建设厅	2018 年 7 月	说明了建设单位、设计企业、工程总承包企业等单位在装配式建筑的不同过程中分别应如何推行应用 BIM 技术

续表

序号	政策名称	发布机构	发布时间	政策主要内容
3	《深圳市装配式混凝土 BIM 技术应用标准》 T/BIAS 8—2020	深圳市住房和建设局、深圳市建筑产业化协会等	2020 年 4 月	加快推进 BIM 技术在装配式建筑项目建设全过程的应用，提高装配式建筑项目信息应用效率和效益
4	《关于加快落实大力发展装配式建筑支持政策的意见》	河南省八部门	2020 年 9 月	指出在装配式建筑项目中推行工程总承包 (EPC) 建设组织模式，推进 BIM 技术应用，提升工程建设质量和效益

在智能建造政策方面，国家为推进建筑工业化、数字化、智能化升级，加快建造方式转变，推动建筑业高质量发展，2020 年 7 月，住房和城乡建设部等 13 部门联合印发《关于推动智能建造与建筑工业化协同发展的指导意见》，指出：围绕建筑业高质量发展目标，以大力发展建筑工业化为载体，以数字化、智能化升级为动力，加大智能建造在工程建设各环节应用，形成涵盖科研、设计、生产加工、施工装配、运营等全产业链融合一体的智能建造产业体系。并明确提出，2035 年中国将全面实现建筑工业化，迈入智能建造世界强国行列。

其中，文件中关于 BIM 应用提到三点：①在建造全过程加大 BIM、互联网、物联网、大数据、人工智能等新技术的集成与创新应用；②积极应用 BIM 技术，加快构建数字设计基础平台和集成系统，实现设计、工艺、制造协同；③通过融合遥感信息、城市多维地理信息、建筑及地上地下设施的 BIM 等多源信息，探索建立表达和管理城市三维空间全要素的城市信息模型（CIM）基础平台。

2021 年 7 月，住房和城乡建设部办公厅发布《关于印发智能建造与新型建筑工业化协同发展可复制经验做法清单（第一批）的通知》，BIM 出现 19 次，在可复制经验做法清单中指出：

在发展数字设计时，要强化工程建设各阶段 BIM 应用：规划审批阶段，在规划审查和建筑设计方案审查环节采用 BIM 审批。施工图设计审查阶段，采用施工图 BIM 审查。竣工验收阶段，制定 BIM 交付标准，开展三维数字化竣工验收备案。运维阶段，通过 BIM 技术结合物联网技术实现建筑运维故障实时报警、实时响应，提高管理效率，降低使用成本，延长设备使用寿命。

在推广智能生产时，需要建立基于 BIM 的标准化部品部件库。

在推动智能施工时，需要推进基于 BIM 的智慧工地策划，研发应用基于 BIM 的智慧工地策划系统，自动采集项目相关数据信息，结合项目施工环境、节点工期、施工组织、施工工艺等因素，对项目施工场地布置、施工机械选型、施工计划、资源计划、施工方案等内容做出智能决策或提供辅助决策的数据，避免施工程序不合理、设备调用冲突、资源不合理利用、安全隐患、作业空间不充足等问题。

3.3　BIM 人才培养情况

近年来随着 BIM 技术的发展，BIM 应用范围越来越大，应用深度越来越深，加之政策的大力扶持带动了 BIM 人才需求的迅猛增长，BIM 人才整体处于较为缺乏的状态。

《2021 中国建筑业 BIM 应用数据》报告显示，经过多年发展，人才匮乏的问题非但没有解决反而更加严峻了：在持续增长的 BIM 项目需求与持续增加的 BIM 投入下，43% 的企业现阶段面临的首要任务是在让更多项目业务人员主动应用 BIM 技术。而在该首要任务下企业面临的阻碍因素中，缺乏 BIM 人才占比高达 61.91%，缺乏 BIM 人才已连续第五年成为企业在应用 BIM 过程中最大的阻碍项。现阶段，新应用点不断推出，软件迭代更新快，BIM 应用范围不断扩大、应用深度不断增加，企业对 BIM 人才的需求量变大，要求也明显提高，特别是 BIM+ 技术、BIM+ 商务、BIM+ 生产等方面的复合型人才，BIM+ 新技术的探索型人才尤其匮乏。

然而在 BIM 发展较早、技术较为领先的企业中，面向专业 BIM 人才的职业发展通道、培养激励与考评体系也才刚刚形成。在行业 BIM 认证体系中，也更偏向于 BIM 建模能力和方法的认证，缺乏对 BIM 技术与施工技术相结合的认证，也缺乏 BIM 的新技术探索的能力认证与培养。

与此同时，随着大环境的影响，行业对于自主可控的 BIM 技术平台的诉求越来越明显，BIM 核心技术研发人才的培养也至关重要。

3.3.1　BIM 人才现状

BIM 人才的缺乏已经成为行业发展的制约因素之一。因此政府、高校、行业、企业通过资格能力认证、行业会议与大赛、机构培训、企业内训、项目实践等方式加快推动人才培养，但总体属于散点式状态，缺乏对复合型与创新型人才的认证与培养，BIM 从业者的职业通道尚未完整建立，亟需完善 BIM 认证体系。下面简要介绍 BIM 人才的需求与人才现状培养的情况。

1. BIM 人才的需求迅猛增长

应用 BIM 的项目越来越多，对 BIM 人才的需求越来越多。根据住房和城乡建设部《关于印发推进建筑信息模型应用指导意见》：到 2020 年末，新立项项目勘察设计、施工、运营维护中，集成应用 BIM 技术的项目比例达到 90%。其中上海市在 2020 年新增规模以上项目中，BIM 技术的应用率已经达到了 95.1%。

政府鼓励 BIM 应用的政策力度加大，对 BIM 人才的需求强烈。除了国家政策，各地方，包括上海、广东、河南、山西、湖南、吉林、海南、甘肃等省（区、市），深圳、重庆、南京、青岛等市都推出了当地的 BIM 政策或标准。

人才紧缺已经成为行业发展的制约因素。在人力资源和社会保障部 2019 年发布的《新职业——建筑信息模型技术员就业景气现状分析报告》中，提出"预计，未来五年我国各类企业对 BIM 技术人才的需求总量将达到 130 万。"而现状的 BIM 人才远少于发展需要，成为了制约 BIM 发展的短板之一。

2. BIM 人才培养的现状

资格能力认证：国内外均有 BIM 技术相关的认证，随着 BIM 技术应用的需求越强烈，BIM 技术相关认证的含金量也越来越高，例如：全国 BIM 应用技能考试、全国 BIM 专业技术能力水平考试、教育部 "1+X" 建筑信息模型（BIM）职业技能等级考试、广联达 BIM 系列软件技能鉴定考试、Autodesk Revit 工程师认证考试等。从认证上来看，总体以 BIM 建模与模型应用为主，缺乏对创新探索、施工技术融合方向的认证。

行业会议：主要普及对 BIM 技术应用的认知和了解，了解 BIM 技术的发展现状和趋势、BIM 技术给项目管理带来的变革和价值，学习如何应用 BIM 对项目进行指标化管控和精细化管理。例如：BIM 技术 + 智慧工地施工全过程管理及信息化技术应用暨项目观摩交流研讨会、中国数字建筑峰会、基础设施 BIM 峰会等。

大赛：大赛的目的是为了促进 BIM 技术在我国建筑行业广泛应用，随着大赛参与项目的人才的不断增多，大赛的竞争也越来越激烈，BIM 人才的水平随之提升，例如：中国建设工程 BIM 大赛、龙图杯全国 BIM 大赛、工程建设行业 BIM 大赛、创新杯建筑信息模型（BIM）应用大赛以及各省市政府举办的大赛等。

机构培训：BIM 人才培养需求旺盛，专业培训机构蓬勃式发展，不少 BIM 咨询企业、软件开发企业等都在帮助企业培养专业性的 BIM 人才。

企业内训：一些 BIM 发展较早、有能力的企业已经建立起自己企业的 BIM 人才培养计划和系统，有针对性地进行企业内训，培养符合企业要求的 BIM 人才。

项目实践自学：一些刚开始发展 BIM 的企业，并没有完善的培训，但是通过企业高潜人才在项目的实践自学，也能培养出实战型的 BIM 人才。

综上可以发现，BIM 人才需求空间大，BIM 人才缺口也大，在现状的认证、会议、大赛、培训、实践的多种人才培养方式下，BIM 人才培养还属于散点状，缺乏对复合型与创新型人才的认证与培养，亟需建立健全的 BIM 认证，完善具有公信力的 BIM 职业通道，这对于推进 BIM 技术发展具有重要作用。

3.3.2 BIM 认证情况

目前国内建筑行业对 BIM 技术的使用要求越来越严格，更多的企业也要求应用 BIM 技术，期望能够为建筑工程的建设及使用增值。目前建筑工程在招标投标环节，更多的甲方、业主要求使用 BIM 技术；在人才晋升、人才招聘中，越来越多的企业也要求人才能够应用 BIM 技术；更有在河南省，要求全省建筑企业进行 "具备 BIM 技术应用能力" 等级认定。BIM 技术的认证愈显重要。

BIM 认证，主要以行业协会为主，软件企业参与合作。伴随越来越多的企业推广 BIM 技术，以及以模型的创建能力为认证目标的认证考试、培训，已经培养了大批专业技术人员。

针对 BIM 认证需要不断地扩展，目前除了建模能力的考核，以 BIM 项目管理能力、BIM 规划能力为目标的认证也逐步开展，但认证尚不完善，还无法系统地从管理维度进行体系的考核，而行业最紧缺的恰恰是既懂项目管理又懂 BIM 的综合全面人才，所以在 BIM 认证这条道路上还需要不断地探索和推进。

编写组针对行业内现有的一些 BIM 认证进行了梳理，主要分为行业认证和软件企业认证两类。

1. 行业 BIM 认证情况

（1）全国 BIM 技能等级考试

发证机关：中国图学学会和人力资源和社会保障部联合颁发。

证书分类：一级 BIM 建模师、二级 BIM 高级建模师（区分专业）、三级 BIM 设计应用建模师（区分专业基础之上偏重模型的具体分析）。

报考条件：一级和二级 BIM 技能应具有高中或高中以上学历（或其同等学历）；三级 BIM 技能应具有土木建筑工程及相关专业大专或大专以上学历（或其同等学历）。

一级（具备以下条件之一者可申报本级别）：①达到本技能一级所推荐的培训时间；②连续从事 BIM 建模或相关工作 1 年以上者。

二级（具备以下条件之一者可申报本级别）：①已取得本技能一级考核证书，且达到本技能二级所推荐的培训时间；②连续从事 BIM 建模和应用相关工作 2 年以上者。

三级（具备以下条件之一者可申报本级别）：①已取得本技能二级考核证书，且达到本技能三级所推荐的培训时间；②连续从事 BIM 设计和专业应用工作 2 年以上者。

考试时间：每年的 6 月和 12 月，一年两次

（2）全国 BIM 应用技能考试

发证机关：中国建设教育协会。

证书分类：一级 BIM 建模师、二级专业 BIM 应用师（区分专业）、三级综合 BIM 应用师（拥有建模能力，包括与各个专业的结合、实施 BIM 流程、制定 BIM 标准、多方协同等，偏重于 BIM 在管理上的应用）。

报考条件：

一级：土建类及相关专业在校学生，建筑业从业人员。

二级（凡遵守国家法律、法规，具备下列条件之一者可申请）：①通过 BIM 建模应用考试或具有 BIM 相关工作经验 3 年以上；②取得全国范围或省级地方工程建设相关职业或执业资格证书，如一级或二级建造师、造价工程师、监理工程师、一级或二级注册建筑师、注册结构工程师、注册设备工程师等。

三级（凡遵守国家法律、法规，具备下列条件之一者可申请）：①通过专业 BIM 应用考试并具有 BIM 相关工作经验 3 年以上；②工程建设相关专业专科及以上学历毕业，并具有 BIM 相关工作经验 5 年以上；③取得全国范围工程建设相关职业或执业资格证书，如一级建造师、造价工程师、监理工程师、一级注册建筑师、注册结构工程师、注册设备工程师等；④取得工程师及以上级别职称评定，并具有 BIM 相关工作经验 3 年。

考试时间：每年的第二季度和第四季度。

（3）全国 BIM 专业技术能力水平考试

发证机关：工业和信息化部电子行业职业技能鉴定指导中心和北京绿色建筑产业联盟联合颁发。

证书分类：BIM 建模技术、BIM 项目管理、BIM 战略规划考试。

报考条件：凡遵守国家法律、法规，工程类、工程经济类、财经类、管理类等专业，

在校大学生已经选修过 BIM 相关理论知识和操作能力课程，或从事工程项目建筑设计、施工技术与管理的人员已经掌握 BIM 相关理论知识和操作能力，或社会相关从业人员通过自学或参加 BIM 理论与实践相结合系统学习的人员。

BIM 建模技术（满足"前提"即可报考）。

BIM 项目管理（大专学历以上）：①从事施工技术与管理工作满 4 年，考 4 科；②从事施工技术与管理工作满 6 年，BIM 技术相关工作经历满 2 年，考 3 科。

BIM 战略规划：本科及以上学历，从事建筑工程相关工作满 6 年，从事 BIM 相关工作满 2 年。

考试时间：每年 6 月第二个周末；每年 12 月第二个周末。

（4）教育部"1+X"建筑信息模型（BIM）职业技能等级考试

发证机关：中科建筑产业化创新研究中心。

证书分类：初级 BIM 建模、中级 BIM 专业应用、高级 BIM 综合应用与管理三个等级。其中中级有明确专业划分，具体分为：城乡规划与建筑设计类专业、结构工程类专业、建筑设备类专业、建设工程管理类专业。

报考条件：

初级（凡遵纪守法并符合以下条件之一者可申报本级别）：①职业院校在校学生（中等专业学校及以上在校学生）；②从事 BIM 相关工作的行业从业人员。

中级（凡遵纪守法并符合以下条件之一者可申报本级别）：①高等职业院校在校学生；②已取得建筑信息模型（BIM）职业技能初级证书人员；③具有 BIM 相关工作经验 1 年以上的行业从业人员。

高级（凡遵纪守法并符合以下条件之一者可申报本级别）：①本科及以上在校学生；②已取得建筑信息模型（BIM）职业技能中级证书人员；③具有 BIM 相关工作经验 3 年以上的行业从业人员。

考试时间：初级每年 4 月、5 月、6 月、9 月、10 月、11 月考试；中级每年 5 月、6 月、10 月、11 月、12 月考试；高级每年 9 月、11 月、12 月考试

2. 软件企业认证

（1）Autodesk Revit 工程师认证考试

发证机关：Autodesk 软件公司。

证书分类：Revit 初级工程师、Revit 高级工程师、Revit 认证教员。

报考条件：大中专、职业技术院校的在校学生，以及企事业单位的工程技术人员。

考试时间：报名缴费成功后即进行考试。

（2）广联达 BIM 系列软件技能鉴定考试

发证机关：广联达科技股份有限公司和中关村数字建筑绿色发展联盟联合颁发。

证书分类：广联达 BIM 系列软件一级（基础）、广联达 BIM 系列软件二级（熟手）。

考试科目有 3 个：斑马进度计划、广联达建筑工程 BIM 建模、施工现场布置。

报考条件：该考试适用于所有工程技术从业人员（大于 22 周岁），考试采用晋级制，一级通过才能参加二级考试。

考试时间：考试时间为每天：14:00 ～ 17:00 或 19:00 ～ 22:00（一旦报名需在每天规定时间点准时参加考试）。

随着 BIM 技术的发展与 BIM 应用的持续深入，BIM 证书的应用范围也越来越广，证书的需求也越来越强烈。BIM 认证也逐步成为执业证书，在建设工程招标投标、人才晋升等环节发挥价值。随着 BIM 认证含金量持续升级，相信 BIM 技术的应用能够助力建筑工程的建设与使用的增值。

第 4 章　建筑业 BIM 软件及相关设备分析

随着数字化时代的到来，建筑业 BIM 技术的应用日趋深入，BIM 应用的深度及广度也在不断增加。BIM 技术已贯穿设计、施工、运维的全生命期，也涉及各个参建方，如：建设方、勘察单位、设计院、施工单位、材料供应商、运维方等；BIM 模型也在可视化、设计协作、施工深化设计、冲突检测以及成本控制中发挥较大的作用。随着建筑业对 BIM 技术的使用需求不断扩张，单一的 BIM 软件应用已不能满足建筑行业使用需求，BIM 集成应用已成为行业发展趋势，除了基于 BIM 的软件系统集成外，软件、硬件的一体化集成应用已经逐步延伸到施工项目建造和管理过程中，并且已经发挥了较大的作用，使 BIM 技术的应用更加深入、全面。

BIM 软件及相关设备可分为 BIM 应用工具类产品、BIM 集成管理类产品、BIM 软硬集成类产品三类：① BIM 应用工具类产品，主要是侧重对建设工程及设施的物理和功能特性进行数字化表达，以搭建、深化基础模型以及以实际应用需求为导向，对建筑信息模型搭载的数据信息进行加工处理的一类软件。② BIM 集成管理类产品，主要是侧重对设计、施工、运营的过程进行管理的软件，可有效实现工程建设全生命期中数字化、可视化、信息化的需求，通过标准、组织、平台实现更高层次 BIM 应用的一类软件。③ BIM 软硬集成类产品，主要是侧重软件、硬件一体化集成应用的产品。大致可分为分为两类，一类是以 BIM 技术为驱动的应用，如 BIM 放线机器人，主要是应用在施工生产过程中；另一类是以物联网设备设施为基础，融合 BIM 进行的应用，如危大工程监测，主要是应用在施工现场管理过程中。

编写组按阶段、分场景，贯穿建设工程项目的全生命期，以下简要列举 BIM 应用工具类产品、BIM 集成管理类产品、BIM 软硬集成产品，分析其核心应用价值，并简要对软件的进行分析，供读者参考。

4.1　设计阶段

BIM 在建筑设计的应用范围非常广泛，无论在设计方案论证，还是在设计创作、协同设计、建筑性能分析、结构分析，以及在绿色建筑评估、规范验证、工程量统计等许多方面都有广泛的应用。

在设计创作或设计方案论证阶段，BIM 三维模型展示的设计效果可方便评审人员、业主对方案进行评估，甚至可以就当前设计方案讨论施工可行性以及如何削减成本、缩短工期等问题，提供切实可行的方案和修改意见。由于是用可视化方式进行，可获得来自最终用户和业主的积极反馈，使决策的时间大大减少，促成共识。

在施工图设计阶段使用 BIM 技术，可以更好地进行协同设计，BIM 技术使不同专业甚至是身处异地的设计人员都能够通过网络在同一个 BIM 模型上展开协同设计，使设计能够协调进行。以往各专业各视角之间不协调的事情时有发生，即使花费了大量人力物力对图纸进行审查仍然不能把不协调的问题全部改正。有些问题到了施工过程才能发现，给材料、成本、工期造成了很大的损失。应用 BIM 技术以及 BIM 服务器，通过协同设计和可视化分析就可以及时解决上述设计中的不协调问题，保证了后期施工的顺利进行。

4.1.1　概念设计

应用价值：能够帮助项目团队在概念设计阶段，通过三维模型来理解复杂空间的标准和做法，从而节省时间，提供给团队更多增值活动的可能。特别是在客户讨论需求、选择以及分析最佳方案时，可获得较高的互动效应，借助模型做出关键性的决定。概念设计场景涉及的应用工具类与集成管理类软件如表 4-1、表 4-2 所示。

应用工具类产品分析　　　　　　　　　　　　　　　　　　　　　　表 4-1

产品名称	产品分析
SketchUp	软件容易掌握，操作更为便捷，对于初期设计更为简便，适合快速生成体量推敲。但模型的准确性和细化加深的可能性都有很大限制
Revit	软件准确性、数据性更强，在后期的出图以及转化至施工图的过程中也会有一定的便利性，但前期的设计操作过于复杂，对概念阶段方案快速的变化应对能力较差

集成管理类产品分析　　　　　　　　　　　　　　　　　　　　　　表 4-2

产品名称	产品分析
欧特克 BIM 360	欧特克 BIM 360 是一款基于云的互联网 BIM 数据管理平台，同时支持图纸与 BIM 模型的轻量化、同步、修改和协同。欧特克 BIM 360 与欧特克系列软件深度结合，可以方便地将本地模型文件通过软件 BIM 360 模块与云端数据协同与交互，让团队中不同成员实时掌握最新的数据，并完成对整个项目数据的统计、分析和管理工作

4.1.2　建筑分析与设计

应用价值：通过建立或者导入模型，对建筑的使用性能进行计算分析，获取日照、光照、声环境、热环境的信息，导出计算结果。对设计调整的决策提供支持，优化设计。

应用工具类相关产品分析见表 4-3。

应用工具类产品分析　　　　　　　　　　　　　　　　　　　　　　表 4-3

产品名称	产品分析
EcotectAnalysis	软件操作界面友好，3DS、DXF 格式的文件可直接导入，与常见设计软件兼容性较好，分析结果可以用丰富的色彩图形进行表达，提高结果的可读性

续表

产品名称	产品分析
GreenBuildingStudio	基于 Web 的建筑整体能耗、水资源和碳排放的分析工具。可以用插件将 Revit 等 BIM 软件中的模型导出 gbXML 并上传到 GBS 的服务器上,计算结果将即时显示并可以进行导出和比较。采用了云计算技术,具有较强的数据处理能力和效率
IES	集成化的软件模块非常灵活并且适应性强,因此也更容易和各种绿色建筑标准(比如 LEED)相结合,并提出相应评价内容。软件为英国开发,软件中整合的材料规范等信息可能与中国的不符,所以结果会有偏差
EnergyPlus	EnergyPlus 主要输入及输出的方式以纯文本档案来储存。软件本身接口给予的提示较少,引导过程皆需阅读使用手册,导致学习成本较高
BIMSpace 乐建	BIMSpace 乐建是一款建筑 BIM 设计软件,在深度融合国家规范的基础上,为设计师提供设计、计算、检查及出图等高效便捷功能,界面简单易识别,操作灵活易上手,同时为下游预埋建筑数据,实现全专业高效协同,提升建筑设计效率与质量

4.1.3 结构分析与设计

应用价值:通过建立或者导入模型,进行结构受力分析,完成建筑工程各结构的截面设计,通过数据库的建立获取更加准确的数据参数,如梁、板、柱、楼梯结构的信息参数等,了解建筑结构的整体比例特征,保证设计效果。

应用工具类相关产品分析见表 4-4。

应用工具类产品分析 表 4-4

产品名称	产品分析
PKPM	设计流程非常简便,它的操作界面是一些常规的构件和荷载的输入,设计者可以很方便地进行结构设计,然而它的很多参数和公式都隐藏在软件的背后。设计者不能进行修改,特别是遇到复杂一些的结构形式,应用会受到一定的影响。完全遵循中国标准规范和设计师习惯,可以快速地进行配筋并出图
Midas	可以进行多高层及空间结构的建模与分析。侧重点是针对土木结构,特别是分析预应力箱型桥梁、悬索桥、斜拉桥等特殊的桥梁结构形式,同时可以做非线性边界分析、水化热分析、材料非线性分析、静力弹塑性分析、动力弹塑性分析,也可以进行中国规范校核
SAP2000	专注于空间结构,比如网壳类、桁架类、不规则结构等,也可以进行中国规范校核。软件将大量的设计参数提供给设计者,让设计者自己来定义和设置这些参数,大大提高了设计者的灵活性和操纵性
BIMSpace 乐构	BIMSpace 乐构是基于 Revit 平台开发的结构施工图设计、校审软件。致力于融合计算模型信息自动创建结构模型,进行结构施工图的智能化设计和可靠校审,为设计工作提质增效
Robot	Robot 与 Revit 软件同属于 Autodesk 公司,两者之间的结构模型数据可以实现很好的传递,避免了结构模型通过软件接口或中间格式导入其他分析软件可能出现的数据异常,如截面不匹配、材质信息丢失等,实现了建模软件与结构分析软件之间更好的结合。但软件中包含的中国规范有限,且版本都比较陈旧,对于我国结构设计不太适用

4.1.4 机电分析与设计

应用价值:空调系统建模、模拟计算、气象参数图表输出、全年动态负荷报表输出、能耗分析报表输出、方案优化对比，提供建筑全年动态负荷计算及能耗模拟分析，根据数据优化设备选型方案，降低设备投资与建筑整体能耗，帮助设计人员基于能源利用和设备生命周期成本，优化设计方案，打造绿色节能建筑。

应用工具类相关产品分析见表 4-5。

应用工具类产品分析

表 4-5

产品名称	产品分析
TraneTrace	基于能源利用和设备生命期成本，优化建筑暖通空调系统的设计。具有超强的模拟功能，可模拟 ASHRAE 推荐的 8 种冷负荷计算法，具有操作简单、使用便利的特点
BIMSpace 机电	BIMSpace 机电是一款 BIM 机电设计软件，以数据标准为基础，集高效建模、准确计算、快速出图于一身，可进行全专业协同高效设计，从 BIM 正向设计实现模图一体化的角度出发，助力设计院向高效率、高质量转型
Magicad	软件设计模块包含大量的计算功能，例如流量叠加计算、管径选择计算、水利平衡计算、噪声计算和材料统计。适用于 AutoCAD 和 Revit 平台
Rebro	机电 BIM 设计软件，其应用于建筑机电设计工程的三维深化设计、出图，适用于建筑结构、给水排水、暖通、电气设计。集机电建模、碰撞检查、工程量精确统计、深化施工图出图、预制加工、动画漫游、可视化交底等机电全过程功能

4.1.5　施工图协同设计

应用价值：通过协同设计建立统一的设计标准，包括图层、颜色、线型、打印样式等，在此基础上，所有设计专业及人员在一个统一的平台上进行设计，从而减少现行各专业之间（以及专业内部）由于沟通不畅或沟通不及时导致的错、漏、碰、缺，真正实现所有图纸信息元的单一性，实现一处修改其他自动修改，提升设计效率和设计质量。

应用工具类与集成管理类相关产品分析见表 4-6、表 4-7。

应用工具类产品分析

表 4-6

产品名称	产品分析
Revit	通过工作集的使用，所有设计师都基于同一个建筑模型开展设计，随时将自己的编辑结果保存到设计中心，以便其他设计师更新各自的工作集，看到别人的设计结果。这样每个设计小组成员都可以及时了解他人及整个项目的进展情况，从而保证自己的设计和大家的设计保持一致
Archicad	多个设计人员可以同时对同一项目进行编辑以提高项目的推进效率。多设计人员同时操作时，仍需要划定权属范围协同创作
广联达数维建筑设计	广联达数维建筑设计基于自主知识产权的三维图形平台研发，聚焦施工图设计，具有标准的分类编码，操作更加便捷、流畅。以数据驱动为核心，不仅实现了信息的数字化、模型的可视化，而且实现了多专业协同设计。 广联达数维建筑设计一方面利用平台优势快速建设业务能力，产生用户价值；另一方面助力平台的推广使用，为其他二次开发团队竖立标杆示范，加速形成产业生态圈
广联达数维结构设计	广联达数维结构设计是一款 BIM 结构设计软件，为设计师提供设计、校审及出图等高效便捷功能，界面简洁易学，融合计算分析数据形成模图一致的设计信息模型及打通的全过程数据标准，实现结构专业高效智能化设计和校审、全专业高效协同、全过程一体化，提升结构设计效率与质量

153

续表

产品名称	产品分析
广联达数维机电设计	是一款基于广联达国产自主图形平台的机电三维设计软件，具有完全自主知识产权。软件以数据为核心，支持多人多端项目数据共享，具备建模、计算、出图、协同的能力。提供富含业务信息的构件，提供更符合国内业务规则的批量和标准连接，计算驱动模型更贴合业务场景

集成管理类产品分析

表 4-7

产品名称	产品分析
欧特克 BIM360	欧特克 BIM360 是一款基于云的互联网 BIM 数据管理平台，同时支持图纸与 BIM 模型的轻量化、同步、修改和协同。BIM360 与欧特克系列软件深度结合，可以方便地将本地模型文件通过软件 BIM360 模块与云端数据协同与交互，让团队中不同成员实时掌握最新的数据，并完成对整个项目数据的统计、分析和管理工作
广联达数维协同设计平台	广联达数维协同设计平台是一款以构件级设计 BIM 数据为核心，提供全专业、全过程、全参与方的协同设计解决方案的平台。其与广联达图形平台 100% 过程自主研发的广联达数维建筑设计、结构设计、机电设计软件深度结合，采用云 + 端的产品架构，可以全面提高设计阶段的协同效率与质量，提升设计数据的应用价值，为设计业务赋能。平台可帮助设计企业有效管理设计项目，促进设计业务标准化、规模化。同时，其也可为设计、算量、施工一体化提供平台支撑，助力设计企业的上下游业务拓展与转型

4.1.6 装配式设计

应用价值：不同的预制构配件在模型平台上进行预拆分，能够初步确定构件外形尺寸，为工厂生产、运输、吊装等工序提供前期的准备工作。通过 BIM 模型对每个不同部位、不同的预制构件以及不同的节点进行预拼装，保证后续实际安装准确无误。

应用工具类相关产品分析见表 4-8。

应用工具类产品分析

表 4-8

产品名称	产品分析
CATIA	广泛应用于汽车制造、航空航天等领域，在建筑设计中，作为机械设计软件，也同样适用于进行装配式建筑的零部件设计、装配件设计、工程图纸生成

4.1.7 设计模型搭建

应用价值：通过建立 3D 空间模型展现建筑的各种平面图、立面图、透视图以及 3D 动画，各类图纸都来自于同一个模型，所以各图纸之间是存在关联互动性的，任何一个图纸的参数发生改变，其他图纸的参数也会发生相应的改变，从而将建筑的整体变化直观展现出来。更重要的是将原本用二维图形和文字表达的信息提升到三维的层面，解决了二维不能解决的"可视化"和"可计算"问题，为后续其他深入的 BIM 应用提供基础。

应用工具类与集成管理类相关产品分析见表 4-9、表 4-10。

应用工具类产品分析　　　　　　　　　　　　　　　表 4-9

产品名称	产品分析
Revit	国内主流 BIM 软件,具有良好的用户界面,操作简便;各部件的平面图与 3D 模型双向关联。Revit 的原理是组合,它的门、窗、墙、楼梯等都是组件,而建模的过程则是将这些组件拼成一个模型。所以 Revit 对于容易分辨这些组件的建筑会很容易建模,但是对于异形建筑而言建模就会比较难
ArchiCAD	最早的 3D 建模软件,ArchiCAD 具有良好的用户界面,操作简便;拥有大数据的对象库。是唯一支持 mac 系统的 BIM 制模软件。ArchiCAD 软件的指令都保存在内存条中,不适用于大型项目的制模,存在模型缩放问题,需要对模型进行分割处理
Bentley	支持复杂度高的曲面设计,该软件的设计模式和运行机理非常独特,用户绘制的建筑模型具有"可控制的随机形态",即通过定义模型各部位的空间结构联系,就可以基于用户定义模拟多种不同的外形结构,使得设计工作具有多样性,同时还具有坐标点定位功能

集成管理类产品分析　　　　　　　　　　　　　　　表 4-10

产品名称	产品分析
欧特克的 BIM360	欧特克的 BIM360 是一款基于云的互联网 BIM 数据管理平台,同时支持图纸与 BIM 模型的轻量化、同步、修改和协同。BIM360 与欧特克系列软件深度结合,可以方便地将本地模型文件通过软件 BIM360 模块与云端数据协同与交互,让团队中不同成员实时掌握最新的数据,并完成对整个项目数据的统计、分析和管理工作

4.2　施工深化设计阶段

BIM 技术在施工深化设计阶段可以有多方面的应用,如 3D 协调 / 管线综合、深化设计、场地使用规划等。

在施工开始前利用 BIM 模型的可视化特性对各个专业(建筑、结构、给水排水、机电、消防、电梯等)的设计进行空间协调,检查各个专业管道之间的碰撞以及管道与结构的碰撞。如发现碰撞及时调整,这样就较好地避免施工中管道发生碰撞和拆除重新安装的问题。

在 BIM 模型上对施工计划和施工方案进行分析模拟,充分利用空间和资源整合,消除冲突,得到最优施工计划和方案。特别是对于新形式、新结构、新工艺和复杂节点,可以充分利用 BIM 的参数化和可视化特性对节点进行施工流程、结构拆解、配套工器具等角度的分析模拟,可以改进施工方案实现可施工性,以达到降低成本、缩短工期、减少错误和浪费的目的。

4.2.1　机电深化设计

应用价值:对机电管线及支吊架建模,进行深化设计与综合排布,解决碰撞,进行支吊架受力分析以及空间净高分析等。模型完成后,可用以指导现场施工,配合建筑、装饰减少施工中的碰撞,达到美观的效果。

应用工具类相关产品分析见表 4-11。

应用工具类产品分析 表 4-11

产品名称	产品分析
广联达 BIMSpace 机电深化	广联达 BIMSpace 机电深化基于管综精灵强大的管综模块，新增碰撞检测、净高分析、支吊架设计功能。解决深化设计中的痛点和难点，大幅提升管综调整效率和深化设计质量，进而提升 BIM 应用价值，推动向下游施工延伸应用，促进 BIM 成果落地
Revit	可进行机电多专业管线建模及深化设计出图，可实现多专业协同建模，处理碰撞，与建筑、结构、装饰等专业整合
Magicad	集成自动翻模、模型检查、管线综合与二维出图为一体，提升机电管线调整、路由优化效率，解决多专业协同问题，满足建筑高程管理要求；同时二维出图内置国内出图标准，自动生成专业平面图、管综剖面图、支吊架剖面图、预留孔洞平面及墙洞剖面图，快速输出符合国内制图标准的图纸，指导现场施工
Navisworks	模型综合及空间管理、碰撞检测

4.2.2　钢结构深化设计

应用价值：对钢结构精细的结构细部进行建模，进行面向加工、安装的详细设计，生成钢结构施工图。模型创建完成后，可以直接统计工程量，精度较高。模型可导入其他软件中，实现不同专业模型整合应用。

相关产品分析见表 4-12。

应用工具类产品分析 表 4-12

产品名称	产品分析
Tekla	专注于钢结构深化设计，专业程度高，建模完成后，可导出图纸、清单、其他格式的模型信息等，可用于结构分析、模型参考、渲染出图、清单处理等。同时，可与其他众多软件进行数据交互
Advance Steel	基于 AutoCAD 平台的钢结构深化设计软件，可实现复杂异形钢构件创建、清单统计，与 Revit 进行平台整合，可导入 NavisWorks、SolidWorks 进行协调，但目前国内钢结构节点较少，还需完善
Revit	可进行钢结构建模及深化设计、工程量提取

4.2.3　土建深化设计

应用价值：对建筑、结构进行建模，可进行工程量统计，与其他专业模型拟合，进行深化设计，进行模型审查，发现问题，用以指导现场施工，对复杂节点可进行三维可视化交底。

相关产品分析见表 4-13。

应用工具类产品分析

表 4-13

产品名称	产品分析
Revit	进行建筑结构建模的基础性软件，可实现模型创建、工程量统计、模型碰撞处理等
广联达 BIMMAKE	基于广联达自研图形平台开发，进行施工阶段的 BIM 建模和深化设计软件，实现主体模型创建、CAD 翻模，并基于施工阶段业务特性进行模型深化，划分流水段和增加施工构件属性。针对混凝土工程、钢筋工程、二次结构和砌体工程等快速进行深化设计，提取工程量和输出图纸与模型并指导施工

4.2.4　模架体系深化设计

应用价值：对模架进行三维立体化、参数化设计，形成加工料表，进行工厂预制化加工，提高生产精确度和生产效率。

相关产品分析见表 4-14。

应用工具类产品分析

表 4-14

产品名称	产品分析
广联达 BIMMAKE	基于广联达自研图形平台开发，支持二维图纸识别建模，也可以导入广联达算量产生的实体模型辅助建模。根据参数智能生成作业脚手架、模架支撑架的模型，实现基于主体模型的模架设计，快速输出模架平台图、剖面图、工程量表、计算书；实现基于主体模型的木模板配模设计，快速输出模板配置图、加工图、工程量表
品茗模架软件	基于 Revit 平台的插件，可进行模架智能计算布置，生成配模施工图及下料表，可进行材料用量明细表导出，输出模板、脚手架平面布置图，输出施工方案及计算书

4.2.5　装饰装修深化设计

应用价值：进行模型搭建，与建筑、结构、机电等专业整合，可进行复杂节点深化、可视化交底、碰撞检测、装饰面砖排版、施工方案对比，模型完成后可进行渲染。

相关产品分析见表 4-15。

应用工具类产品分析

表 4-15

产品名称	产品分析
Revit	进行模型搭建，复杂节点深化设计，可进行渲染出图，但渲染效果较差、渲染速度较慢，操作复杂
Lumion	导入 Revit 模型进行渲染，渲染效果真实，可进行动画展示，渲染速度快，但不能进行施工进度模拟，主要用于静帧图片展示
Fuzor	可载入 Revit 模型，进行碰撞检查与施工模拟，同时可进行漫游检查，沉浸体验强，可用于三维交底，可视化程度高
SketchUp	进行建筑模型搭建，操作快捷简单，模型参数提取较困难，主要用于设计方案三维快速绘制

4.2.6 小市政深化设计

应用价值：建立地下管线模型，使二维图纸上复杂、大量的信息变得立体化、可视化、信息化，对管线进行深化设计，碰撞检查，在纵断面、横断面中进行核查调整，相较于传统二维方式更有效直观。

相关产品分析见表 4-16。

应用工具类产品分析 表 4-16

产品名称	产品分析
Civil3D	用于建立道路工程、场地、雨水 / 污水排放系统以及场地规划设计。所有曲面、横断面、纵断面、标注等均以动态方式链接做出更明智的决策并生成最新的图纸
PowerCivil	路线、场地、勘测、给水排水、桥梁、隧道等的三维设计建模软件
BentlyNavigator	用于三维系统设计浏览、分析、模拟，可进行三维模型交互式浏览、跨专业综合碰撞检查、进度模拟和安全检查

4.2.7 施工总平面布置设计

应用价值：根据项目场地情况，结合项目施工组织安排，基于 BIM 设计各阶段现场材料堆场、临时道路、垂直运输机械、临水临电、CI 等内容的平面布局；同时对现场办公区、生活区进行规划布置，保证施工现场空间上、时间上的高效组织，并可提取临建工程量支撑临建管理。

相关产品分析见表 4-17。

应用工具类产品分析 表 4-17

产品名称	产品分析
Revit	可以精细化创建临建 BIM 模型，进行模型渲染和提取临建工程量，模型信息丰富但达到满足施工现场布置需要的模型精度的建模工作量较大
品茗 BIM 施工策划软件	可基于 CAD 场布平面图快速建模，符合国内施工需求的建模效率高，但模型渲染效果相较于常用的 BIM 效果类软件还有差距
Lumion	可以进行临建模型渲染和漫游动画制作，软件操作简单且效果逼真，但渲染时间较长，模型导入后数据信息易丢失和更改
3dsmax	可以进行临建模型渲染和动画制作，渲染效果逼真，但软件较难掌握
广联达 BIMMAKE	基于广联达自研图形平台开发，支持场地构件建模，也可以导入设计和招投标算量产生的实体模型，辅助建模可以进行精细化的临建 BIM 模型的创建，支持模型渲染和临建工程量提取

4.3 施工过程管理阶段

BIM 技术在施工过程管理阶段可以有如下多个方面的应用：施工进度模拟、施工组织模拟、数字化工业建造、施工进度、质量、安全、成本等过程管理。

数字化工业建造的前提是详尽的数字化信息，而 BIM 模型的构件信息都以数字化形式存储。例如像数控机床这些用数字化建造的设备需要的就是描述构件的数字化信息，这些数字化信息为数控机床提供了构件精确的定位信息，为建造提供了必要条件。

通过 BIM 技术与 3D 激光扫描、视频、图片、GPS、移动通信、RFID（二维码等射频识别技术）、互联网等技术的集成，可以实现对现场的构件、设备以及施工进度和质量的实时跟踪。另外，通过 BIM 技术和管理信息系统的集成，可以有效支持造价、采购、库存、财务等的动态精确管理，减少库存开支，在竣工时可以生成项目竣工模型和相关文件，有利于后续的运营管理。并且业主、设计方、预制厂商、材料供应商等可利用 BIM 模型的信息集成化与施工方进行沟通，提高效率，减少错误。

4.3.1　可视化交底

应用价值：应用 BIM 可视化的特点，针对项目技术交底、质量样板、安全体验教育等方面重点管控的工艺、工序、节点、危险作业环境等进行 BIM 模型创建，导入可视化交互设计软件或平台端进行交底内容的详细设计，输出成果至交互媒介，如 VR、MR 设备，二维码使得现场作业人员能更直观和高效地掌握传递的管控重点内容。通过 BIM 软硬件集成应用，提高教育、交底、培训的体验感和真实感，提高相应管理效率。

应用工具类、集成管理类、软硬件集成类相关产品分析见表 4-18 ～ 表 4-20。

应用工具类产品分析

表 4-18

产品名称	产品分析
Revit	可以根据交底的具体内容精细化创建交底 BIM 模型，模型信息丰富，但建模工作量较大；软件可以完成交底模型的渲染，但渲染成果用于交底通常精度不足
Fuzor	可以将 BIM 模型转化成带数据的 BIMVR 场景，也可实现 4D 施工模拟
3dsmax	可以根据交底的具体内容精细化创建交底 BIM 模型，模型造型体现逼真，但模型信息不够丰富，同时可以输出可视化交底交互设计软件所需的文件（如全景照片、渲染和动画），软件较难掌握
Lumion	可以对交底 BIM 模型进行渲染处理，同时输出交底交互设计软件所需的文件（如全景照片、渲染），操作简单但渲染时间较长，模型导入后数据信息易丢失和更改
720yun	可以进行可视化交底的交互设计，基于输出的全景照片，可以添加热点、场景切换、录入文字及图片等辅助交底的说明信息，还可以输出交互媒介（如二维码）。操作简单，交底设计丰富，但对全景照片的质量要求较高
广联达 BIM 可视化交底软件	借助 BIM 模型的可视化，实现交底内容形式的拓展，不仅可以看文字，还可以看模型、看视频等；通过移动端进行分享，实现随时随地查看交底内容。覆盖交底的后续签收、执行、归档等环节，实现交底的全流程管控
广联达 BIM 工序动画制作软件	可以导入 40 种以上的模型格式，用于加工制作 3D 工艺工序动画。功能设计简单易学，根据施工工艺定制相关动画编辑功能，极大降低动画制作门槛
TrimbleConnect	对可视化交底模型进行轻量化处理，导入到 VR 交互设备中进行呈现

集成管理类产品分析

表 4-19

产品名称	产品分析
广联达 BIM 项目级管理平台	以 BIM 平台为核心，集成全专业模型，并以集成模型为数据载体，为施工过程中的进度、合同、成本、质量、安全、物资等方面的管理提供数据支撑，实现有效决策和精细化管理，从而达到减少施工变更、缩短工期、控制成本、提升质量的目的
清华大学 4D-BIM 系统	清华大学研发的"基于 BIM 的工程项目 4D 施工动态管理系统"（简称 4D-BIM 系统）是国家"十五""十一五"科技支撑计划的研究成果。通过将 BIM 与 4D 技术有机结合起来，引入建筑业国际标准 IFC，研究基于 IFC 标准的 BIM 体系结构、模型定义及建模技术、数据交换与集成技术，将建筑物及其施工现场 3D 模型与施工进度、资源、安全、质量、成本以及场地布置等施工信息相集成，建立基于 IFC 标准的 4D-BIM 模型，实现了基于 BIM 的施工进度、施工资源及成本、施工安全与质量、施工场地及设施的 4D 集成管理、实时控制和动态模拟
欧特克 BIM360	BIM360 是一款基于云的互联网 BIM 数据管理平台，同时支持图纸与 BIM 模型的轻量化、同步、修改和协同。BIM360 与欧特克系列软件深度结合，可以方便地将本地模型文件通过软件 BIM360 模块与云端数据协同与交互，让团队中不同成员实时掌握最新的数据，并完成对整个项目数据的统计、分析和管理工作
甲骨文 Aconex	甲骨文 Aconex 是广泛采用的大型工程建设项目管理协同平台，可以管理项目中数量众多的参与者以及海量的图纸、文档、3D（BIM）模型、跨组织的流程和决策，并提供对全项目范围的所有流程管理，包括文档管理、工作流管理、BIM 协同、质量和安全管理、招投标、移交与运维、报表分析、信息通知等
鲁班 BIM 软件	鲁班 BIM 软件定位建造阶段 BIM 应用，为广大行业用户提供业内领先的工程基础数据与 BIM 应用两大解决方案，形成了完整的两大产品线。鲁班软件围绕工程项目基础数据的创建、管理和应用共享，基于 BIM 技术和互联网技术为行业用户提供从工具级、项目级到企业级的完整解决方案。其主要应用价值在于建造阶段碰撞检查、材料过程控制、对外造价管理、内部成本控制、基于 BIM 的指标管理、虚拟施工指导、钢筋下料优化、工程档案管理、设备（部品）库管理、建立企业定额库
品茗 CCBIM	品茗 CCBIM 是品茗旗下专业的 BIM 项目团队协同工具，是集数据管理、微信沟通、看图看模三大优势于一体的轻量化 BIM 软件。专为工程建筑领域施工单位、咨询企业、工程监理单位等机构提供 BIM 相关服务，通过模型在移动端和 WEB 端轻量化显示和基于模型的协同功能让 BIM 协同工作更简单。具备品茗自主研发的模型轻量化引擎，能轻松实现模型和图纸的轻量化查看并支持采用二维码进行分享，同时该平台可与品茗旗下所有 BIM 软件无缝对接
译筑科技的 EveryBIM 中间件	EveryBIM 中间件是译筑科技自主研发，专为工程建设行业打造的轻量化 BIM 开发组件及二次开发平台，具备轻量化、大体量、全端口、多数据源等能力。以 BIM 为核心，为全过程项目管理提供更高效的可视化管理手段。充分利用 EveryBIM 平台的云端化、流程化、智能化等先进特性，为全过程项目管理各阶段、各业务提供信息化技术支撑
东晨工元 BIMe 协作平台	东晨工元 BIMe 协作平台是基于"超链接模型"概念，面向协同、工程管理、物联网数据集成等应用，提供自主模型格式、显示引擎及数据服务的可视化管理平台。为工程项目提供覆盖 BIM、BIM+GIS、BIM+VR 多场景应用的全生命期模型数据支撑和管理能力

软硬集成类产品分析　　　　　　　　　　　　　　　　　　　　　表 4-20

产品名称	产品分析
VR	虚拟现实 (Virtual Reality，简称 VR)，是一种可以创建和体验虚拟 BIM 空间的计算机仿真系统。利用 BIM 模型在计算机中生成模拟环境，通过多源信息融合、交互式的三维动态视景和实体行为的系统仿真，使用户沉浸到该环境中进行 BIM 的交互体验。核心技术有动态环境建模技术、实时三维图形生成技术、立体显示和传感器技术、系统集成技术等
AR	增强现实（Augmented Reality，简称 AR），是一种实时地计算摄影机影像的位置及角度，并加上响应 BIM 模型的技术，该技术的目标是在屏幕上把虚拟 BIM 模型套在现实世界并进行互动。其设备体验效果的核心除了 BIM 模型本身和响应动作之外，硬件效果主要在于设备计算芯片的算力和光学方案的显示效果，即设备配置越高，软件交互制作越精良，体验感越佳。主要特点分析： （1）感知全息化。融合多种感知手段采集的信息，并以可视化方式全息呈现。 （2）业务实景化。用实景画面展现业务场景，用户具有临场感。 （3）信息协同化。多种来源、多个维度的信息通过空间位置、目标对象加以聚合、关联。 （4）应用集成化。通过图标、标签等 AR 元素建立各类业务应用的入口，在一个全景界面中集成调用
MR	混合现实（Mixed Reality，简称 MR），是通过智能可穿戴设备技术，将现实世界与 BIM 模型相叠加，从而建立出一个新的环境，以及符合一般视觉上所认知的虚拟影像，使现实世界中的实物能够与虚拟世界中的物件共同存在并即时地产生互动，因此设备中会有一套 SLAM 系统对周边环境进行实时扫描，并需要 CPU 在设备里创建一个三角网虚拟世界与 BIM 模型进行互动，因此 MR 技术是目前扩展显示类设备中技术含量最高的一种，其硬件和配套软件成本也相对较高。主要特点分析： （1）虚实结合。真实的环境中增加虚拟的物体，虚实结合，实现更好的交流沟通。 （2）动作捕捉。具有动作捕捉技术，体验者可通过手势操作，与虚拟物体进行互动。 （3）增强体验感。虚实结合，让人身临其境。 （4）轻便灵活。头盔整体重量小，可长时间佩戴
智能 AR 全景	智能 AR 全景是以 AR 增强现实、大数据分析技术为核心，以视频地图引擎为基础，将高点视频内的建筑物、人、车、突发事件等细节信息以点、线、面地图图层的形式，自动叠加到基于高点的"实景地图"上，实现整个项目一张图指挥作战，增强全局指挥的功能，达到扁平化快速、精准指挥的效果。主要特点分析： （1）感知全息化。融合多种感知手段采集的信息，并以可视化方式全息呈现。 （2）业务实景化。用实景画面展现业务场景，用户具有临场感。 （3）信息协同化。多种来源、多个维度的信息通过空间位置、目标对象加以聚合、关联。 （4）应用集成化。通过图标、标签等 AR 元素建立各类业务应用的入口，在一个全景界面中集成调用

4.3.2　进度管理

应用价值：基于 BIM 技术进行项目进度计划管理，利用模型可视化的特点，将进度计划与模型构件挂接，进行模拟施工，结合输出的人材机资源投入统计数据及时调整和优化进度计划，过程中按实录入实际进度，并通过实际进度和计划进度的对比与分析，进行进度的动态纠偏管理。通过 BIM 软硬集成应用，提高计划编制效率和质量，实现实时的精细化进度管控。

应用工具类与集成管理类相关产品分析见表 4-21、表 4-22。

应用工具类产品分析　　　　　　　　　　　　　　　　　　　　　表 4-21

产品名称	产品分析
斑马进度计划	广联达斑马进度为工程建设领域提供最专业、智能、易用的进度计划编制与管理（PDCA）工具与服务。辅助项目从源头快速有效制定合理的进度计划，快速计算最短工期、推演最优施工方案，提前规避施工冲突；施工过程中辅助项目计算关键线路变化，及时准确预警风险，指导纠偏，提供索赔依据；最终达到有效缩短工期，节约成本，增强企业和项目竞争力、降低履约风险的目的
Navisworks	承接 Revit 创建的 BIM 模型，并可利用"选择树"和"集合"功能进行模型构件的分类，同时可以手工录入或导入进度计划表，并将模型构件与进度计划挂接，进行进度模拟，同时也可按实录入实际进度情况，进行对比分析，对进度计划进行动态纠偏管理。软件操作简单，但进度模拟的感官效果不好，并且无法输出资源曲线辅助进度计划的优化

集成管理类产品分析　　　　　　　　　　　　　　　　　　　　　表 4-22

软件名称	软件分析
广联达 BIM 项目级管理平台	广联达 BIM 项目级管理平台以 BIM 平台为核心，集成全专业模型，并以集成模型为数据载体，为施工过程中的进度、合同、成本、质量、安全、物资等方面的管理提供数据支撑，实现有效决策和精细化管理，从而达到减少施工变更、缩短工期、控制成本、提升质量的目的
清华大学 4D-BIM 系统	清华大学研发的"基于 BIM 的工程项目 4D 施工动态管理系统"（简称 4D-BIM 系统）是国家"十五""十一五"科技支撑计划的研究成果。通过将 BIM 与 4D 技术有机结合起来，引入建筑业国际标准 IFC，研究基于 IFC 标准的 BIM 体系结构、模型定义及建模技术、数据交换与集成技术，将建筑物及其施工现场 3D 模型与施工进度、资源、安全、质量、成本以及场地布置等施工信息相集成，建立基于 IFC 标准的 4D-BIM 模型，实现了基于 BIM 的施工进度、施工资源及成本、施工安全与质量、施工场地及设施的 4D 集成管理、实时控制和动态模拟

4.3.3　质量管理

应用价值：通过 BIM 软件的可视化能力将质量管控重点的工艺、工序和节点进行分解展示，同时快速收集现场的三维数据与模型对比分析质量情况，或通过手机 APP、平台和云端的配合应用完成现场质量问题巡查和整改的闭环管理，并可通过周期性的后台数据进行系统分析。通过 BIM 软硬集成应用，实现工程建造效率的极大提升，为建筑业实现精细化工业建造打下基础。

应用工具类、集成管理类与软硬集成类相关产品分析见表 4-23 ～ 表 4-25。

应用工具类产品分析　　　　　　　　　　　　　　　　　　　　　表 4-23

产品名称	产品分析
Revit	创建质量管理所需的 BIM 模型，如交底模型、质量控制节点模型等，同时可以创建高精度的 BIM 模型作为与现场实际施工实体进行对比的对象。建模精度高、模型数据信息丰富但建模工作量大
广联达 BIMMAKE	创建质量管理所需的实体建筑模型，如主体结构、二次结构、砌体工程、场地布置模型、模板支架模型
Trimble Realworks	对现场已施工实体进行三维扫描生成的点云数据进行处理，与 BIM 模型进行整合对比，进行墙面平整度、垂直度、阴阳角等实测实量，反映施工误差，并为后续工序提供现场真实尺寸。数据精度较高但配套使用的软硬件费用较高

续表

产品名称	产品分析
Lumion	可以对质量管理 BIM 模型进行渲染处理，同时输出交互设计软件所需的文件（如全景照片、渲染）。操作简单但渲染时间较长，模型导入后数据信息易丢失和更改
720yun	可以进行质量管理交底的交互设计，基于输出的全景照片，添加热点、场景切换、录入文字、图片等辅助交底的说明信息，还可以输出交互媒介如二维码。操作简单，交底设计丰富，但对全景照片的质量要求较高

集成管理类产品分析

表 4-24

产品名称	产品分析
广联达 BIM 项目级管理平台	广联达 BIM 项目级管理平台以 BIM 平台为核心，集成全专业模型，并以集成模型为数据载体，关联施工过程中的进度、合同、成本、质量、安全、物资等方面的管理并提供数据支撑，实现有效决策和精细化管理，从而达到减少施工变更、缩短工期、控制成本、提升质量的目的
清华大学 4D-BIM 系统	清华大学研发的"基于 BIM 的工程项目 4D 施工动态管理系统"（简称 4D-BIM 系统）是国家"十五""十一五"科技支撑计划的研究成果。通过将 BIM 与 4D 技术有机结合起来，引入建筑业国际标准 IFC，研究基于 IFC 标准的 BIM 体系结构、模型定义及建模技术、数据交换与集成技术，将建筑物及其施工现场 3D 模型与施工进度、资源、安全、质量、成本以及场地布置等施工信息相集成，建立基于 IFC 标准的 4D-BIM 模型，实现了基于 BIM 的施工进度、施工资源及成本、施工安全与质量、施工场地及设施的 4D 集成管理、实时控制和动态模拟
甲骨文 Aconex	甲骨文 Aconex 是广泛采用的大型工程建设项目管理协同平台，可以管理项目中数量众多的参与者以及海量的图纸、文档、3D（BIM）模型、跨组织的流程和决策，并提供对全项目范围的所有流程管理，包括文档管理、工作流管理、BIM 协同、质量和安全管理、招投标、移交与运维、报表分析、信息通知等
鲁班 BIM 软件	鲁班 BIM 软件定位建造阶段 BIM 应用，为广大行业用户提供业内领先的工程基础数据、BIM 应用两大解决方案，形成了完整的两大产品线。鲁班软件围绕工程项目基础数据的创建、管理和应用共享，基于 BIM 技术和互联网技术为行业用户提供从工具级、项目级到企业级的完整解决方案。其主要应用价值在于建造阶段碰撞检查、材料过程控制、对外造价管理、内部成本控制、基于 BIM 的指标管理、虚拟施工指导、钢筋下料优化、工程档案管理、设备（部品）库管理、建立企业定额库
品茗 CCBIM	品茗 CCBIM 是品茗旗下专业的 BIM 项目团队协同工具，是集数据管理、微信沟通、看图看模三大优势于一体的轻量化 BIM 软件。专为工程建筑领域施工单位、咨询企业、工程监理单位等机构提供 BIM 相关服务，通过模型在移动端和 WEB 端轻量化显示和基于模型的协同功能让 BIM 协同工作更简单。具备品茗自主研发的模型轻量化引擎，能轻松实现模型和图纸的轻量化查看并支持采用二维码进行分享，同时该平台可与品茗旗下所有 BIM 软件无缝对接

软硬集成类产品分析

表 4-25

产品名称	产品分析
BIM 放线机器人	BIM 放线机器人，亦称智能全站仪，该全站仪主要有通过红色激光指示测量放样点位的全站仪主机、用于控制、选择测量或放样点的操作手簿以及配套的三脚架和棱镜套装组成。主要特点分析如下： （1）基于 BIM 基础测量。基于 BIM 的建筑施工基础测量，通过自动照准或跟踪、放样自动转动和导向光指示等功能提高测点和放样工作效率和精度。 （2）结合 BIM 辅助验收。将实测实量信息与设计模型信息对比分析，保证了施工精度，使验收结果全面、直观、有说服力。 （3）操作简单、降低成本。仪器操作简单，自动化程度高，1 人即可完成传统 3 人的工作，同时降低对作业人员的专业技能要求，降低放线作业成本 50% 以上

163

产品名称	产品分析
三维扫描机器人	三维扫描机器人，也称之为三维扫描仪，是一种科学仪器，用来侦测并分析现实世界中物体或环境的形状、几何构造、外观数据，如颜色、表面反照率等性质。搜集到的数据用来进行三维重建计算，在虚拟世界中创建实际物体的数字模型。主要特点分析如下： （1）高速作业。全流程自动化实现，2 分钟左右即可完成一个房间的全系列实测数据采集和计算，只需一个工作人员即可完成所有操作，多项指标一次性获取。 （2）高精度。基于毫米级的点云数据和高清的全景照片准确还原现场。 （3）高密度。通过对被测物体的精细程度设定一定的采样间隔，从而得到密度足够高的点云数据。 （4）全天候。三维激光扫描通过主动发射激光束的方式来完成对目标点的测量，不需要外部光线，使得扫描能够摆脱时间和空间的限制，真正实现全天候测量。 （5）轻量化应用。数据形式更直观，无需专业 BIM 软件或协同平台，直接基于 WEB 端网页进行浏览查看
无人机倾斜摄影	无人机倾斜摄影系统是一种用于测绘科学技术、土木建筑工程领域的物理性能测试仪器，一般由旋翼和固定翼无人机、倾斜摄影相机、测量仪等组成，其功能主要用于航拍摄影测量，三维数字建模（真三维模型）每一个点都有精确的坐标，还原地物的实际面貌，得到具有测量价值的真三维模型。主要特点分析： （1）真正射影像（TDOM）。可以获得全区域覆盖的高精度 DSM，精度更接近于地形图，为后期测图提供了较好的数据基础。 （2）数字地表模型（DSM）。涵盖建筑物的各个侧面信息，保证点云的数量和质量（精度），生成高精度的 DSM。 （3）基础地形图测绘。无需外业实测，倾斜摄影影像即可快速生成 1 ： 500 大比例尺地形图，满足精度要求
VR	虚拟现实 (Virtual Reality，简称 VR)，是一种可以创建和体验虚拟 BIM 空间的计算机仿真系统。利用 BIM 模型在计算机中生成模拟环境，通过多源信息融合、交互式的三维动态视景和实体行为的系统仿真，使用户沉浸到该环境中进行 BIM 的交互体验。核心技术有动态环境建模技术、实时三维图形生成技术、立体显示和传感器技术、系统集成技术等
AR	增强现实（ Augmented Reality，简称 AR），是一种实时计算摄影机影像的位置及角度，并加上响应 BIM 模型的技术，该技术的目标是在屏幕上把虚拟 BIM 模型套在现实世界并进行互动。其设备体验效果的核心除了 BIM 模型本身和响应动作之外，硬件效果主要在于设备计算芯片的算力和光学方案的显示效果，即设备配置越高，软件交互制作越精良，体验感越佳。主要特点分析： （1）感知全息化。融合多种感知手段采集的信息，并以可视化方式全息呈现。 （2）业务实景化。用实景画面展现业务场景，用户具有临场感。 （3）信息协同化。多种来源、多个维度的信息通过空间位置、目标对象加以聚合、关联。 （4）应用集成化。通过图标、标签等 AR 元素建立各类业务应用的入口，在一个全景界面中集成调用
MR	混合现实 (Mixed Reality，简称 MR)，是通过智能可穿戴设备技术，将现实世界与 BIM 模型相叠加，从而建立出一个新的环境，以及符合一般视觉上所认知的虚拟影像，在这之中现实世界中的实物能够与虚拟世界中的物件共同存在并即时地产生互动，因此设备中会有一套 SLAM 系统对周边环境进行实时扫描，并需要 CPU 在设备里创建一个三角网虚拟世界与 BIM 模型进行互动，因此 MR 技术是目前扩展显示类设备中技术含量最高的一种，其硬件和配套软件成本也相对较高。主要特点分析： （1）虚实结合。真实的环境中增加虚拟的物体，虚实结合，实现更好的交流沟通。 （2）动作捕捉。具有动作捕捉技术，体验者可通过手势操作，与虚拟物体进行互动。 （3）增强体验感。虚实结合，让人身临其境。 （4）轻便灵活。头盔整体重量小，可长时间佩戴

产品名称	产品分析
工业机器人	工业机器人应用较多的有两类，一类是工艺类机器人，一类是管理类机器人。工艺类机器人，是从施工技术出发所研制的施工工艺机器人，例如砌砖机器人、搬运机器人、焊接机器人和装饰板施工机器人等，这些机器人能够在某些占据大量重复劳动且复杂程度不高的工艺上起到非常大的作用。管理类机器人，目前讨论较活跃的是四足机器人，相对于工艺机器人，四足机器人则是针对其移动机制进行的定义。目前四足机器人发展还不够完善，大多数四足机器人还停留在实验室研究和演示阶段，个别机器人已应用于施工现场，从事现场巡检、拍照、搬运等工作。特点分析如下： （1）高度灵活。6 轴机械臂，可以在空间任意面内进行作业。 （2）安全保护。具有接地、漏电压、漏电流保护，安全指标符合国家标准。 （3）高度仿生。模仿人体关节活动原理，灵活机动。 （4）全自动循环。整个系统为完全自动循环作业，无须人为干预
3D 打印设备	混凝土 3D 打印作为一种近年崛起的增材制造技术，已在模具制造、工业设计等领域取得较多成果，在建筑等领域的运用方兴未艾。基于挤压层积式 3D 打印混凝土技术，在无需模板支撑的情况下，将水泥砂浆的挤出条状物逐层堆积，逐步打印构件，是建筑领域的全新尝试

4.3.4　安全管理

应用价值：在施工建造阶段，基于 BIM 模型可视化的特点，基于 BIM 模型进行现场危险源辨识，完成安全措施模型创建，进行施工现场安全教育、交底、巡查、整改、危险源监控等现场安全管理工作。同时可通过手机 APP、平台和云端配合应用完成现场安全巡检和安全问题的整改闭环管理，并可通过周期性的后台数据进行系统分析。通过 BIM 软硬集成应用，实现安全管理全覆盖、无死角，提高安全管理效率，降低安全事故。

应用工具类、集成管理类及软件集成类相关产品分析见表 4-26 ～ 表 4-28。

应用工具类产品分析　　　　　　　　　　　　　　　　表 4-26

产品名称	产品分析
Revit	创建安全管理对象建筑物和安全措施设施的 BIM 模型，如临边防护模型、洞口防护模型等。建模精度高，模型数据信息丰富，但建模工作量大
广联达 BIMMAKE	创建安全管理所需的实体建筑模型，如模板支架模型、临边防护模型、洞口防护模型等
Fuzor	可实现基于 BIM 模型自动识别临边、洞口等危险源，并生成安全措施设施模型，如临边防护栏杆、洞口防护盖板等，同时可完成模型漫游排查安全死角。软件操作简单，适应性高，但软件价格较高
Navisworks	可基于 BIM 模型进行漫游排查危险源及安全措施、设施的设置情况。操作简单但无法创建安全措施模型，只能起到漫游检查和校核的作用

集成管理类产品分析　　　　　　　　　　　　　　　　表 4-27

产品名称	产品分析
广联达 BIM 项目级管理平台	广联达 BIM 项目级管理平台以 BIM 平台为核心，集成全专业模型，并以集成模型为数据载体，为施工过程中的进度、合同、成本、质量、安全、物资等方面的管理提供数据支撑，实现有效决策和精细化管理，从而达到减少施工变更、缩短工期、控制成本、提升质量的目的

续表

产品名称	产品分析
清华大学 4D-BIM 系统	清华大学研发的"基于 BIM 的工程项目 4D 施工动态管理系统"（简称 4D-BIM 系统）是国家"十五""十一五"科技支撑计划的研究成果。通过将 BIM 与 4D 技术有机结合起来，引入建筑业国际标准 IFC，研究基于 IFC 标准的 BIM 体系结构、模型定义及建模技术、数据交换与集成技术，将建筑物及其施工现场 3D 模型与施工进度、资源、安全、质量、成本以及场地布置等施工信息相集成，建立基于 IFC 标准的 4D-BIM 模型，实现了基于 BIM 的施工进度、施工资源及成本、施工安全与质量、施工场地及设施的 4D 集成管理、实时控制和动态模拟
甲骨文 Aconex	甲骨文 Aconex 是广泛采用的大型工程建设项目管理协同平台，可以管理项目中数量众多的参与者以及海量的图纸、文档、3D（BIM）模型、跨组织的流程和决策，并提供对全项目范围的所有流程管理，包括文档管理、工作流管理、BIM 协同、质量和安全管理、招投标、移交与运维、报表分析、信息通知等
鲁班 BIM 软件	鲁班 BIM 软件定位建造阶段 BIM 应用，为广大行业用户提供业内领先的工程基础数据、BIM 应用两大解决方案，形成了完整的两大产品线。鲁班软件围绕工程项目基础数据的创建、管理和应用共享，基于 BIM 技术和互联网技术为行业用户提供从工具级、项目级到企业级的完整解决方案。其主要应用价值在于建造阶段碰撞检查、材料过程控制、对外造价管理、内部成本控制、基于 BIM 的指标管理、虚拟施工指导、钢筋下料优化、工程档案管理、设备（部品）库管理、建立企业定额库
品茗 CCBIM	品茗 CCBIM 是品茗旗下专业的 BIM 项目团队协同工具，是集数据管理、微信沟通、看图看模三大优势于一体的轻量化 BIM 软件。专为工程建筑领域施工单位、咨询企业、工程监理单位等机构提供 BIM 相关服务，通过模型在移动端和 WEB 端轻量化显示和基于模型的协同功能让 BIM 协同工作更简单。具备品茗自主研发的模型轻量化引擎，能轻松实现模型和图纸的轻量化查看并支持采用二维码进行分享，同时该平台可与品茗旗下所有 BIM 软件无缝对接

软硬集成类产品分析　　　　　　　　　　　　　　　　　　表 4-28

产品名称	产品分析
BIM 放线机器人	BIM 放线机器人，亦称智能全站仪，该全站仪主要由通过红色激光指示测量放样点位的全站仪主机，用于控制、选择测量或放样点的操作手簿以及配套的三脚架和棱镜套装组成。主要特点分析如下： （1）基于 BIM 基础测量。基于 BIM 的建筑施工基础测量，通过自动照准或跟踪、放样自动转动和导向光指示等功能提高测点和放样工作效率和精度。 （2）结合 BIM 辅助验收。将实测实量信息与设计模型信息对比分析，保证了施工精度，使验收结果全面、直观、有说服力。 （3）操作简单、降低成本。仪器操作简单，自动化程度高，1 人即可完成传统 3 人的工作，同时降低对作业人员的专业技能要求，降低放线作业成本 50% 以上
机械监测	施工现场常用的施工机械设备主要有塔吊、外用电梯、汽车吊、挖掘机、盾构机等，而用于机械监测的设备较成熟的就是塔吊、外用电梯，通过人脸指纹等对机械操作司机进行身份认证，物联网技术数字化显示现场塔机的幅度、高度、重量、倾角等运行数据，并与 BIM 技术相结合，通过模型直观呈现现场塔机运行情况，包括所在位置、状态、碰撞信息、是否预警等，精准呈现现场机械报警设备和部位，实现精准高效管理，并可实现近程、远程查看塔吊实时数据、异常告警推送、历史数据查询等功能，便于远程监管并积累项目管理数据。还可以对机械的运行效率进行统计分析，形成每一类型机械的工作效率值，赋能设备的选型和设备运行监控。主要特点分析如下： （1）真人语音报警。驾驶员违规操作时，主机发出真人语音报警，并在屏幕上显示红色预警、报警文字提示，提醒驾驶人员规避风险。 （2）传感器无损安装。传感器安装步骤简单，部署方便，不改变设备原有结构，避免因更改塔吊本身结构带来的隐患。 （3）数字化模型展示。物联网技术和 BIM 技术相结合，通过模型直观呈现现场塔机运行情况，包括所在位置、在线状态、是否预警等信息

续表

产品名称	产品分析
危大工程监测	行业内常用的监测项目有深基坑、高大模架和脚手架、钢结构安装等。深基坑的监测，主要是在基坑开挖及结构施工阶段，对基坑位移、沉降、地下水位、支撑结构内力变化和周边相邻建筑物情况进行监测，并对监测数据实时采集、复核、汇总、整理、分析，对超警戒数据进行报警，为施工提供可靠的数据支持，保证基坑作业安全，及时规避风险。高大模架和脚手架的监测，主要是实时监测模架或脚手架系统的轴压、位移、倾斜等变化情况，超过阈值后，通过系统推送预警信息至管理人员，采取相应措施及时整改，同时作业现场声光报警，提示作业人员停止作业并及时撤离，有效避免因支撑系统变化过大发生垮塌事故。钢结构安装监测，主要是通过实时监测钢结构施工过程中的应力变化数据，准确掌握构件在施工过程中的应力变化规律，通过应力变化的差异性、不均匀性了解核心构件的真实施工应力积累，从而了解整个大体量钢结构的工作状态，保障整体结构处于安全状态。以上监测项目与相应 BIM 模型进行实时关联，实现近远程实时呈现并实时监控，主要特点如下： （1）无线传输。采用 4G 信号，高速稳定传输数据。 （2）手机端查看。通过手机 APP，查看传感器运行数据，随时随地了解现场情况，及时采取远程沟通，实现对项目的管控。 （3）实时监测。测量整个工期的安全状态的变化，可实时对监测数据分析、报警，结合 BIM 环境，及时反应工程的状态，做到防微杜渐，避免大的事故发生。 （4）数据真实性。采用自动化设备及传感器，无人工干扰，实时传输，确保数据真实有效
环境监测	施工现场利用物联网技术，实时采集现场风速、温度、颗粒物等参数，并上传至智慧工地系统，结合 BIM 模型实时、定位呈现，当监测数值超过设定阈值，系统自动报警，并在模型中自动显示报警发生的位置和报警类型，让管理者精准定位、精准干预，高效解决报警发生的问题，同时，还可以自动联动喷淋设备，实现自动降尘。基于物联网的环境监测与自动喷淋系统的应用可有效减少施工现场对空气环境的污染，同时达到节约人力成本和节约用水的效果。主要特点分析如下： （1）实时监测。实时监测现场 $PM_{2.5}$、PM_{10}、风速、噪声、温湿度等，并将采集到的数据自动上传至智慧工地系统。 （2）多维度分析。以丰富的图表、曲线等形式提供项目的月度、24 小时、实时监测数据及报警信息等。 （3）专业传感器。施工现场专用颗粒物传感器，测量准确、寿命长、免维护。 （4）性能稳定。针对施工现场电压不稳定的情况开发专用电源，适合 220VAC-600VAC 的宽压电源。 （5）喷淋联动。监测数据超过阈值时，自动推送报警信息，联动现场喷淋设备
水电监测	施工现场采用 NB-IoT 技术，实时监测办公区、生活区、施工区用电量，同时按日、周、月、季度等区间统计，通过与计划值对比分析现场用电量是否超标，并结合现场场地布置 BIM 模型实时呈现超标值、预警值，为项目配电的精准管理提供工具，为绿色施工提供数据支撑，主要特点分析： （1）远程抄表。实时自动监测项目用水用电情况，采用 4G 信号，高速稳定传输数据，通过智慧工地系统，依托 BIM 场地模型，远程查看用水用电情况。 （2）数据分析。统计不同阶段水电总量和不同区域水电总量，通过耗水、电量合理性分析，辅助项目精细化管理。 （3）性能可靠。安装避免布线，免除中间环节采集器，单点不受距离限制，减少系统故障率，安装维护方便简单。 （4）信号稳定。信号网络深度覆盖、超低功耗、通讯稳定可靠。 （5）长时续航。锂电池供电，电池寿命 8 年以上
智能 AR 全景	智能 AR 全景是以 AR 增强现实、大数据分析技术为核心，以视频地图引擎为基础，将高点视频内的建筑物、人、车、突发事件等细节信息以点、线、面地图图层的形式，自动叠加到基于高点的"实景地图"上，实现整个项目一张图指挥作战，增强全局指挥的功能，达到扁平化、快速、精准指挥的效果。主要特点分析： （1）感知全息化。融合多种感知手段采集的信息，并以可视化方式全息呈现。 （2）业务实景化。用实景画面展现业务场景，用户具有临场感。 （3）信息协同化。多种来源、多个维度的信息通过空间位置、目标对象加以聚合、关联。 （4）应用集成化。通过图标、标签等 AR 元素建立各类业务应用的入口，在一个全景界面中集成调用

4.3.5　造价管理

应用价值：利用 BIM 技术在数据储存、调用和传递上具有的高效性，创建造价管理模型，植入算量扣减规则，对造价工程量信息进行提取、分类整理、汇总计算和传递，进而辅助预算、过程对量、结算等各阶段的造价管理工作。通过 BIM 集成应用，实现算量效率、对量效率、结算效率的大幅度提升。

应用工具类与集成管理类相关产品分析见表 4-29、表 4-30。

应用工具类产品分析　　　　　　　　　　　　　　　　　　　　　表 4-29

产品名称	产品分析
Revit	可按照达到算量需求的建模规则创建 BIM 模型，提取各构件工程量信息，帮助完成施工过程的材料精细化管理，同时也可向专业算量软件或插件完成模型传递交互，减少多次建模，提高效率。建模精度高，模型信息丰富，但建模工作量大，同时用于造价管理的模型应严格按照建模规则创建，明确扣减规则和构件族的类型定义与属性赋值
广联达 BIMMAKE	可以按算量需求及规则创建 BIM 模型，可按照流水段提取主体结构的混凝土工程量、钢筋工程量、二次结构工程量、模架工程量等各构件工程量信息，可为施工过程所需的精细化管控提供数据依据
广联达算量软件（GCL、GQI、GGJ）	可创建土建、机电、钢筋等算量模型，内置定额和清单，提取的工程量能与清单进行挂接匹配。软件操作简单，但算量模型由于数据统计维度与预算口径高度匹配，与现场施工过程所需的实物量管控数据细度较难匹配，所以统计口径和规则上存在不一致的地方，对现场管控、支撑的完整性不够，用于施工现场管理需要针对性建立企业应用规则
斯维尔三维算量 ForRevit	基于承接的 Revit 模型或算量模型分析计算，自动完成工程量的扣减计算，形成明细表，同时可自动将模型的工程量与清单的编码进行关联，形成匹配清单的汇总工程量。操作简单，计算效率高，但是对承接的 BIM 模型有一定的要求

集成管理类产品分析　　　　　　　　　　　　　　　　　　　　　表 4-30

产品名称	产品分析
广联达 BIM 项目级管理平台	广联达 BIM 项目级管理平台以 BIM 平台为核心，集成全专业模型，并以集成模型为数据载体，为施工过程中的进度、合同、成本、质量、安全、物资等方面的管理提供数据支撑，实现有效决策和精细化管理，从而达到减少施工变更、缩短工期、控制成本、提升质量的目的
清华大学 4D-BIM 系统	清华大学研发的"基于 BIM 的工程项目 4D 施工动态管理系统"（简称 4D-BIM 系统）是国家"十五""十一五"科技支撑计划的研究成果。通过将 BIM 与 4D 技术有机结合起来，引入建筑业国际标准 IFC，研究基于 IFC 标准的 BIM 体系结构、模型定义及建模技术、数据交换与集成技术，将建筑物及其施工现场 3D 模型与施工进度、资源、安全、质量、成本以及场地布置等施工信息相集成，建立基于 IFC 标准的 4D-BIM 模型，实现了基于 BIM 的施工进度、施工资源及成本、施工安全与质量、施工场地及设施的 4D 集成管理、实时控制和动态模拟
鲁班 BIM 软件	鲁班 BIM 软件定位建造阶段 BIM 应用，为广大行业用户提供业内领先的工程基础数据与 BIM 应用两大解决方案，形成了完整的两大产品线。鲁班软件围绕工程项目基础数据的创建、管理和应用共享，基于 BIM 技术和互联网技术为行业用户提供从工具级、项目级到企业级的完整解决方案。其主要应用价值在于建造阶段碰撞检查、材料过程控制、对外造价管理、内部成本控制、基于 BIM 的指标管理、虚拟施工指导、钢筋下料优化、工程档案管理、设备（部品）库管理、建立企业定额库

4.4　竣工交付阶段

在运营维护阶段 BIM 可以有如下这些方面的应用：竣工模型交付、维护管理等。

施工方竣工后对 BIM 模型进行必要的测试和调整再向业主提交，这样运营维护管理方得到的不只是设计和竣工图纸，还能得到反映真实状况的 BIM 模型，其中包含了施工过程记录、材料使用情况、设备的调试记录以及状态等资料。BIM 能将建筑物空间信息、设备信息和其他信息有机地整合起来，结合运营维护管理系统可以充分发挥空间定位和数据记录的优势，合理制定运营、管理、维护计划，尽可能降低运营过程中的突发事件。

4.4.1　竣工验收

应用价值：整合所有专业模型，拟合建设工程实施过程中的技术资料、管理资料、进度资料、造价资料等，用以交付业主方。

相关产品分析见表 4-31。

应用工具类产品分析　　　　　　　　　　　　　　　　　　　　　表 4-31

产品名称	产品分析
Revit	拟合所有专业模型，是集成建筑模型信息的基础文件
广联达 BIMMAKE	精细化地创建 BIM 模型，模型信息丰富，内置构件库有大量构件，可用于竣工验收阶段模型资料交付
NavisWorks	可形成分析报告，用于竣工验收阶段模型资料交付
广联达 BIM 项目级管理平台	可导入 Revit 模型，整合工程实施过程中的技术资料、签证资料、施工管理资料等

4.4.2　运维管理

应用价值：整合所有专业模型，集成所有设备、末端等信息，用以交付使用单位后续使用和维护。

相关产品分析见表 4-32。

集成管理类产品分析　　　　　　　　　　　　　　　　　　　　　表 4-32

产品名称	产品分析
博锐尚格	可整合 Revit 模型，对接现场设备、探测器等工作状态数据，按照一定规则或标准整合成为最终运维管理平台可用数据。目前该类软件主要为运维厂商内部应用软件，未对市场形成开放
蓝色星球	可整合 Revit 模型，对接现场设备、探测器等工作状态数据，按照一定规则或标准整合成为最终运维管理平台可用数据

第 5 章　建筑业 BIM 应用发展趋势分析

从前述 BIM 应用调研的应用变化及趋势中可以看出，BIM 技术正深入项目的现场管理，横向突破施工阶段向全价值链延伸。同时，BIM 与其他新型信息技术的集成应用将有助于拓展 BIM 技术应用范围、应用场景，并且工程阶段覆盖将越来越广泛。另外，在行业专家观点部分中，多位专家也都提到，BIM 技术从施工技术管理向施工全过程精细化管理的拓展、从项目现场管理向企业经营管理的拓展、从单个阶段碎片化应用到全生命期集成式应用的拓展、从单一技术应用到集成技术应用的拓展等方面。

因此，本章将从应用和技术两个方面，重点分析 BIM 的未来发展趋势。在应用层面，重点从 BIM 在支撑项目施工精细化管理和项目全过程管理两方面进行分析，详述当前 BIM 应用在此两方面应用的现状、差距以及所需的关键支撑技术等。在技术层面，详细分析 BIM 作为智能建造关键支撑技术，在 BIM 开放能力、BIM 与多技术（如 GIS、IoT、AI 等）融合等方面的技术发展情况和未来方向，以及其与企业数字化平台搭建的关系。呈现 BIM 在业务应用和技术发展两方面的新的趋势。在 BIM 广泛应用的基础上，BIM 技术完成了从应用点到价值面的延展，BIM 支撑行业全流程应用逐步成为共识。

5.1　BIM 技术支撑项目精细化管理应用

随着市场经济需求扩大，工程项目的开工数量迅猛增长，项目所必须的人、机、料、法、环等核心要素也紧随时代脉搏在发生日新月异的变化（表现为人口老龄化、疫情下的流动性限制等）。同时，建设项目参与方多、工艺复杂、过程交互信息量大、人工材料成本居高不下，给施工项目管理带来巨大挑战。传统的以人为本、经验引导、模糊预测的施工管理方式，已无法满足现阶段"向管理要效益"的需求。如何面对新形势，提升建筑行业生产力，实现项目在生产施工阶段的降本增效，成为摆在从业者面前的紧迫问题。

因此，探索项目精细化管理模式是施工企业提高企业利润率、追求高质量发展的根本方法和必经之路。随着项目 BIM 技术应用的普遍化，BIM 技术在不同阶段、不同管理领域的应用点逐步联成线与面。施工业务管理的高质量需求越发明显，整体管理呈现出紧密与精细的特点，利用 BIM 模型的诸多特性能够实现与业务紧密结合，达到降本增效的目的。

5.1.1　精细化管理是项目管理发展的必然趋势

建筑行业的施工现场精细化管理，可以借鉴制造行业的成熟经验，尤其是精益生产理论。此理论的核心是，在项目交付过程中，以价值流为中心，运用专业的技术和方法，实现客户价值最大化，浪费最小化。精益生产理论已经在汽车、飞机等制造业中，发挥了深远影响。但对于建筑业而言，每一个建筑物都存在差异性，对其进行精细化管理具有较大难度。但如果将每个建筑物进行细化拆解，到具体构件（如墙梁板柱）、具体工序（如钢筋绑扎、模板支护、混凝土浇筑），又是可以具备管理共性的。通过对从具象到不同层级的标准化管理共性进行抽提，并与 BIM 技术结合，将助力现场精细化管理能力的大幅提升。表现在如下三个层面：推动变拉动、缩短生产周期、减少浪费（图 5-1）。

精益建造"改进现场施工"三个维度

推动变拉动	缩短生产周期	减少浪费
1. 推式:用计划安排工作;拉式:根据数据确认工作周期 2. 拉动：能够更好地控制生产周期、提高生产稳定性	1. 减少不增加价值的时间来压缩生产周期 2. 生产周期=T生产+T检查+T等待+T移动	1. 使转化过程更加高效，减少分转化环节 2. 减少产生浪费的环节:检查、等待和移动

图 5-1　精益建造"改进现场施工"三个维度

项目的精细化管理主要体现在：

（1）精细化策划

精细化策划是指项目所制定的目标和计划都是有依据的、可操作的、合理的和可检查的。这个策划不单单指的是开工前一次性的，要在过程中不断校核，让管理过程结果无限地接近于目标。所以，精细化策划最大的支撑在于全过程的数据信息调用支撑。

（2）标准化实施

标准化实施是结合施工操作规程、工艺流程、工序特点在进行施工段或施工构件交付时，标准化地执行每一个作业面、每一构件、每一个工序的实施动作，从而让项目的基础管理运作更加规范。

（3）闭环式控制

闭环式控制要求项目业务的运作实现从计划、执行、校核到改进的闭环管理。控制好这个过程，就可以持续地优化管理行为，减少项目管理业务运作失误，杜绝部分管理漏洞，在变化的环境中持续实现项目的高质量运作。

（4）构件级核算

构件级的核算要求项目严控每一个工程构件的交付标准，在准确计算构件工程量的基础上，明确事前、事中、事后三个维度的管理动作和量化考核标准。对工程施工的每一个可度量的构件进行工程量对比和核算分析。通过核算分析去发现管理中的漏洞，及时纠偏，减少项目利润的流失。

（5）指标化分析

指标化分析是项目科学决策的重要方式之一。当前项目通过各种信息化系统，已经积累了海量管理数据。通过对这些数据进行分类、整合，在不同业务领域结合管理诉求和工程特征，形成本项目一项业务不同过程的、企业间同类项目相关业务的指标对比、积累，将对于施工企业发挥越来越大的作用。

5.1.2　实现精细化管理所需的核心 BIM 能力

精细化管理在上述 5 个方面的作用发挥，需要 BIM 技术进行支撑。并且随着云计算、大数据、AI 技术的发展，会更加体现出 BIM 在精细化管理中的核心作用。下文从几个关键方面进行阐释。

首先，在精细化策划层面，BIM 技术将多专业模型信息进行有效整合，从模型中提取出不同区域、楼层、流水段甚至构件的工程量，并将其与进度计划、合同清单、目标成本进行关联，能够大幅提升施工策划的效果。准确识别不同时间段、不同作业面的工料机需求和资金需求，使数字化虚拟建造成为项目管理的一项基本能力。

其次，在标准化实施层面，BIM 技术能够将每个作业区域加以空间定位展示，并将标准化管理动作与作业区域进行空间关联。在施工过程中，基于前置条件触发相关管理动作并将作业标准以信息模型为载体，在不同作业对象间进行信息传递。作业结果又通过 BIM 进行采集，结合大数据分析能力进行量化对比。给施工管理者提供资源超耗、进度延期、劳动力不足等信息预警，助力其采取纠偏动作。

基于 BIM 的施工作业标准化，对于现场施工的改变，可以归纳为四个步骤，如图 5-2 所示。

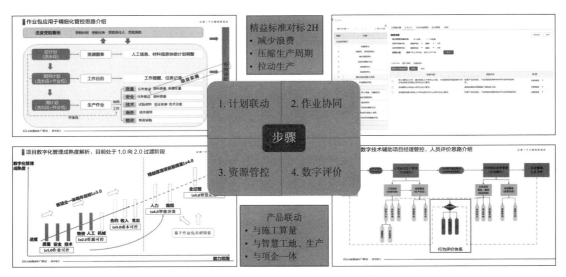

图 5-2　BIM 的施工作业标准化步骤

通过 BIM 作业标准化能够实现以进度为主线的高效率协同作业，并且这些作业是可度量、可优化的。所有管理动作都是围绕进度展开，包括各参与方的协同、总包各部门的日常工作、分包各作业面的施工。其背后又涉及各类资源的提前准备。

在进度管控方面，以某项目为进度管理对象，通过编制作业级的总、月、周计划，实现层层递进，上级监控里程碑，下级根据渐进明细的末位计划内容进行标准作业的跟踪执行。同时，在计划上能够自动提取 BIM 工程量信息，用以提前准备资源。

在资源管控方面，通过提取 BIM 数据，能够按照不同部位的作业内容，输出对应的材料计划量信息，再结合现场物联网设备采集的实际进场材料量信息，形成材料部位节超分析结果。原来每月一次的统计节超工作，在 BIM+ 物联网设备的共同作用下，实现了每日分析，并可实时预警材料超耗和未按期进场等情况。在场内物资的精细化管理方面，以钢筋加工和模架周转为例，结合专业 BIM 软件的钢筋翻样和模架计算能力，以及具体钢筋绑扎、模架安拆的作业时间，能够实现精确到天的场内不同作业区域之间的材料运输和周转，从而减少材料闲置造成的成本浪费。

最后，在构件级核算层面，BIM 技术已经普遍应用。通过算量建模，预算人员可快速、准确核算在建工程的成本，从而在与甲方的工程款申报、与分包商的结算支付中，更好地控制盈亏。

5.1.3　BIM 是实现精细化管理中的关键技术

BIM 技术具有三维可视化、可模拟性、构件级信息组织、信息集成性等特性，可支撑精细化项目管理的管控需求。BIM 的典型特性详述如下：

1. 可视化

通过 BIM 可视化特性实现二维变三维的模型转换，所见即所得，直观清晰地表达设计意图，快速准确理解施工难点及节点做法，搭积木式地进行构件拆分组合，实现虚实结合的拟建与已施工建筑对比分析，在设计、策划、施工、交付等多个阶段通过可视化无障碍交流，便于构件级精细度的管控。

2. 可模拟性

可模拟性即通过 BIM 技术赋予虚拟建筑实体大量的建筑信息，例如几何信息、管理信息、时间信息、技术信息、成本信息等，针对生产组织、进度优化、技术深化、构件加工、方案比选、成本控制等方面进行施工模拟策划分析，例如施工组织 5D 模拟、施工方案模拟与优化、工程量自动计算、施工工艺冲突、工序工艺节点深化模拟以及设备的运行模拟等模拟工作。

3. 构件级信息组织

BIM 技术天然具有构件级建模的特点，便于将各类工程信息进行更精细化的关联，甚至达到图元构件级别。利用构件级的信息统一和关联特点，让每一个构件关联相关管理领域的数据信息，满足全过程多维度的管理需求。

4. 模型信息集成性

模型信息集成性体现在 BIM 技术可支撑工程模型的全专业信息，并承载、集成全领域（施工工序、进度、技术、质量、安全、成本等管理领域以及人力、机械、材料资源等）管理信息，形成全周期工程信息描述，达到全覆盖、全承载水平。BIM 技术集成性完美地综合了拟建建筑物的所有信息，可随时随地通过不同端口方式调用信息。通过 BIM 技术的显著特性，结合精细化管理业务的需求，可以在整个建造周期满足与支撑精细管理模式。在投标策划阶段，通过建立构件级模型，可按照施工组织思路，在不同领域不同工作点进行模拟优化必选，确定主要方案后直接自动计算实体与非实体的工程量，迅速组价支撑投标决策、施工组织设计、成本目标拆解、计划制定等工作并进行工作思路交底等。

在施工阶段，通过模型的构件拆解与组合建模，按照施工顺序、交叉作业原则、工序工艺特点、流水段划分等维度，建立体系化任务分配方式，让模型构件关联方案模拟、工序动画、技术交底、验收知识库、洽商变更、质量安全制度要点、材料信息、劳动力需求量与工效、工程量等大量信息；再利用模型集成性的轻量化应用特性，让不同的管理者与参与者，在正确的任务时间，可视化地查阅调用，以多端口方式进行跟踪记录反馈，提高管理效率，降低管理成本。不同管理领域的各管理者通过模型集成信息的查阅与集成工作流程的流转，增强不同专业不同领域的工作协同性；而项目决策者通过模型多层级可视化信息的展现，掌控项目管理实施的即时监察数据，了解、追溯管理人员的执行力等，科学评价、纠偏项目管理动作，精细化分析项目的数据，系统性地思考，科学准确地进行决策与调整，实现项目精细化管理。

通过以上几点 BIM 技术特性与业务结合的梳理，综合全国建筑业大量的工程施工实践，可以看出 BIM 是实现精细化管理中的关键技术。

5.2　BIM 技术支撑项目全过程管理应用

在施工业务的管理过程中，管理应该是以各方对拟建建筑建造过程的各种信息交互与业务协作为主线的。而 BIM 应用也不应该只是点状单领域价值，应形成全流程链覆盖与融合。全过程管理这个概念一直伴随着 BIM，行业也普遍认为，BIM 如要发挥最大的价值，则应贯穿项目的设计、施工、运维全过程的。基于 BIM 技术的项目全过程应用可以更好地实现产业链各方协同完成建筑的设计、采购、施工、使用和运维，形成网络化与规模化的多方协作。在此过程中，各参建方之间不受时间、地点的限制，提升了各方互动频率，促进各方不断升级产品和服务，形成以项目成功为目标的利益共同体，真正实现项目的信息共享和跨角色的高效协作。

5.2.1　BIM 技术在项目全过程管理的应用现状

现阶段 BIM 应用主要聚焦在两个方面：一是把 BIM 作为单项业务生产工具，如正向设计、深化设计、用 BIM 工具对施工组织进行表达等；二是把 BIM 作为单项业务管理工具，如多专业的设计管理、多专业的深化设计协调、对多方的施工组织 BIM 成果进行工作统筹等。不管是把 BIM 作为单项业务生产工具还是作为单项业务管理工具，BIM 应用都没有真正融入招投标、施工过程管理及竣工交付全过程中，BIM 数据无法在不同阶段流通，无法对各阶段的信息传递和业务管理协同形成有效串联。造成 BIM 数据的割裂不流通主要有以下两方面因素影响。

一是各阶段对于模型包含的数据要求不同：设计阶段 BIM 模型一方面是为了提高图纸质量，一方面为了解决多专业协同设计问题，设计阶段输出的 BIM 数据主要包含模型几何数据、图纸以及设计相关的非几何数据（构件属性、材质、设计规范要求等）；施工招投标阶段以快速完成报价为目的，输出的 BIM 数据主要包含算量模型和工程量清单计价数据；施工阶段由于设计、施工对模型精度、组织方式、目标的不同，有一些模型可以用，但是现场应用仍需要大量工作量进行 BIM 设计深化，输出的 BIM 数据与设计阶段类似，但是数据颗粒度更加精细，比如模型几何数据要考虑施工安排及工艺做法，模型相关的非几何数据要增加各类施工管理信息；运维阶段更关注空间而非构件，并且由于引擎的承载能力、BIM 模型展示效果、流畅度等受到限制，运维管理平台大多数需要重新做模型。

二是软件间数据不互通：设计阶段为 BIM 数据的最初始来源，目前设计单位主要应用的软件类型为服务于 BIM 建模的工具类软件，其中占比最高的是 Autodesk 公司的 Revit、AutoCAD、Civil3D 等，其次是 SketchUp、Rhino、Bentley 公司的 MicroStation、Open 系列等软件、Tekla 等。施工招投标阶段为造价 BIM 数据的主要来源，目前施工单位及造价咨询方使用最多的为广联达造价系列软件，其次为鲁班、斯维尔等。施工深化设计阶段需要根据设计图纸或设计模型进行各专业的模型深化，目前施工单位应用最广泛的是 Autodesk 公司的 Revit 系列，其次为广联达 BIMMAKE、MagiCAD、Tekla 等。运维阶段主要承接施工阶段的 BIM 数据或采用 SketchUp 或 3dsMax 重新简化建模。从各阶段 BIM 应用的软件可以看出，由于软件不同、数据格式不同、包含的业务内容不同，软件间的数据互通存在较大难度。

5.2.2　项目全过程管理对 BIM 技术的核心要求

实现基于 BIM 技术的项目全过程管理需要解决 BIM 数据的互通问题，包含不同软件的数据格式互通及规范各阶段 BIM 数据标准，通过搭建多方参与的全过程 BIM 协同管理平台实现各阶段 BIM 数据的兼容和轻量化应用，同时配套的项目管理模式也需要进行一定程度的创新。

1. 各阶段 BIM 软件间的数据格式互通

实现 BIM 数据在全过程的数据互通，需要建立各阶段可兼容的数据交互格式标准。数据交互格式标准可采用各阶段 BIM 软件普遍兼容的中间格式，也可采用拟投入的 BIM 协同平台内部的原生格式。

IFC 标准是目前行业内兼容性最高的通用 BIM 数据标准，是一种中立的、开放的数据标准，采用基于对象的描述方式以表达复杂的信息。模型信息的交换需要开放的数据标准，这种开放性在数据共享与交换中发挥重要作用。IFC 标准是建筑全生命期内各方 BIM 实施关联方进行信息共享与交换的基础。

除 IFC 标准外，目前国内主流的 BIM 协同平台也都有内部原生数据交互格式标准，如广联达的 igms 标准等。数据格式交互标准需要考虑在不同建模平台（如 Autodesk、Bentley、广联达等）的兼容性，确保导出的数据信息完整不丢失，其次要考虑在不同软件之间的互通性。

2. 各阶段 BIM 成果交付标准、规范的制定

BIM 成果交付所包含的业务信息需要结合设计、施工招投标、施工深化设计、竣工交付各阶段的业务管理需求。

设计阶段 BIM 成果应包含施工图所需表达的全部信息；施工招投标阶段 BIM 成果应包含各专业的算量模型，构件的工程量信息应满足不同维度的统计要求；施工深化设计阶段 BIM 成果应根据施工设计图纸（含设计说明）、BIM 实施约束性文件和具体施工工艺特点对施工图设计模型进行补充、细化、拆分和优化等，形成可直接指导施工的工程信息模型；竣工交付阶段 BIM 成果应在深化设计模型基础上，根据工程项目竣工验收要求，通过修改、增加或删除相关模型构件或信息，创建能够反映竣工时点实体工程的工程信息模型。

各阶段针对相同 BIM 信息的表达应尽量保持一致，包括文件命名、单体、楼层、专业、构件命名、部位编码、工序做法等字段，以保证各模型相互关联时具备统一口径。

3. BIM 多方协同平台建设

实现 BIM 数据在全过程的数据互通，需要搭建多方参与的 BIM 协同管理平台，通过平台实现各阶段 BIM 数据的兼容和轻量化应用，并把设计、采购、生产、物流、施工、运维等各个环节集成起来，共享信息和资源，各参与方能够方便地从平台提取自己想要的数据，提高全过程信息集成、信息共享以及协同工作效率，并在数据不断积累的基础上实现大数据分析与深度挖掘。

4. 配套项目管理模式创新

在传统的业务模式下，设计、施工、运维各阶段是相对割裂的，参建各方都是利益的个体，相互之间是利益博弈的关系。在大多数应用 BIM 的项目中，设计单位和施工单位一般会自己做模型，都是为了服务于自己的业务。要实现基于 BIM 数据的全过程管理，可以从以下三方面进行管理模式创新：

第一是改变组织内生产关系，向网络化协作转变，构建数据化、透明化、轻中心化的组织模式。管理机制将向层级缩减的扁平化转变，运行方式向高效灵活的柔性化转变，重构企业与客户、企业与员工、组织与组织之间的关系。基于数据驱动，建筑企业与客户建立起实时互动和反馈的价值连接和动态响应，提高企业生产效率。

第二是改变项目全过程协作关系。通过数字技术的集成应用，在数字化平台的赋能下，建设方、施工方与咨询方等各参与方以项目为中心，构建风险共担、价值共创、利益共享的新型生态伙伴关系，形成项目利益共同体。

第三是改变产业链上下游关系。BIM 等数字化技术的发展，打破了传统产业边界对于企业发展的束缚，促进了企业之间的数据共享，也推动了产业之间的跨界融合，重构产业信任关系，使产业上下游的关系变得更加透明和紧密，形成数字化新生态。

5.2.3 实现设计到建造的 BIM 信息协同

随着 BIM 技术全过程的应用推广，国家及地方文件规定或招标文件中已经开始对 BIM 技术的不同阶段、不同管理领域、不同标准系统、不同应用点等具体内容进行指定规定，这就对企业在承接市场项目的过程中，对不同总包形式、相应阶段、不同数据集

成等方面提出了较高的 BIM 数据承接能力，通过 BIM 技术可以把从设计到建造的数据打通，并实现基于平台的信息协同。

1. 从设计到施工深化设计的信息协同

设计阶段的 BIM 数据基于统一的数据格式标准和数据交付规范可以无缝传递到施工深化设计阶段，根据设计阶段 BIM 数据可以进行各专业的深化设计，在土建模型基础上，可以对二次结构进行深化设计，精确计算各规格砌块数量，指导下料规格；基于总平面图和地理信息，对施工场地中的塔吊群和堆场、加工场进行排布，对群塔进行高度试算并按照设置规则对布置的塔吊进行合理性审查，节约场布方案的推敲时间。

2. 从设计到招投标的信息协同

在招投标阶段，工程量计算是造价人员耗费时间和精力最多的工作。随着现代建筑造型趋向于复杂化、艺术化，手工计算工程量的难度越来越大，快速、准确地形成工程量清单成为传统造价模式的难点和瓶颈。利用 BIM 模型进行工程量自动计算、统计分析，可以帮助招标人迅速形成准确的工程量清单。招标人将符合建模规范的设计阶段 BIM 模型导入 BIM 工程量计算软件，通过算量软件承接设计阶段的 BIM 数据或图纸，国内已有软件公司在进行设计模型与算量模型数据接口的开发，已经在实际工程中进行了验证和使用，可基于算量软件中的工程量计算规则，对 BIM 数据进行工程量的再计算，以达到投标报价要求。如通过设计图纸进行翻模，快速形成算量模型，或基于通用的格式标准，将设计阶段的 BIM 数据在算量软件中进行二次处理，将 BIM 数据转化为工程量数据。

3. 从招投标到施工深化设计的信息协同

对于一些缺乏设计阶段 BIM 数据或 BIM 数据不全的项目，可利用招投标阶段的算量 BIM 数据完成施工深化设计。例如，设计阶段提供的 BIM 模型受限于软件性能和工作量，一般不包含钢筋模型，可以结合算量模型中的既有钢筋模型，快速完成对钢筋排布、节点构造、接头位置等的深化设计，达到指导施工、精准下料的目的。

4. 各阶段 BIM 数据应用于施工过程管理

工程项目建造过程中，通过设计、招投标、深化设计各阶段传递的各类 BIM 数据，搭建多方参与的 BIM 协同管理平台，通过平台实现各阶段 BIM 数据的兼容和轻量化应用，为工程项目的技术、商务和生产等部门提供符合施工建造过程的几何构造、图纸、工程量、工艺要求等信息，辅助建造过程可视化交底、成本核算、物资管理等各项 BIM 技术深入应用，实现精益建造。

业主方基于平台实现设计管理、工程进度管理、质量安全管理、计量管理；设计单位的模型数据可在 BIM 协同平台中上传，实现数据共享及多方在线审核；施工单位在平台中获取模型数据，进行模型审核和模型深化，建造过程各项业务数据通过平台实现多方共享，满足业主及监管单位的管理要求。

5.2.4　实现施工到运维的 BIM 竣工交付

1. BIM 给运维阶段带来的价值

建立全周期数字资料库：无缝对接设计、施工阶段 BIM 数据，运维阶段拿到的竣工信息由竣工图、竣工资料转变为竣工模型，通过集成竣工模型的全部数据，对竣工交付的工程进行数字化管理，方便查找与分析建造过程中的各项数据。

联通信息孤岛与信息碎片：通过搭建运维管理平台管理模型、图纸与信息，集成各智能系统数据，交叉分析、发掘信息的多维度价值，实现数据的增值。同时也提供了高效协同的运维工作环境。

实现运维数据可视化：建立项目的三维场景，将抽象数据以 3D 可视化的形式进行呈现，使管理者和工作人员能够很快地认识和了解数据的内容和意义，通过光影等手段在完美复现项目实际情况的基础上增强展示效果。

2. BIM 在运维阶段的应用现状

目前 BIM 模型在运维阶段的应用仍处于一个初级阶段。由于施工和运维是两个不同的管理阶段，需要的信息也不同，目前很多施工部分的信息在运维阶段是不需要的，目前行业内普遍上只是将 BIM 模型在运维阶段人作为一个辅助管理手段，对运维阶段的信息采集和集成还在不断探索。

运维单位在应用 BIM 模型做管理的过程中存在一定问题，一是模型过于精细，运维单位只需要知道这里是个什么设备，不需要把它拆成几十个构件，施工阶段的模型划分要求与运维阶段维度不一致；二是数据录入不够，模型做轻量化之后，再和运维数据结合到一起，成为一个类似 BI 的数据看板，这种模式还有很多地方没有和真正的运维工作结合到一起。

3. 如何让设计、施工阶段模型在运维阶段发挥作用

为了将 BIM 数据有效传递到运维阶段，需要建立竣工模型交付标准，竣工 BIM 模型应包括几何模型数据、验收资料、设计变更文件、竣工图纸资料、BIM 模型施工应用成果等。设计阶段需要对 BIM 模型在不同应用层次的具体要求进行不同程度构建，把建筑物的不同构件、设备的具体信息加入模型之中，对建筑、结构、MEP 分类建模的信息进行集成；施工阶段可以依据设计阶段的模型在项目的施工过程中进一步完善和优化，同时把各阶段的 BIM 模型在施工过程中和业务管理系统（包括各分部分项质量验收信息、物资采购信息、分包单位信息、设计变更信息等）中进行数据集成。在这两个阶段的基础上，才能做到竣工模型在运维阶段的应用。

对于不同业态，需要根据自身运维管理特点和需求梳理所需的信息，在竣工模型中进行信息集成。例如，商业地产项目可分为多项系统工作，主要涉及设施维护管理、物业租赁管理、设备应急管理以及运营评估等；对于设备运行监控，将设备信息集成到运维 BIM 模型中，运用计算机对 BIM 模型中的设备进行操作，可以快速查询设备的所有信息，实现对建筑物设备的搜索、定位、信息查询等功能，通过对设备运行周期的预警管理，可以有效地防止事故的发生，利用终端设备和二维码、RFID 技术迅速对发生故障的设备进行检修。对于已建成的既有建筑，用 BIM 模型数据重新把运维需要的内容做电子化整合，再去和建筑物、设备设施的日常巡检、维护等工作结合到一起，形成基于三维的运维管理。

加强 BIM 运维管理系统的研发交付能力，为运维单位提供可用易用的运维管理平台成为关键要素。由于不同业主的运维管理需求不同，运维模型的格式不同，目前业内的运维管理系统很难做到标准化，大多数需要结合实际管理情况定制开发，但是运维管理系统

受限于 BIM 引擎开发能力，系统开发具有局限。基于 BIM 的运维管理系统要做到灵活适配，应选用开放的兼容性强的 BIM 轻量化引擎，且模型能够拆分为不同颗粒度以满足数据关联要求，使得数据在不同参与主体之间可进行可视化传递与流转。

5.3　BIM 关键技术发展趋势

现阶段，建筑业已由高速增长阶段转向高质量发展阶段，迫切需要数字信息技术和产业的创新驱动。而 BIM 技术作为建筑数字化的独有技术，必然会成为企业数字化平台搭建核心要素。同时，企业数字化平台会打破封闭孤立拥抱开放共赢，通过构建开放平台，为产业赋能 BIM 等平台能力，逐步打造互利共赢、融合发展的产业链生态圈是未来的一个趋势。此外，建筑业对于 BIM 技术的认知基本普及，从模型应用向集成发展，数据应用拓展范围越来越广，BIM 技术与新技术融合创新的需求愈发强烈。

BIM 关键技术和应用的发展趋势主要有三个方面：① BIM 能力成为企业数字化平台搭建核心要素；② BIM 开放能力成为构建数字化生态圈的原动力；③ BIM 与新技术融合持续深入，实现基于数据的业务管理。下面对这三个主要趋势进行逐一介绍和论述。

5.3.1　BIM 能力成为企业数字化平台搭建核心要素

政府期望通过 BIM 与其他先进技术的集成创新，提升施工项目数字化集成管理水平，推动数字化与建造全业务链的深度融合，助力智慧城市建设，强化现场环境监测、智慧调度、物资监管、数字交付等能力，进而有效提高人均劳动效能。

以 BIM 为中心的建筑数字平台建设大致经历三个发展阶段：首先，搭建以 BIM 为核心，融合各种先进技术的技术平台；其次，围绕 BIM+IoT+AI 形成支撑工程服务的智能大数据平台；最后，通过构建开放平台，为产业赋能 BIM 等平台能力，逐步打造互利共赢融合发展的产业链生态圈。

基于具有自主知识产权，业界先进的三维渲染引擎和图形算法库，结合 GIS、大数据、AI、VR 等先进技术，搭建以 BIM 为核心的技术平台。支持建筑行业全生命期设计、招投标、施工、运维的多方协同。同时对多源异构数据与模型进行集成，帮助发现项目设计、施工的潜在问题。解决传统模式下信息不一致、数据孤岛等问题，为工程全生命期数字化建造提供强有力的底层支撑。

依托以 BIM 为核心的数字技术平台，通过大数据、IoT 和 AI 技术搭建工程大数据平台，推动建筑工程从物理资产到数字资产的转变。围绕工程项目进行数据的采集、存储、集成、分析和共享，使工程建造由"经验驱动"到"数据驱动"再到"智能驱动"转变，支撑未来业务发展各类场景，从而创造数据资产价值和工程业务价值。

通过打造开放平台，将数字平台中的技术能力及数据服务能力赋能产业链全参与方，进而建立"工程建设命运共同体"，构建工程数字化生态圈。通过平台 + 生态的模式，重构产业全要素、全过程和全参与方，把传统工程管理、传统基建融入信息化、数字化平台。形成新设计、新建造和新运维，打造规模化数字创新体，带动关联建筑产业发展和催生建造服务新业态。

5.3.2　BIM 开放能力成为构建数字化生态圈的原动力

如上节所述，打造开放平台，构建工程数字化生态圈是未来一个重要的发展方向。生态圈是指产业中的各利益相关者共同建立一个价值平台，各利益相关者在这个共同的平台中均能通过平台的整体特性发挥各自的特点，提升参与者的能力，从而推动平台的发展并创造价值，参与者均能从中获取收益。因此构建建筑数字化生态圈的关键在于数字化平台的打造，而由于建筑行业的业务复杂，标准化程度低，参与方众多，决定了此平台不可能是封闭的，开放是数字化平台未来的必由之路。通过开放平台，一方面使技术可以在不同业务下被共享使用，如：消息推送、二维码、人脸识别、BIM 等数字化技术，为各参与方赋能；另一方面开放平台能够集成各参与方能力，提升数字化平台能力，进而为产业用户提供更好的产品与服务。

在互联网时代，把网站的服务封装成一系列计算机易识别的数据接口（API）开放出去，供第三方开发者使用，提供开放 API 的平台本身就被称为开放平台。通过开放平台，不仅能提供对 Web 网页的简单访问，还可以进行复杂的数据交互。第三方开发者可以基于这些已经存在的、公开的平台网站而开发丰富多彩的应用。

建筑数字平台，BIM 是区别于其他行业平台的重要特性。以 BIM 为中心，数字平台会为用户提供一系列服务，如基于 BIM 的成本管理、计划管理等。对于第三方开发者来说，他们更关注这些服务背后的支撑技术，并期望平台能够开放这些技术，以便进行集成开发，使开发者专注于本身业务功能的实现，打造丰富多彩的应用，逐步构建数字化生态圈。

开放接口大致分为三类：一是 BIM 模型类接口，目前 BIM 平台最基本的功能之一就是能导入多源异构模型，并在一个空间场景下进行集成和模型管理。因此，开放模型导入、集成和管理 API，使得第三方开发者能够方便地访问和使用模型数据，这也是开放平台的基本功能。当然，开放平台不仅仅只提供 BIM 模型数据，围绕 BIM 的其他信息，如施工进度计划、工程清单、物联网等数据也应开放，并同时保障数据安全。

二是模型渲染类接口，这是目前 BIM 价值最直观的体现，第三方开发者需求旺盛，国内有一些开放平台提供了类似的服务，如广联达公司的 BIMFACE，其解决了"文件格式解析""BIM+GIS 在 Web 端、移动端浏览"和"BIM 数据存储"的问题，使第三方开发者如同"滴滴打车"在"百度地图"的基础上进行功能开发一样，用"图纸或模型"打底，基于 BIMFACE 进行功能扩展，开发自己的 BIM 应用。未来支持更大规模的渲染场景、支持 VR/AR 等虚拟现实设备，是开发平台模型渲染服务的发展方向。

三是围绕 BIM 的应用算法类接口，得益于云计算技术的发展和成熟，可以为 BIM 计算密集性算法提供几乎无限的算力，解决了传统单机计算的性能问题，给第三方集成应用带来了无尽的想象空间。目前，相关的平台服务还较少，集中于一些通用的服务，如非实时渲染服务等。而建筑行业特有的计算服务，如工程量计算、有限元分析、光照分析等，还处在预研阶段，有待成熟。同时，结合机器学习 /AI 技术，可快速进行方案生成与评估，未来也会在 BIM 开放平台中占有一席之地。

5.3.3　BIM 与新技术融合持续深入，实现基于数据的业务管理

1. BIM+GIS

2020 年是"十三五"规划收官之年，也是"十四五"规划的启动之年，在国家密集出台的政策引导和支持下，智慧城市（CIM）也逐步迈向高质量建设发展阶段。其中"BIM+GIS"是 CIM 重要的支撑技术。GIS 提供的专业空间查询分析能力及宏观地理环境基础，可深度挖掘 BIM 的应用价值。一方面，BIM 弥补了三维 GIS 缺乏精准建筑模型的空白，是三维 GIS 的一个重要的数据来源，能够让其从宏观走向微观，从室外进入室内，同时可以实现精细化管理。另一方面，GIS 独有的空间分析功能拓展了 BIM 的应用领域，BIM 与 GIS 融合将满足查询与分析宏观微观一体化、室内外一体化的地理空间信息的需求，发挥 GIS 的位置服务与空间分析特长。

除了软件技术的发展，无人机、激光雷达以及深度相机等硬件设备成本快速下降，在实景建模领域应用更加广泛，在辅助决策、提升效能等方面有巨大的潜力。另外，激光雷达设备迷你化之后，在手机等消费端便携设备上应用可以激发新的应用，如新款 iPhone 的 LiDAR，将会推动增强现实应用的发展。硬件为图形技术提供了底层支撑，结合新硬件可以大大拓宽图形技术的应用领域，充分挖掘硬件能力，与图形、BIM 领域结合，可以大大提升施工现场等应用场景的效率。

2. BIM+AI

渲染技术是建模和 BIM 的核心技术之一。经典的图形渲染是基于光栅化管线渲染，速度快但渲染效果离真实场景有一定距离。随着各种新技术的出现，过去被认为很慢但渲染效果很好的光线追踪技术又一次站到台前。基于深度学习的 AI 降噪技术推动"实时"光线追踪时代的来临，除处理光栅化生成的低分辨率图像，也可能通过对光追渲染输出的 1spp 渲染结果进行超采样，使得"实时"光线追踪某种程度上成为现实。虽然基于 AI 降噪的 RTRT 达到真正的 real-time 还有一段距离，但已达到可交互（interactive）渲染级别。由于 UE4 NV 分支直接集成了 DLSS 2.0，众多厂商可以直接调用，在部分游戏测试中也证明了其潜力，基于 UE 开发的各种 BIM 应用也可以从该项技术受益。

衍生设计是模仿自然的进化设计方法。设计师或工程师将设计目标以及材料、制造方法和成本限制等参数输入生成设计软件中，再通过算法快速生成设计备选方案以供设计师选择。传统方式存在备选方案过多、需要花费设计师大量精力去比较选择的缺陷，而引入机器学习 /AI 技术，可以大大降低衍生式设计过程的人工介入成本，提高智能化，让衍生性设计在建筑领域发挥出更大的价值。

3. BIM+ 协同设计

基于 BIM 技术的协同设计近几年也有较快发展。像 Revit 近年推出基于云端工作共享的协作方式、四方智源与中望软件联合研发并发布的智源云设计 - 中望 Cad2020 版本等，都标志着协同设计进入了一个新阶段。设计团队可以在不改变设计人员工作习惯的情况下，实现跨时间、空间的协作，极大地提升工作效率。同时也激发了设计、生产、施工、运维、商务各环节基于同一 BIM 模型进行协同工作的模式，保证了数据源的唯一和信息处理的及时准确。建筑的生产过程不再是各环节的信息孤岛，而是连成一片、信息互通。

建设单位、设计单位、施工单位、运维单位、供应厂商等在同一平台上协同作业，实现资源优化配置，各环节基于平台充分协作，打破企业边界和地域边界的限制，实现有效链接和信息共享，最终形成建筑产业现代化新的生态关系圈。

4. BIM+ 国产化

随着中美贸易冲突越演越烈，美国在诸如"芯片"等高科技领域持续制裁中国公司，使我们充分意识到掌握独立自主的核心技术的重要性。而 BIM 技术的核心"图形引擎"技术的国产化却不容乐观。虽然近几年国产 BIM 软件已成百花开放的态势，但大部分国产 BIM 软件缺失图形引擎或直接使用国外厂商的图形引擎，"缺芯"的尴尬局面在 BIM 领域再一次出现，这在一定程度上制约了 BIM 在中国的应用和发展。同时，站在国家信息安全的角度上来看，国外主流图形引擎都是云端架构，BIM 模型需上传至境外服务器，建筑数据安全受到极大威胁。因此，住房和城乡建设部在指导意见中重点提到，大力提升企业自主研发能力，掌握智能建造关键核心技术。创新突破相关核心技术，加大智能建造在工程建设各环节应用。研发、应用自主可控的 BIM 关键核心技术才是未来的趋势。

下　篇
中国建筑业 BIM 应用实践探索

第 6 章　建筑业 BIM 应用精选案例

随着国家、行业和地方性 BIM 政策的不断推广，以及 BIM 技术在各类建设项目中的不断深入应用，利用 BIM 技术推动建筑产业数字化转型已然是趋势，BIM 技术在建筑行业内的作用也愈发重要，尤其在物联网技术的辅助下，BIM 技术在施工现场运用的广度和深度都得到大幅提升，其产生的价值在项目的技术和运营管理方面得以凸显。但是我们也看到，不同企业引入 BIM 技术的时间不同，在不同阶段、不同区域，其实际运用所带来的效果差异也比较大，因此有必要通过不同的优秀案例进行示范和引领，来促进企业间的交流和 BIM 技术的推广应用。

在此，本章对 6 个不同类型的示范案例进行介绍，希望在 BIM 技术应用方面能为大家提供一些启发。这些案例的企业类型包含央企和地方企业，所涉及的项目类型也各不相同，涵盖了从住宅、医院、大型场馆等民用设施，到铁路隧道、高速公路、水利工程等国家基建项目。每一个 BIM 技术应用案例都会从项目概况、BIM 整体方案、BIM 实践过程和实践总结等几个方面进行全面的分析和总结。希望通过这些示范案例的详细介绍，能让大家更加全面地了解目前国内 BIM 技术在不同建设领域的应用现状，为更多的企业推广运用 BIM 技术提供参考。

6.1　面向全生命期的 BIM 与 IoT 融合技术在延庆冬奥村 PPP 工程施工阶段的应用

6.1.1　项目概况

1. 项目简介

延庆冬奥村项目由中建一局华江建设有限公司承建，位于北京 2022 年冬奥会延庆赛区内，为高海拔延庆海坨山区，距北京市区 100 公里，是冬奥村高山滑雪项目的举办地。本工程为其配套的冬奥村北区，位于一个多层台地古村落区域，项目施工部分是其中靠北的 5 个建筑组团，建筑面积 58100m²，工程主体为钢结构，总用钢量为 9400t，施工总工期 733 天（图 6-1）。

2. 项目创新性

本项目为高质量标准的奥运工程，地理位置特殊，且为中国首例土地使用权、总承包建设权、赛后运营权三合一的招标 PPP 项目，在冬奥会结束后本项目将被改造为一个滑雪度假酒店，因此项目的 BIM 及数字化技术应用跨越深化设计与施工管理，并需要为后期运维阶段提供符合要求的模型和数据。

图 6-1　延庆冬奥村项目

3. 项目难点

团队根据本项目各方面情况总结了工程中 4 个方面的重难点：

（1）高海拔多层台地地形：施工场地东西向和南北向均存在 30～42m 的高差，山林遍布，土方挖掘、场地规划、物资运输、场地安全等高海拔山区环境为项目施工带来种种困难。

（2）奥运赛事级验收标准：举国关注，责任重大。整体工程必创"中国钢结构金奖"，最终争创"鲁班奖"，各项高标准促使项目团队使用高效的技术管理手段全方面提高施工及质量水平。

（3）绿色奥运，超低能耗：秉承绿色奥运的设计理念，第六运动员组团被立项为第二批北京市超低能耗试点建筑。因地处山地，各项指标都区别于常规地理位置，加之外围护结构相对复杂且造型特殊，需要利用新的手段对超低能耗建筑标准的施工选材、工艺和验收进行控制。

（4）PPP 工程：本项目是中国首例集土地使用权、总承包建设权、赛有运营权三合一的招标项目，BIM 管理定位前后延伸，从施工阶段、赛事阶段及运维阶段推进 BIM 在真正意义上的全生命期中的应用价值。

4. 应用目标

针对本项目的重难点，总结以下 BIM 技术解决方案的应用目标：

（1）多专业设计优化：通过 BIM 相关设计辅助软件，对工程机电安装、钢结构、超低能耗等专业图纸进行深化设计，并以多种可视化的形式提升沟通效率，提前发现设计缺陷，避免后期施工返工的情况和资源浪费。

（2）施工管理提升：利用三维扫描技术，快速采集高山场地信息，辅助场地规划、土方管理；同时结合智慧工地物联网技术，从进度、劳务、等方面提高施工管理效率。

（3）面向 PPP 运维的数据准备：为后期搭设 BIM 智能运维平台进行模型和数据流程的准备工作，探索模型交付标准和数据需求，以便在冬奥会赛事期间以及改造结束后对奥运村进行智能运维管理。

5. 应用内容（表 6-1）

数字技术应用内容概括表 表 6-1

应用技术名称	应用阶段	解决目标	应用点描述
特殊山地地形场地管理数字化技术应用	施工阶段、运维阶段	针对高山台地特殊地形，提升对施工场地规划可行性、土方成本控制准确度并保障场地安全	利用三维扫描技术对海坨山高海拔台地地形进行高精度实景建模，为场地设计和土方工程量管理提供模型依据，并对山地边坡布设物联网永久性监控系统
优质钢结构工程质量控制	设计阶段、施工阶段	提升钢结构设计施工全流程质量管理水平	利用 BIM 对钢结构及相关其他专业进行深化设计，并将模型数据从设计传递到数控车间，再到施工现场，避免钢结构施工质量风险
BIM+ 物联网提升施工管理效率	施工阶段	提升项目团队在冬奥项目中的管理能力，提高项目整体决策效率	运用"BIM+"技术进行深化设计和质量控制，再结合广联达智慧工地物联网系统，在现场布设多种传感设备，对劳务、质量、生产、安全、进度等方面进行自动化数据监测，并形成分析结果，帮助管理人员进行突发事件决策

6.1.2 BIM 整体方案

针对以上项目需要攻克的技术、管理及业务上的难点，项目团队策划了一系列应用实施方案。

1. 组织架构与分工

在人力组织架构方面，作为冬奥 PPP 工程，本项目的 BIM 及数字化技术的实施包含中建一局项目团队及 PPP 管理单位——国家高山滑雪有限公司。形成以业主需求为导向，总包过程实施为基础的多方协作 BIM 管理模式（图 6-2）。

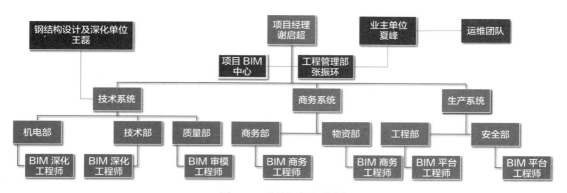

图 6-2 项目组织架构图

2. 软、硬件配置（表 6-2）

冬奥村数字技术应用软、硬件一览表　　　　　　　　　　　　　　表 6-2

硬件配置		
名称	数量	用途
BIM 工作站	3	建立模型、智慧工地平台运行
VR 头盔	1	安全体验、可视化技术交底
三维激光扫描仪	1	机电二次深化、数字化实测实量
永久性应力传感器	42	永久高边坡支护物联网应力监测
智能安全帽	400	智慧劳务管理
软件配置		
名称	数量	用途
Revit	5	建立模型
Navisworks	5	检查建筑机电专业碰撞、制作生长动画
广联达智慧工地平台	1	提高项目管理效率和项目形象
广联达场布	1	制作每个施工阶段的场地模型及现场平面布置
Trimble Real Works	1	数字化实测实量
斑马梦龙	1	大计划实施策划
塔吊安全智能系统	5	塔吊智慧监控管理

3. 标准保障

本工程的模型标准按照《中建一局工程施工 BIM 建模标准》执行。

智慧工地建设标准参考《北京市智慧工地技术规程》DB11/T 1710—2019 执行。

6.1.3　BIM 实践过程

1. 人员技术培训

项目团队在前期针对项目全体成员进行了 BIM 技术基础理论、智慧工地实施方案的内部培训，并邀请各软、硬件厂商针对不同岗位进行 BIM 相关软件和智慧工地平台模块的操作培训。

2. 技术应用过程

本工程的数字化技术应用主要围绕特殊山地地形场地管理、优质钢结构工程质量控制以及 BIM+ 物联网提升施工管理效率三个方面。

（1）特殊山地地形场地管理

本工程位于海坨山高海拔台地，地形层叠错落，团队从特殊地形的部署规划、土方成本及场地安全角度进行了数字化技术应用。

1）高海拔山地地形数字化应用

由于冬奥会高山滑雪赛区地形特殊，为高海拔的山地及多层台地地形，传统的 GPS 场地测绘精度低，操作危险且耗时较长，因此团队额外采用了三维扫描的方式来获取整个场地的精准模型。

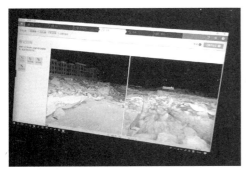

图 6-3　地形三维点云拼接

图 6-4　BIM 三维场地布置规划

首先是通过多点设站，利用三维扫描仪对开挖前后的基坑土方进行扫描，完成了精度 2mm 以内的施工场地点云模型，并与土方方格网测量数据及地勘报告进行校核，完成最终的场地数字化模型，整个数据采集过程用时 3 天，大幅提升了测量效率（图 6-3）。

之后再将三维点云模型导入 Revit 中进行逆向建模，形成了场地的实体 BIM 模型，缩短了大量场地建模时间，再对其按施工计划分阶段进行施工现场、生活区规划等场地三维可视化动态规划工作，帮助团队更高效准确地完成高山场地的场地规划和模拟工作（图 6-4）。

图 6-5　三维点云测量与方格网测量对比

2）山地土方算量

使用传统的 GPS+ 方格网对高山台地地形进行土方量计算难以得到足够准确的数据，因此团队将该点云模型逆向建模后与最终基坑 BIM 模型进行核减处理，用于土方量的精准把控。

土方算量中，对于三维扫描和 BIM 的数据目前还比较谨慎，目前方格网数据仍是主要的土方工程成本的审核依据，因此利用好 BIM 技术来进行精细化管理和成本结算创效就有了较大的潜力（图 6-5）。

山地基坑放坡的情况在台地交接部分需要特殊处理，在 BIM 建模时也特别考虑了这个部分，最终由技术和商务人员将 BIM+ 三维点云的计算结果作为总包的内控标准量（图 6-6）。

团队将三维扫描与 BIM 出的量作为土方实际标准量与土方各工程下游企业交接，并将该量作为总包内控的标准量，大幅提升了总包的土方成本管控精度。

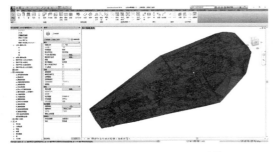

图 6-6　在 Revit 中进行土方计算

3）永久性高边坡应力监测系统

项目的北侧有一条长约 120m 的永久性

高边坡防护结构，是保证冬奥区域土地安全的重要屏障（图 6-7），但由于山地、大风、暴雨、大雪等极端天气比较多，第三方检测单位无法随时进行数据采集，而这个时候往往也是事故发生的时候。

因此，项目团队使用了一套针对高边坡应力安全的监控系统，在工程最北侧危险系数最大的永久性高边坡结构中，每间隔 30m 布设测斜传感器、位移传感器和高精度静力水准仪（图 6-8），加之远程物联网传输模块，形成自动物联网应力监测传感系统，并且将该系统与项目智慧工地平台进行联动，让管理人员能够实时通过电脑端和手机端查看监控数据并接收报警信息，为施工和冬奥村的后期使用提供了重要安全保障（图 6-9）。

图 6-7　北侧高边坡位置示意

图 6-8　高边坡监测传感器定期检查

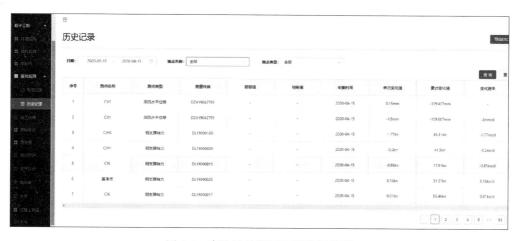

图 6-9　高边坡检测网页版数据截图

（2）BIM+ 智慧工地技术在 PPP 工程管理中的运用

1）BIM 模型和数据面向全生命期

PPP 工程数字化应用最重要的基础就是整个生命期模型和数据的传递，具体每个阶段会产生的数据，下一个阶段需要接收的数据，以及最终会形成的成果，围绕冬奥村的项目需求，团队对各阶段都进行了规划和梳理，并形成了一个全过程的模型和数据管理计划。

图 6-10 所示的传递流程图包含了各专业设计数据到最终商业运维的所有数据大类内容，这种面向全生命期的 Open-BIM 管理流程对 PPP 工程能够产生巨大的效益。

图 6-10 全生命期模型和数据传递示意

在模型的使用上，团队也以 PPP 项目管理的模式为基础，把模型作为设计、业主、分包进行技术沟通的重要依据和形式，还联合外部技术团队仅用时一天通过 Unity 制作了 BIM+VR 机房沉浸式会议室，并进行了一次机房深化协调内部会议的尝试，由于目前硬件成本较高，未进行大范围使用，但其体感效果真实、不受地域限制、数据记录便捷的特点得到了多方的肯定，在一些重要工程技术方案论证和特殊精装设计协同会议中有很大的应用潜力（图 6-11、图 6-12）。

图 6-11 基于 BIM 的多方深化协调会

图 6-12 在 VR 中进行机房设计模型沟通

为提升工程交付质量，在二次结构完工的部位使用了可以现场直接进行质量数据采集并与 BIM 比对分析的新一代点云处理技术，该技术能够直接通过现场操作平板进行点云自动拼接，在现场就可以检查比对多个部位的施工偏差，相较于传统扫描技术的质量对比，节省了 80% 的后期操作时间（图 6-13）。

冬奥村秉承绿色奥运的设计理念，要求其中一个运动员组团最终以超低能耗标准进行建设，团队选取了一个校准的运动员房间，通过对其装修做法、墙面、楼地面、门窗材料进行模拟，通过 Revit 进行综合的能耗参数的计算，选择既满足北京市超低能耗标准，又符合成本、工期以及施工条件要求的工艺及材料清单，节省大量施工方案的编制论证时间，样板的建设工期提前了 3 天（图 6-14）。

2）智慧平台提升管理效率

为了提高项目的协调管理能力，保证冬奥会硬性节点进度，项目团队采用了基于

图 6-13　三维扫描、"模型＋点云"质量数据对比

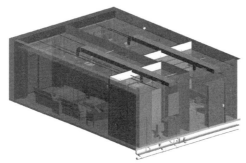

图 6-14　超低能耗运动员房间 BIM 装饰模型与节点做法 BIM 图集

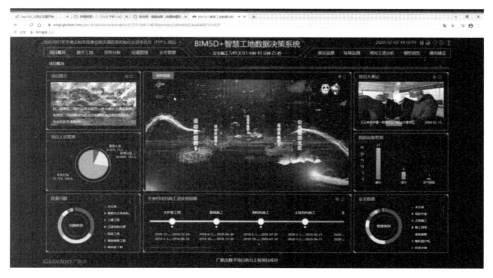

图 6-15　BIM5D＋智慧工地数据决策系统

BIM 和多种物联网设备的智慧工地平台，除了将永久性高边坡监控系统接入平台外，还主要包括以下三个方面（图 6-15）。

① 生产大数据处理

首先在劳务方面，团队考虑各组团施工队伍的人数较为分散，同时工地存在夜间施

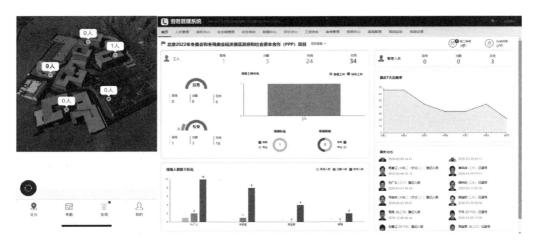

图 6-16　智慧工地劳务管理系统（APP+ 网页）

工、山林临区防火、安全巡视的要求，团队对现场劳务人员，尤其是施工周期较长的钢结构、市政分包的劳务人员，采用了智能劳务系统（图 6-16）。

通过物联感应能够在三维 BIM 地图上，直观显示现场劳务的分布情况，提升团队对于山区施工劳务人员的管理效率。

②AI 视频全天候监控

由于冬奥工程现场是与生活区分离的，且施工现场高差较大，因此现场布控了 30 余个监控视频，并将所有视频监控都归集到智慧工地平台之中，利用现场三维地图随时通过网页、手机查看现场情况，同时通过 AI 图像识别程序，将现场未佩戴安全帽、反光衣、防疫口罩的情况自动识别并储存，作为团队分包安全管理问责的重要依据，提升施工人员安全意识（图 6-17）。

图 6-17　智慧工地 AI 视频监控网页端截图

③ 物联网施工数据采集

将高边坡物联网监测、视频安全监控、劳务管理数据、质量安全等数据，录入 BIM 智慧工地系统中的项目报表模板，通过自动处理以上物联网采集的数据的后台中心，将公司的技术质量项目管理章程移植到平台中，让智慧工地直接导出可存档的报表，改善了现场管理人员填写各类生产报表的情况，提升了项目的报表整理效率。

（3）优质钢结构工程质量控制

首先施工总包直接接收了钢结构设计方基于 BIM 的设计模型和出图，并能够直接交付加工厂，根据冬奥村流水施工进度进行快速工业化排产（图 6-18、图 6-19）。

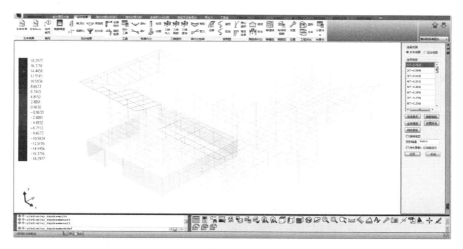

图 6-18　钢结构结构一阶振型模型设计

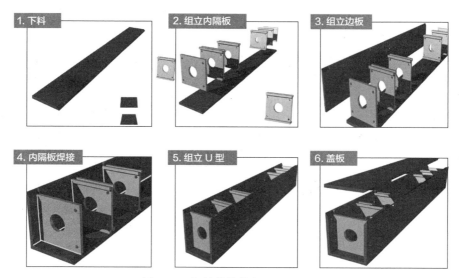

图 6-19　钢结构构件加工分解示意

为保证结构本身质量避免钢结构后期开洞，团队也针对钢结构及机电交叉的部位进行了基于 BIM 的三维深化交底出图，避免机电安装出现碰撞开洞和返工的情况（图 6-20）。

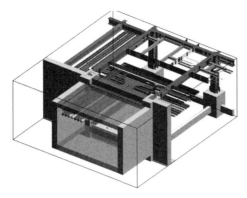
图 6-20　钢结构与机电管线碰撞

图 6-21　钢结构 APP 轻量化二维码交底

　　为了提升现场钢结构施工安装的效率，团队向重要的安装节点通过二维码的形式进行了可视化的张贴交底，张贴在现场对应的位置供安装工人随时查看（图 6-21）。

　　在施工现场影响钢结构施工质量和进度有另一个关键因素就是钢构件的吊装，而在高海拔山地的冬奥区域施工，为了保证吊装安全施工，同时考虑山上的风力较大以及风荷载的影响，团队采用了塔吊制动系统（图 6-22）。

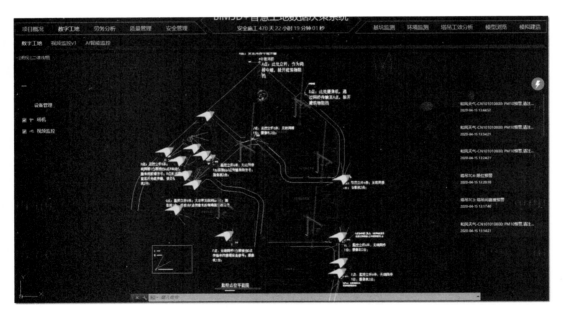
图 6-22　智慧工地塔吊监控系统网页

　　团队将塔吊制动系统与 BIM 场地模型进行挂接，由于山地风荷载强劲，曾发生过多次误报警并强制制动的情况，反而给现场正常施工造成了障碍，因此团队联合塔吊公司、制动系统技术人员一起专门针对塔吊的构件吊重进行了校核，并对制动机制进行了调试（图 6-23、图 6-24）。

图 6-23　智慧工地系统塔吊监控参数校核

图 6-24　智慧工地系统塔吊预警

图 6-25　本项目成为首个结构封顶的运动员公寓项目

通过钢结构全流程的数字化管控，本项目成为首个结构封顶的冬奥运动员公寓，本工程也荣获了 2020 年中国钢结构质量金奖（图 6-25）。

6.1.4　BIM 实践总结

数字化土方工程成本管控技术应用效益显著。团队对比了方格网与三维扫描 +BIM 在山地地形建筑土方测绘中的功效，三维扫描 +BIM 在人工、工期、精度、操作安全方面都有着巨大的优势，而最终的技术也减少了 20% 的土方成本。但该项应用也存在一些问题。比如在应用过程中发现土方测量软件如南方 Cass、Arcgis 与 Revit 之间要进行数据模型数据交换且较为困难，从 Revit 要导出 5×5 方格网坐标，需要用虚拟参照平面功能画出所有测绘点，在通过 CAD 进行数据标注读取导出文本，再导入其他软件（图 6-26）。

随着物联网技术覆盖越来越广，以上类似的问题还是持续凸显，但我们认为基于 BIM、物联网和大数据进行工程管理将是未来工程管理的必然趋势，相信通过大量工程的应用实践以及行业大数据意识的提升，将引发建筑行业的一系列智能化升级转型（表 6-3）。

对比项目 测量方式	三维激光扫描			传统5X5方格网测量		
	人工（个）	工日（日）	合计（工日/人）	人工（个）	工日（日）	合计（工日/人）
测量	3	3	9	5	30	150
后期制图+出量	1	5	5	5	5	25
量差描述	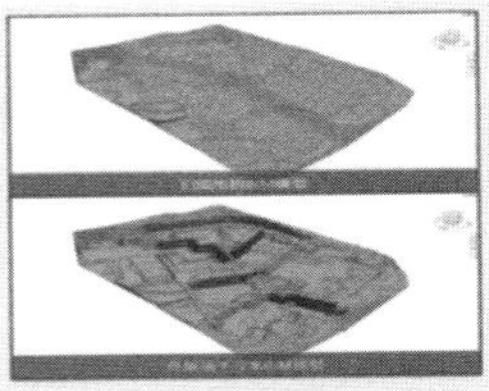 方格网5X5减场平完成=285640.75			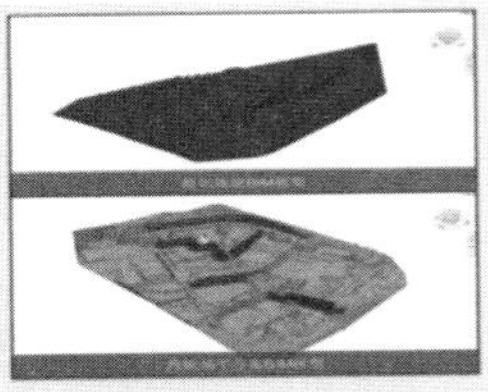 一局测量减场平完成=354352.75		
总计（工日/人）	14			175		
仪器设备（万）	10			全站仪、GPS、米尺、手电筒、爬梯		

图 6-26　三维扫描土方测算与传统土方测算工效对比

冬奥村智慧物联网技术应用优劣势总结表　　**表 6-3**

应用模块	取得效益	存在问题
视频 AI 监控	现场管理人员的巡查效率显著提升，在该项技术应用后，不佩戴安全帽、抽烟、聚集等数据下降了近 50%	对临边防护识别不准确；受光线、周边环境遮挡影响较大
智能劳务管理系统	硬件成本低，易普及，可提升现场劳务人员管理效率，劳动力紧缺预警 0 次	需要配合长期供电的微型基站采集数据：定位无法精确到米；与企业和地方劳务系统数据对接存在壁垒，存在多次重复录入数据的情况
塔吊物联网系统	技术成熟，监控精准，现场塔吊 0 安全事故	易受风环境荷载影响，过于频繁的预警通知容易造成现场施工效率滞后
质量安全云协同	现场管理人员问题整改流程优化，反馈效率提升	需做好后台协同系统的数据互通，如有企业平台需提前打通数据接口
高边坡监测系统	技术成熟，埋设方便，高边坡数据反馈时效从 15 天 / 次，提升至 1 次 /h，重要预警 0 次	与项目平台数据接口需单独开发，有额外成本支出
生产分析系统	为总包人员节省了 80% 的汇报材料汇总工作，责任到人的 APP 协同管理能减少 20% 的项目协调会议时长	数据分析的算法需要根据项目进行重新调整，前期工作量大

6.1.5　下一步规划

目前项目团队已经联合成本工程师总结了一套基于 BIM 和三维扫描技术的土方成本管控指引，计划在其他新开项目中进行推广。

施工模型数据按照运维需求进行数据筛选和更改，形成可交付的竣工模型，为接入后期运维系统做好数据和模型基础。

同时，智慧工地在施工阶段所形成的数据和应用经验也将编入延庆冬奥村综合施工技术课题报告中，形成企业技术文献资料。

6.2 数字建造助力隧道机械化施工技术升级——郑万高铁苏家岩隧道 BIM 应用

6.2.1 项目概况

1. 项目简介

新建郑万高铁北起河南郑州，途经湖北襄阳，到达重庆万州。线路全长 818km，设计时速 350km，是中国八横八纵铁路网重要组成部分。由中铁十八局集团有限公司（以下简称中铁十八局）承建的郑万高铁湖北段六标线路全长 35.634km，总投资 29.1 亿元，合同工期 66 个月（图 6-27）。

图 6-27 郑万高铁苏家岩隧道项目

郑万高铁湖北段 ZWZQ-6 标苏家岩隧道全长 5360m，地处荆山山脉，为双线越岭隧道，最大埋深约 439m，隧道进口采用机械化大断面钻爆开挖方式，承担正洞 2595m 施工，为郑万高铁湖北段工期控制性工程。

2. 项目重难点及创新性

苏家岩隧道地质条件复杂，岩体破碎，节理裂隙发育，施工难度大，安全风险高；隧道单向掘进距离长，施工组织复杂，整体进度制约性大；山岭地区上场策划受环境影响因素大，且交通运输不便，为项目前期施工重难点（图 6-28）。

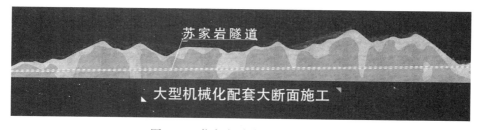

图 6-28 苏家岩隧道地质条件一览

苏家岩隧道是国内为数不多的采用加强型机械化配套施工隧道，为中铁十八局隧道机械化配套施工示范工程。首创高速铁路软弱围岩大型机械化配套大断面施工工艺，攻克了隧道施工智能化快速建造等诸多技术难题（图 6-29）。

图 6-29　隧道机械化配套一览

3. 应用目标及内容

（1）以"BIM+隧道机械化"为依托，总结隧道快速施工修建关键技术，形成"一洞九线"数字化建造流水作业生产线。

（2）建立隧道机械化施工 BIM 模型库、可视化工艺库，提高现场技术水平和隧道机械化技术人员培养速度。

（3）探索利用 BIM 技术优化施工工序、提高生产效率。

（4）挖掘 BIM 技术在隧道机械化配套施工和管理过程的重要作用，为川藏铁路建设"开山铺路"。

6.2.2　BIM 整体方案

1. 郑万高铁苏家岩隧道 BIM 应用组织架构及分工

郑万高铁苏家岩隧道 BIM 应用组织架构及分工见图 6-30。

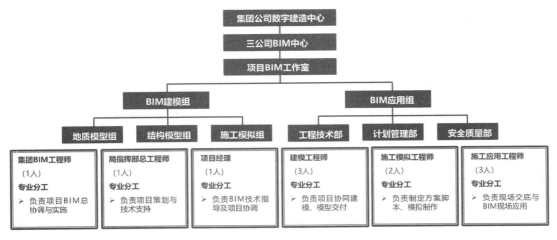

图 6-30　组织架构图

2. 软、硬件配置

软、硬件配置见表 6-4。

软、硬件配置表　　　　　　　　　　　　　　　　　　　　　表 6-4

AglosGeo和AglosGeo data	创建隧道地质模型		OpenBridge Modeler	创建隧道主体混凝土结构模型	
MicroStation	创建设备、构建模型；导入外部模型、施工模拟和各专业模型总拼装		Synchro	隧道工程施工组织模拟及施工分析	
OpenBuildings Designer	创建施工临时建筑模型		LumenRT	各专业模型渲染、漫游展示	
ProStructures	创建钢结构专业模型和混凝土配筋模型		OpenBuildings GenerativeComponents	隧道主体各构件计算设计，通过衍生式隧道构件建模，排布全隧构件	
OpenRoadster Designer	创建隧道线路、整体地形模型、场坪设计及施工便道等模型		Plaxis	隧道应力数值模拟，支护优化设计验算	

3. 标准保障

为确保隧道工程 BIM 技术应用实施过程中，项目团队所交付的铁路工程信息模型几何精度和信息深度科学合理、满足实际工程需求，在参考《铁路工程信息模型分类与编码标准》T/CRBIM 002—2014 等前提下，编制隧道工程 BIM 应用指南。同时自定义工作空间，以及"隧道项目"工作集，统一工作环境（图 6-31）。

图 6-31　隧道工程 BIM 应用指南

4. 制度保障

以隧道机械化施工阶段数字化建造为基础，建立服务于项目实施重要环节的规章管理制度，明确主要人员职责与配合部门职责，做到统一验收标准、统一数据、统一文件，实现工程主体、数字模型两个维度的协调统一。

6.2.3　BIM 实践过程

1. 人员技术培训

为保障隧道机械化 BIM 技术力量可持续发展，在项目启动前期，以集团数字建造中心 BIM 工程师为主，对子公司开展团队孵化，通过基础培训、专题培训等形式共完成 5 期集中培训，共计 80 余人次，遴选 7 人组成项目 BIM 工作组，储备人员 5 人，以上人员均具备隧道独立建模、应用等技术能力（图 6-32）。

图 6-32 BIM 人员培训过程图

2. 技术应用过程

（1）项目前期策划应用（图 6-33）

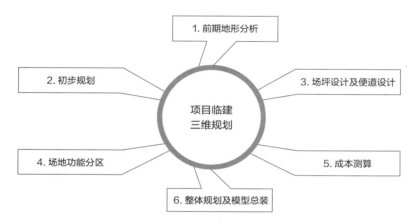

图 6-33 项目临建三维规划

1）地形分析与初步规划

施工阶段项目上场前期，对原始场地进行分析和研究，快速准确地获取场地高程、坡度、位置等数据信息（图 6-34）。

图 6-34 地形分析图

利用无人机倾斜摄影实景建模技术获取现场高精度地形信息，在临建红线范围内采用高精度且优于 3cm、边缘轮廓精度 5～8cm，在满足 BIM 应用要求前提下，提高航测作业效率，降低数据处理工作量（图 6-35）。

图 6-35　无人机倾斜摄影实景建模

2）场坪设计及便道设计

基于实景地形进行场地方案策划，依据标准化设计规范，结合现场地形地貌和现有临时生活、生产设施，充分利用原有道路，遵循"挖填平衡"原则，在地形模型中进行便道设计。进行挖填方工程量对比，选择最优方案（图 6-36）。

3）场地功能分区

根据实景模型规划场地区域后，综合考虑现场实际情况，进行三维建模（图 6-37）。依据业主项目建家建线规范要求，参照项目施工组织资源配置情况，规划项目整体临建功能分区，快速搭建多种场地布置方案，并对初步方案进行比选。根据最终方案，建立临建标准化模型库（图 6-38）。

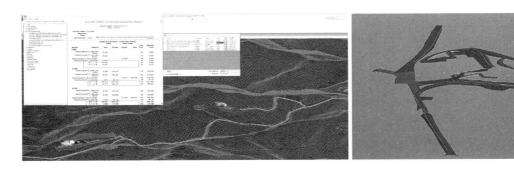

图 6-36　在地形模型中进行便道设计

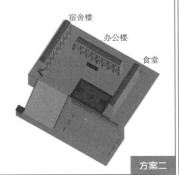

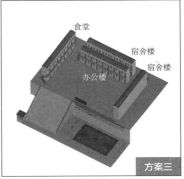

图 6-37　三维模拟与方案比选

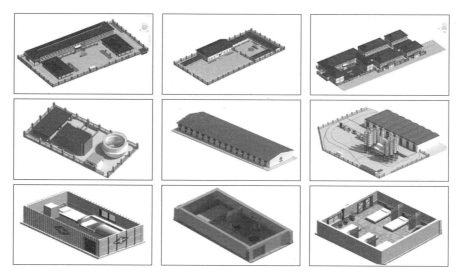

图 6-38　拌合站三维立体规划成果展示

　　参照施工组织资源配置要求，创建相应生产临建构件，规划拌合站分区。避免因材料乱堆放、机械设备安放位置影响施工生产的正常进行，为施工生产提供便利；减少场地狭小等原因二次倒运而产生的费用（图 6-39）。

图6-39　三维立体规划成果展示

　　针对苏家岩隧道进口加强型机械化配置特殊需要，参照施工组织资源配置要求，规划洞口场地功能分区。新增大型机械维护保养区、停放区、设备组装区、二次倒渣区，为苏家岩隧道进口加强型机械化施工提供后勤保障（图 6-40）。

图 6-40　场地布置分区

4）成本测算及确定整体规划

以三维可视化为手段，以成本控制为主线，通过 BIM 技术应用达到降本增效目的，从技术、组织、交通以及施工各阶段需求等多方面进行对比，选择最终策划方案（图 6-41）。

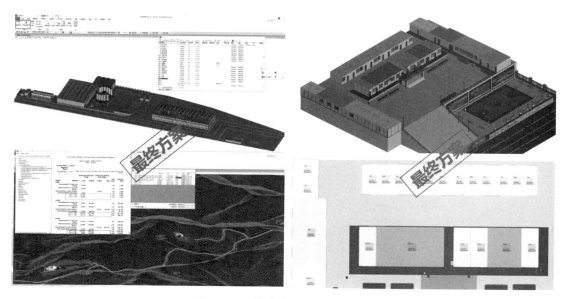

图 6-41　三维成本测算与方案策划

以设计方交桩点为相对坐标控制原点，在各场地布置模型中选取拼装定位关键点，将各功能区模型与地形进行融合，完成项目模型总装（图 6-42）。

图 6-42 三维场布与拼装定位

（2）隧道主体模型建立与优化

1）对隧道结构单元进行划分，创建隧道参数化构件库，在 BIM 协同建模中统一模型单元及属性信息。

① 参数化构件库，见图 6-43。

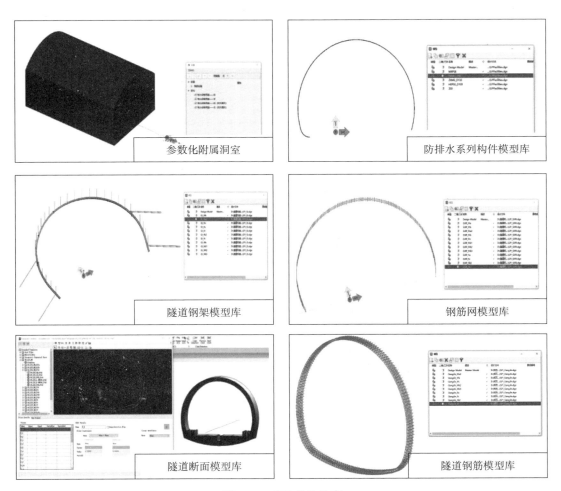

图 6-43 参数化构件库

② 大型机械设备模型库，见图 6-44。

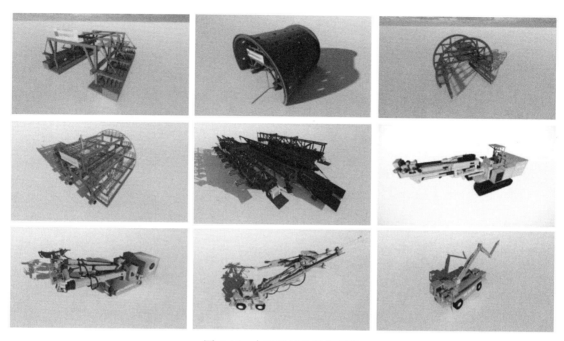

图 6-44　大型机械设备模型库

2）隧道主体模型

根据隧道主体结构组成及《铁路工程实体结构分解指南》，对隧道结构单元进行划分，创建施工阶段 BIM 精细化隧道模型（图 6-45、图 6-46）。

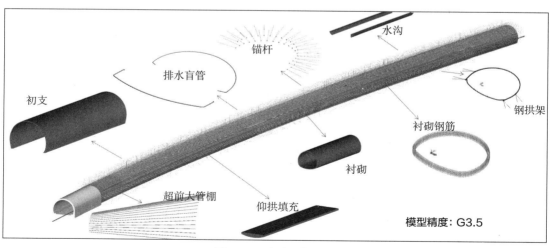

图 6-45　隧道主体模型

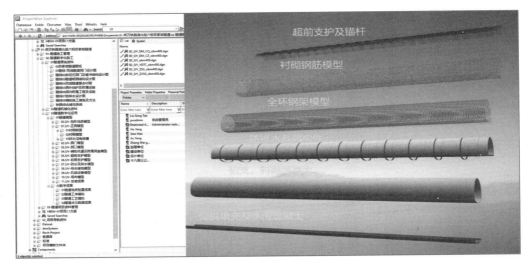

图 6-46 隧道结构单元解构

3）隧道钢构件 3D 设计及优化

①原图纸钢架设计优化

利用 BIM 技术三维设计的优势，对现有图纸钢架弧形连接处进行优化设计。如仰拱钢架拱脚连接处优化设计、附属洞室与正洞钢架的优化设计、不同工法下钢架的优化设计等。利用 MicroStation 输出 3D PDF 图纸，施工人员可量取任意构件三维尺寸，从而提高生产效率，减少因返工造成材料浪费（图 6-47）。

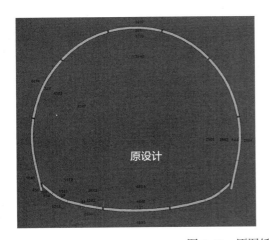
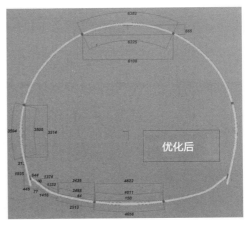

图 6-47 原图纸钢架设计优化

②异形钢拱架三维设计

隧道变截面、横通道、洞门等特殊位置处，需采用异形钢支撑进行支护。以往采用 CAD 画出多视图并在各个角度标注钢架尺寸，施工人员无法直观读取钢架尺寸等信息。通过 BIM 软件三维设计，实现钢拱架尺寸的线性变化且满足净空及支护要求。确定加工尺寸及数量，并进行模型预拼装模拟，指导加工厂下料加工（图 6-48）。

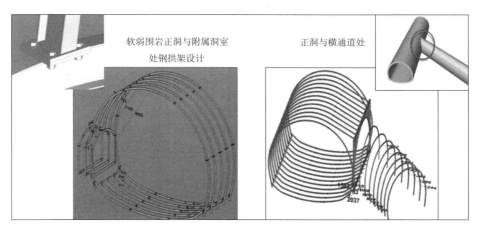

图 6-48　异形钢拱架三维设计

4）工程量输出

根据 BIM 模型输出主体结构精细化材料用量，为后续施工组织、成本归集与分析提供可靠依据（图 6-49 ～ 图 6-51）。

图 6-49　隧道主体模型

Group parts and single parts　　page 1 of 1

project name:	苏家岩隧道IVk2拱架工程量表	customer:	Bentley
project number:	2020-04-16	drawing made by/at:	
order name:	001	checked by/at:	
job number:	002	released by/at:	
drawing name:	钢结构平台	comment:	
drawing number:			

ProStructures　date: 2020/4/17

position	quantity	component	material	note	length	surface	total surface	weight	total
10001	3	拱架A单元	ASTMA36Gr	R=7260.0 Arc Angle= 49.751	6304	4.32	12.96	150.22	450.66
10002	1	拱架D单元	ASTMA36Gr	R=17825.3 Arc Angle= 14.898	4635	3.18		110.45	
10003	2	拱架B单元	ASTMA36Gr	R=7260.0 Arc Angle= 28.014	3550	2.44	4.87	84.58	169.17
10004	1	拱架C单元	ASTMA36Gr	R=17825.3 Arc Angle= 8.038	2501	1.72		59.59	
10005	1	拱架C单元	ASTMA36Gr	R=17825.3 Arc Angle= 8.033	2499	1.72		59.56	
10006	2	拱架B单元	ASTMA36Gr		1986	1.37	2.73	47.32	94.64
10007	2	拱架C单元	ASTMA36Gr	R=2950.0 Arc Angle= 26.690	1374	0.95	1.89	32.75	65.50
10008	2	拱架C单元	ASTMA36Gr		933	0.57	1.13	19.43	38.87
10009	24	A型连接角钢	---		120	0.03	0.60	0.38	9.17
10010	2	垫钢板 16x220	ASTMA36Gr		500	0.24	0.49	13.48	26.97
10011	4	B型连接钢板 16x294	ASTMA36Gr		310	0.20	0.81	10.78	43.13
10012	9	A型连接板 16x200	ASTMA36Gr		240	0.11	0.99	5.70	51.27
10013	3	A型连接板 16x200	ASTMA36Gr		240	0.11	0.33	5.70	17.09
DD14	8	M 27x80 DIN558	4.6		80				
DD15	32	M 27x65 DIN558	4.6		65				
DD14b	8	Mu 27 DIN 555	8.8	{27.00,,27.60,50.90,29.00,288.51,China.mdb@cn_gqdjtn	0				
DD15b	32	Mu 27 DIN 555	8.8	{27.00,,27.60,50.90,29.00,288.51,China.mdb@cn_gqdjtn	0				

groups / group positions	0 / 0	single parts weight / paint area	1196.06 kg / 33.42 m²
all parts weight / paint area	1196.06 kg / 33.42 m²	(group weight is always including bolts)	
groupparts weight / paint area	0.00 kg / 0.00 m²		

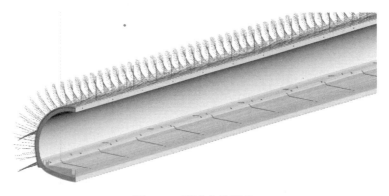

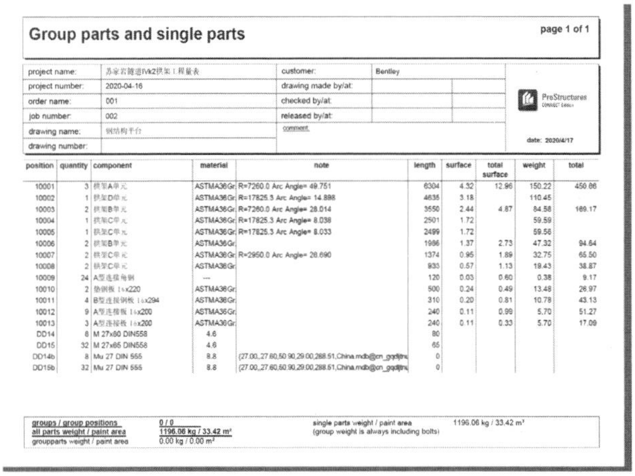

图 6-50　钢架精细化工程量统计

图 6-51　钢筋精细化工程量统计

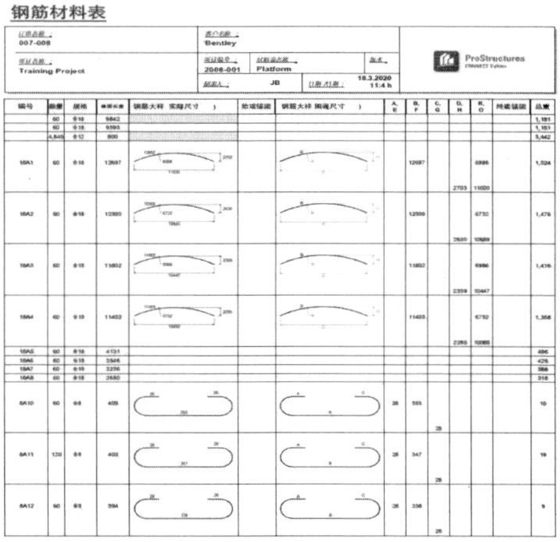

（3）施工组织模拟

1）长大隧道施工面临多个辅助坑道、多工作面同步、交叉施工等工期编制难题，施工工期计划排布较为复杂，采用 4D 工期模拟可实现以下几个方面：

① 实现全隧道整体施工流程的进度模拟，优化现有的工期进度计划。

② 结合可视化工期分析，得出材料需求量月峰值，从而计算出钢筋加工厂、混凝土搅拌站的生产效率等，分析得出项目生产所需最优资源配置。

③ 与实际的进度情况进行匹配，施工过程中同步优化。综合对比分析进度滞后原因，为下一步施工安排提供指导（图 6-52）。

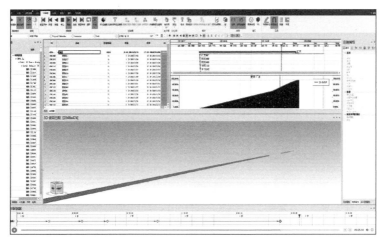

图 6-52　施工流程进度模拟

2）针对不同工法的施工特点，制定各机械设备合理的施工空间。根据隧道长度、工期要求、围岩地质条件、断面大小、辅助坑道设置、环境及场地条件等综合因素进行机械配套方案设计，使之与施工方法相配套，与施工工期相适应，最大限度发挥机械设备总体效率，并根据地质条件变化及时调整（图 6-53）。

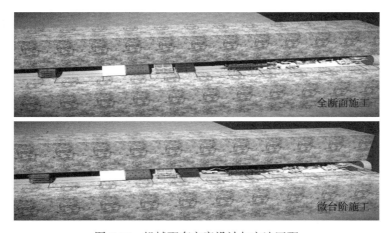

图 6-53　机械配套方案设计与方法匹配

（4）施工方案、工艺模拟

通过对隧道机械化施工关键性施工方案、工艺进行模拟，有利于现场施工技术人员更好地掌控施工方案和施工工艺技术要点，验证各项施工方案和工艺可行性并对其进行优化，实现超前模拟指导施工（图 6-54）。

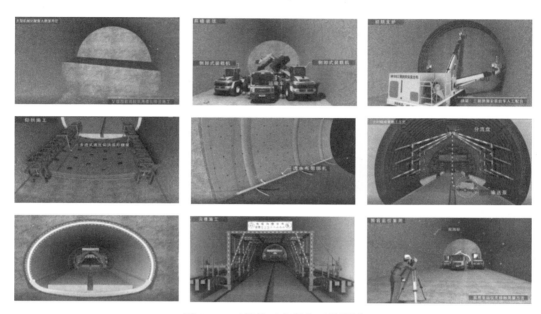

图 6-54　三维施工方案和工艺模拟

通过项目积累形成隧道机械化施工 BIM 工艺库，作为隧道项目新上岗技术、施工人员快速学习、掌握成套隧道施工技术的教材。

（5）BIM 创新应用

与人工分部开挖法相比，机械化全断面法施工质量高、开挖次数少、对围岩扰动小、初期支护封闭及时，更有利于控制围岩的稳定性。而目前所采用的支护结构参数、施工工艺、管理措施大多是基于人工分部法的研究成果和经验，已难以适应机械化全断面法，因此依托于 BIM 技术解决了以下挑战。

1）隧道软弱围岩大断面机械化开挖施工工法可行性论证

掌子面稳定性控制：

同传统软弱围岩人工分部开挖法相比，机械化大断面开挖面积大，围岩由此引发掌子面位移较大，当位移值达到安全阈值时，开挖工作面即出现失稳，甚至会有塌方现象发生，将对隧道整体稳定性产生较大影响。因此保障开挖面稳定性至关重要，需对传统超前支护进行调整。

剪切隧道主体与之相同里程相应的地质模型，采用 Plaxis 进行超前预加固施工方案论证，分析经不同超前预加固施工后深埋隧道围岩形变压力数值模拟、虚拟验算。选出最优超前预加固施工方案，结合施工现场应力应变实测反馈数据，论证超前预加固实施效果（图 6-55）。

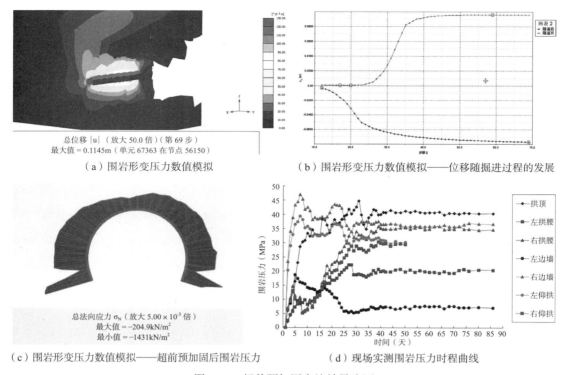

(a) 围岩形变压力数值模拟

(b) 围岩形变压力数值模拟——位移随掘进过程的发展

(c) 围岩形变压力数值模拟——超前预加固后围岩压力

(d) 现场实测围岩压力时程曲线

图 6-55　超前预加固实施效果论证

结果表明，采用 9mφ76 中管棚 + 掌子面玻璃纤维锚杆 + 高压霖雾注浆超前预加固施工方案，对掌子面稳定性控制可达到最佳实施效果，证明经超前预加固施工后可进行软弱围岩大断面带仰拱开挖施工。

2）支护结构参数优化调整

采用 Plaxis 进行隧道软弱围岩多支护结构调整方案数值模拟，对支护结构进行优化（图 6-56）。结合施工现场大量支护结构应力应变、位移测试数据反馈，表明经优化调整后，围岩压力小于规范值，支护结构整体处于安全状态。

通过对监测数据和围岩收敛变形量测数据的对比分析，大断面施工的优势较为明显，各项受力及变形数值均优于台阶法施工。

① 全断面工法开挖导致围岩塑性区范围有一定程度的增大，但总体差异不大。

② 全断面工法开挖引起隧道拱顶下沉变形小于三台阶法开挖。

③ 全断面工法开挖引起支护结构最大主应力、最小主应力均小于三台阶法开挖。

6.2.4　BIM 实践总结

1. 经济效益

本项目通过 BIM 技术在隧道软弱围岩大型机械化配套施工中的应用，采用数字化协同设计对隧道机械化作业线进行优化提升，施工现场在保障施工质量的前提下提高了施工效率，与 II 型机械化相比，将单循环时间 (IVk2/3.6m) 提升至 25.47h；基于 SYNCHRO

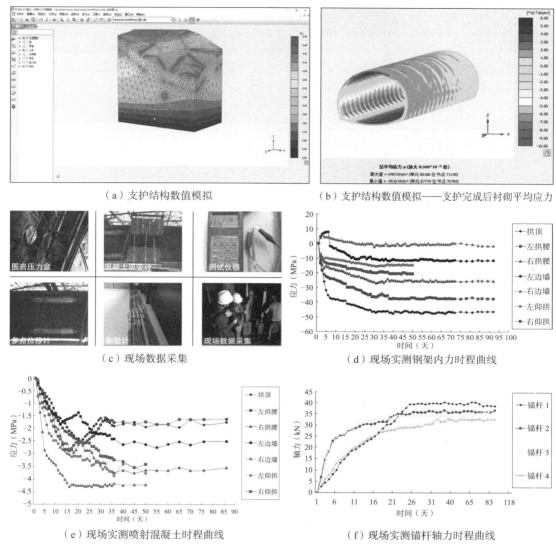

（a）支护结构数值模拟　　　　　　（b）支护结构数值模拟——支护完成后衬砌平均应力

（c）现场数据采集　　　　　　　　（d）现场实测钢架内力时程曲线

（e）现场实测喷射混凝土时程曲线　　（f）现场实测锚杆轴力时程曲线

图 6-56　支护结构参数优化调整效果论证

4D 施工模拟，制定了合理的施工计划，有序安排施工顺序，发挥更高的施工效率，建设工期减少了 5 个月，取得了一定的经济效益。

2. 社会效益

本项目以"隧道机械化施工 +BIM"为切入点，探索 BIM 技术在隧道机械化配套施工管理过程中发挥优化施工工艺、提质增效等重要作用。首创了基于 BIM 技术高速铁路软弱围岩大型机械化配套大断面施工新工艺，制定了隧道机械化施工标准 BIM 模型库、积累软弱围岩大断面机械化开挖工法"3D"知识成果库。针对隧道机械化施工工艺参数、工效指标、工序衔接、配置标准及成本测算等方面及时进行总结并形成系统性成果，为隧道机械化施工技术推广奠定基础。同时为进一步攻克隧道钻爆法智能化快速建造技术难题提供了新的解决思路，一定程度上实现了行业内隧道工程数字化施工建设新突破，获得业内多家铁路相关单位的一致好评。

6.2.5　发展规划

在隧道工程中，利用 BIM 技术深入研究软弱围岩大断面机械化配套施工工法，推进隧道机械化、信息化、智能化装备应用，建立科学、有效的数字化项目管理平台，达到施工信息可视化集成，实现铁路隧道智能化施工。

方向 1：基于 BIM 技术的钻爆法全工序机械化流水线研究，对各工艺环节以及各环节之间的衔接进行参数化模拟，探索隧道钻爆法施工数字工厂模式。

方向 2：特殊地质段虚拟施工技术，采用 BIM 技术对真实环境下的现场重建、安全分析、潜在灾害识别进行虚拟仿真，编制可视化专项施工方案和应急救援方案。

方向 3：基于 GIS+BIM 的多维工程信息融合应用技术，形成可视、可量测、可分析、可计算的隧道全空间实景三维场景，在此基础上实现集成管理，支撑现场智能管控与智能建造。

6.3　广西民族剧院项目 BIM 技术综合应用

6.3.1　项目概况

1. 项目简介

广西民族剧院项目位于广西壮族自治区南宁市江南区滨江公园亭子文化街内，为广西壮族自治区重大推进项目，由广西建工第一建筑工程集团有限公司承建。项目地下 1 层、地上 3 层，总建筑面积为 19279.78 ㎡，高度为 30.3m，包含 1000 座的戏剧院、非物质文化遗产体验厅以及相关配套服务用房。该项目为设计—采购—施工（EPC）总承包项目，其中建筑物地下部分为钢筋混凝土结构，地上部分为装配式钢结构，工程中包含土建、人防结构、消防系统、空调暖通、声光系统、给水排水及智能化系统等建设（图 6-57）。

2. 项目难点

（1）施工组织难度大：分包单位众多，多专业交叉施工协调难度大，施工组织难度高。

（2）工艺要求高：项目建筑等级为甲等剧场，对工程结构、室内外精装修、舞台工艺设备安装等施工精度要求高。

（3）涉及地下市政污水管道迁改工程：项目地下室正下方 15m 深处有一根直径 2.8m、日流量达 40 万 ㎥ 的污水管穿过，需要承包方将该大直径污水管道不停水迁改至工程主体范围外。

3. BIM 应用管理措施

为保证项目 BIM 技术落地实施，集团公司建立了一系列 BIM 应用标准与实施方案，并且定期组织员工进行 BIM 技术应用培训，确保 BIM 技术能与施工现场紧密结合（图 6-58）。

图 6-57　广西民族剧院项目

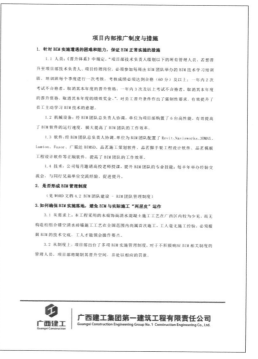

图 6-58　BIM 实施方案与应用标准

4. BIM 技术应用实施规划

根据项目的特点以及每个施工阶段定制相应的详细 BIM 应用目标，尽可能使 BIM 技术应用效益达到最大化，将 BIM 技术应用到项目建设的全过程（图 6-59）。

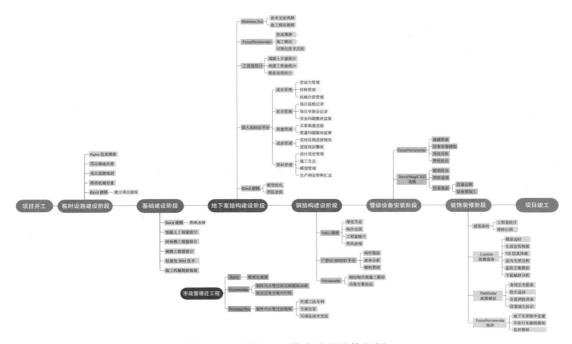

图 6-59　项目 BIM 技术应用总体规划

6.3.2　BIM 技术常规应用

1. 场地规划

由于场地及周边环境限制，在不同的施工阶段需采用不同的车辆行走、材料运输路线，为解决这一问题，运用 BIM 模型根据现场不同施工阶段不同的限制条件来规划施工道路，使得施工道路更科学合理（图 6-60）。

因舞台、非遗厅上空较高（最高达 22m），室内防火涂料施工需要用到专用升降机进行施工，由于室内砌体已基本完成施工，为避免升降机进场时破坏成品，或由于墙体的阻挡无法进入室内，运用 BIM 技术提前规划机械进场路线（图 6-61）。

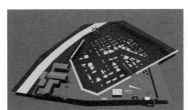

（a）基础施工阶段　　　　（b）地下室施工、顶管施工阶段　　　（c）钢结构、建筑施工阶段

图 6-60　不同施工阶段施工道路规划

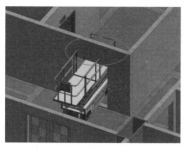
（a）模拟检查

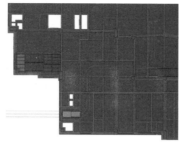
（b）规划合理路线

（c）机械进场

图 6-61 机械进场路线规划

2. 工程算量

根据各分部工程的 BIM 模型进行算量，统计土方、砖模、混凝土、钢筋、砖砌体、二次结构等工程量，将输出的工程量清单或下料单作为材料采购、现场施工、现场收方的参考（图 6-62、图 6-63）。

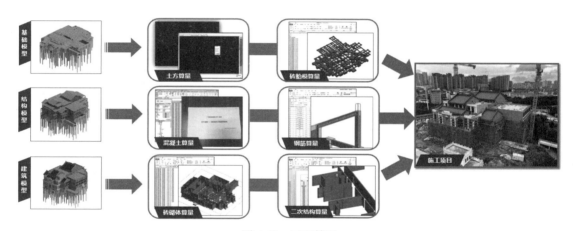

图 6-62 工程算量

图 6-63 多算对比

3. 技术交底

对于钢结构与土建施工关键交叉点的问题，运用 BIM 技术制作其施工模拟视频，明确钢结构与土建各工序的前后顺序，向现场管理人员、技术员进行可视化交底，提高施工现场的沟通效率（图 6-64、图 6-65）。

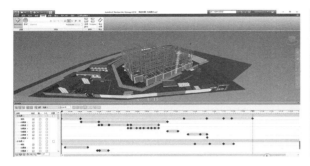

图 6-64　动画模拟

图 6-65　可视化交底

4. 辅助选材

运用 BIM 技术对项目效果进行渲染，为业主提供多种不同风格的外装饰材质与配色方案，加快业主对材质选择的速度，成功为项目争取更多的施工时间（图 6-66）。

图 6-66　不同材质选择

6.3.3　BIM 技术重点应用

1. 钢结构深化

钢结构设计深化：运用 BIM 软件建立钢结构模型，对钢结构的钢柱脚、桁架、楼承板、型钢梁等进行深化设计（图 6-67、图 6-68）。

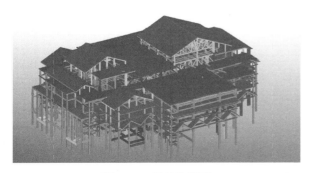

图 6-67　钢结构模型

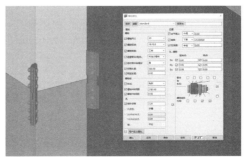

图 6-68　参数深化

钢柱脚连接节点优化：对项目地下室钢柱外包混凝土柱进行检查，钢柱外包的竖向钢筋容易出现与钢柱钢板冲突、梁钢筋锚固长度不足的问题，因此提前对该节点进行深化（图 6-69）。

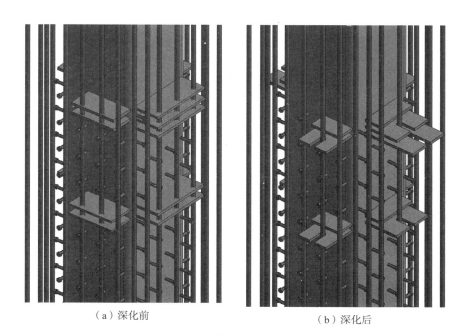

（a）深化前　　　　　　　　　　　　　　（b）深化后

图 6-69　连接钢板深化前后对比

钢结构构件优化：将钢结构模型导出到相关 BIM 软件中，基于钢结构模型建立土建模型，过程中发现钢结构与土建存在较多的冲突，尤其是落地窗、门等，可能会由于结构问题无法安装，延误工期，因此对钢结构问题要求修改设计（图 6-70）。

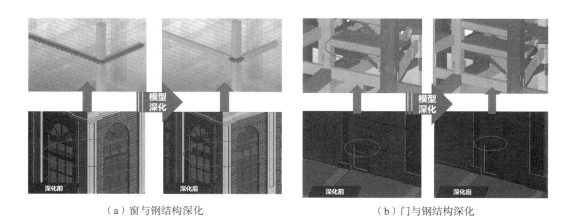

（a）窗与钢结构深化　　　　　　　　　　（b）门与钢结构深化

图 6-70　钢结构构件深化前后对比

钢桁架拼接：运用 BIM 软件根据优化后的桁架模型，导出桁架详图和桁架拼接示意图，用于现场桁架拼接与起吊点确定，加快桁架进场吊装速度（图 6-71）。

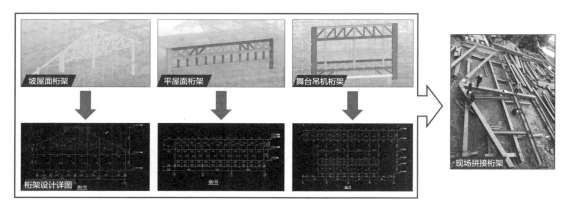

图 6-71　钢桁架拼接

大跨度桁架支撑：项目中存在部分大跨度桁架，其中单个桁架最重达 26t，跨度达 28m，吊装难度大，且无法一次性吊装完成，需用到临时支撑系统。因此，运用 BIM 技术辅助编制吊装方案，根据地下室顶板的结构特点以及桁架跨度等，经验算后选择安全性高、实惠且安拆方便的临时支撑方式（图 6-72）。

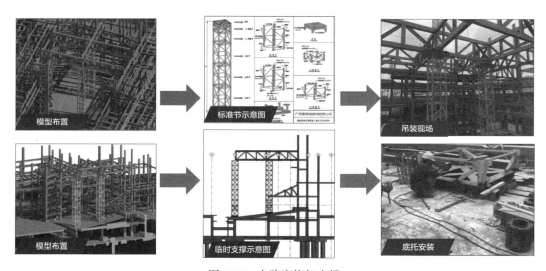

图 6-72　大跨度桁架支撑

钢结构吊装模拟：根据大跨度桁架吊装施工方案制作吊装模拟视频，用于可视化技术交底，提高大跨度桁架吊装效率，提高钢结构安装工人的安全意识和质量意识（图 6-73、图 6-74）。

2. GRC 外装饰深化

GRC 龙骨深化：运用 BIM 软件对 GRC 外装饰进行建模，检查 GRC 内部龙骨设计的合理性，避免螺丝、钢板、龙骨发生冲突或错位等问题（图 6-75）。

GRC 线条深化：通过模型检查、修改 GRC 线条与主体结构冲突或设计不合理的部位，使得装饰线条更加美观（图 6-76）。

图 6-73　吊装模拟视频　　　　　　　　　　图 6-74　桁架吊装展示

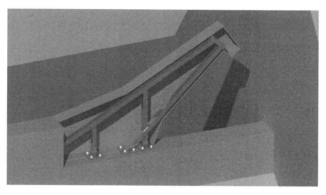

图 6-75　GRC 内部龙骨深化

（a）线条冲突优化前　　　　　　　　　　（b）线条冲突优化后

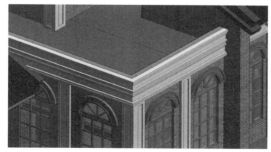

（c）线条优化前　　　　　　　　　　　　（d）线条优化后

图 6-76　GRC 线条优化前后对比

　　GRC 与外架优化：通过模型发现，GRC 外装饰安装时容易与建筑外脚手架发生冲突。对此，运用 BIM 技术检查 GRC 外装饰的安装范围，提前发现问题并对外架进行优化，避免外架拆除或装饰柱返工（图 6-77）。

（a）GRC 装饰与外架冲突　　　　　　　　（b）脚手架优化后

图 6-77　GRC 与外架优化前后对比

3. 辅助编制迁管方案

　　本项目用地内有一根直径达 2.8m 的污水管从工程主体下方穿过，为保证工程结构主体的安全，必须将污水管迁移至工程结构主体范围外。由于地下污水管为江南区排污干管，污水日流量达 40 万 m^3，污水管的所属公司要求在管道迁移过程中必须保持污水管每天 24h 畅通，不得截停污水。因此运用 BIM 技术来策划、选择经济、合理且安全性高的施工方案。

　　针对管道迁改的难题，项目拟出三个对策，分别是：人工下水三个、爆破施工、自主研发新的施工工法。

　　经过对三个对策的研究比对后，发现人工下水和爆破施工都存在危险性系数大、可控性低、成本太高等问题，因此决定选用自主研发的新工法：地下排水管不停水接驳装置施工。

　　方案确定后，项目使用建模软件进行精细建模，并运用 BIM 技术中施工模拟的功能来模拟和论证该方案的可行性，并将该模拟动画制作成视频（图 6-78）。

图 6-78　BIM 模型分析

4. 机电深化

项目各个楼层各类机房众多，包括水泵机房、空调机房、进排风机房、制冷机房、发电机房、网络机房、加压机房等 10 余个不同类型的机房，且项目中包含了升降舞台、灯光音响等各类智能化设备，整体水电管线密集，安装工程量大，空间有限、管线净空要求高，为确保能协调好各个专业的施工，提高空间利用率，借助 BIM 技术进行管线深化（图 6-79、图 6-80）。

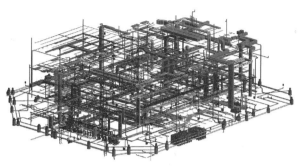

图 6-79　整体机电模型

图 6-80　水泵机房模型

将水电管综模型导入合模软件中，进行各专业碰撞检查（图 6-81），并导出碰撞处的截图和具体数据，用于优化管线、解决碰撞问题；管线优化后导出相关图纸指导现场水电安装施工。

图 6-81　碰撞检查

图 6-82　碰撞数据统计

5. 窗与幕墙优化

项目外形具有民族风格，外窗形状多为复古的窗花与相对复杂的图案（图 6-83），且项目窗种类多达 109 种，窗形最高达 7.3m、最长达 21m（图 6-84），外窗窗框、幕墙骨架等均较为复杂，加工、安装难度大。因此，运用 BIM 技术对项目窗、幕墙进行深化，提高安装质量、控制项目成本。

运用 BIM 软件建模时，发现多处定制类门窗与结构冲突、小部件因结构无法安装使用等问题，针对这些问题提前修改结构或者修改定制的门窗部件，避免后期返工，提高了幕墙窗的安装效率和质量（图 6-85）。

图 6-83　外窗风格　　　　　　　　　　　图 6-84　幕墙窗样式

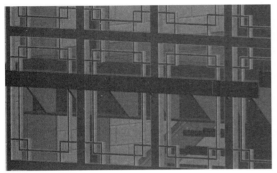

（a）窗与结构边缘冲突

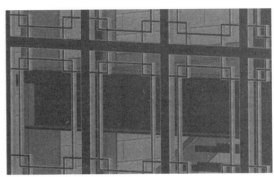

（b）冲突优化后

（c）固定件与结构柱冲突

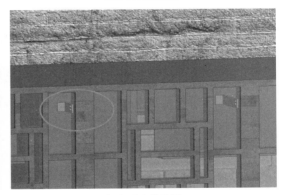

（d）冲突优化后

图 6-85　门窗、小部件与结构冲突优化前后对比

　　建立参数化窗族，模型精度详细到明确螺栓数量、型材规格等信息（LOD400），再根据每个窗的类型导出所有部件的参数信息，辅助窗框型材、幕墙龙骨、螺栓、固定件等施工下料，提高下料精确度，保证施工质量与控制成本（图 6-86 ～ 图 6-88）。

　　该项目部分幕墙、窗的龙骨等安装较为复杂，且项目管理人员多为缺乏安装经验的年轻人，因此运用 BIM 技术制作模拟幕墙、铝合金窗的安装模拟视频，用于项目管理人员、施工作业班组的可视化技术交底，提高现场的安装效率以及施工质量（图 6-89、图 6-90）。

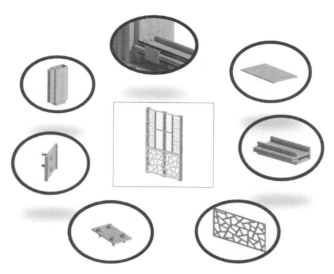

图 6-86　窗构件

图 6-87　参数化设置

铝合金窗及幕墙工程下料统计表

窗类型	卡扣数量(个)	固定件数量(个)	横梁长度(m)	玻璃面积(m²)	盖板长度(m)	竖板长度(m)	螺丝数量(颗)	贴花类型1(m²)	贴花类型2(m²)	贴花类型3(m²)
C3629	67	15	16	5.6	30.5	15	191	4.7	5.5	/
C1632	36	9	9	3.1	21.2	15	105	1.28	/	/
C3636	56	17	15	6.9	35	17	211	7.2	/	/
C0726	15	6	8	2.2	17	12	87	/	/	/
C0754	37	16	8	3.8	25	19	187	2.2	0.9	/
C1130	7	4	3.2	3.1	10	16	36	/	/	/
C1136	33	6	4.8	2.6	15	12	72	4.5	/	/
C1154	45	12	8.2	6	22	19	155	2.4	2.8	/
C1296	18	9	5.1	4.4	16	9	120	/	/	/
C1237	33	6	4.8	3.6	15	12	72	4.5	/	0.4
C1254	56	17	6.9	3.8	35	17	211	7.2	/	/
C1326	15	6	8	2.2	17	12	87	/	/	/
C1515	37	16	8	3.8	25	19	187	2.2	0.9	/
C1536	7	4	3.2	3.1	10	16	36	/	/	9
C1545	33	6	4.8	2.6	15	12	72	4.5	/	8
C1845	45	12	8.2	6	22	19	155	2.4	2.8	/
C1924	56	17	15	6.9	35	17	211	7.2	/	/
C1954	15	6	8	2.2	17	12	87	/	/	/
C2036	37	16	8	3.8	25	19	187	2.2	0.9	/
C2054	7	4	3.2	3.1	10	16	36	/	/	11
C2124	33	6	4.8	3.6	15	12	72	4.5	/	/
C2137	45	12	8.2	6	22	19	155	2.4	2.8	/
C2426	18	9	5.1	4.4	16	9	120	/	/	/
C2624	33	6	4.8	3.6	15	12	72	4.5	/	/
C3037	45	12	8.2	6	22	19	155	2.4	2.8	/
C3043	18	9	5.1	4.4	16	9	120	/	/	/
C3045	33	6	4.8	3.6	15	12	72	4.5	/	4.2
C4543	56	17	15	6.9	35	17	211	7.2	/	2.6
C4037	15	6	8	2.2	17	12	87	/	/	/
C4537	37	16	8	3.8	25	19	187	2.2	0.9	/
C2021	7	4	3.2	3.1	10	16	36	/	/	2.4
C3629	33	6	4.8	3.6	15	12	72	4.5	/	/
C2527	33	6	4.8	3.6	15	12	72	4.5	/	/
C2173	56	17	15	6.9	35	17	211	7.2	/	/

图 6-88　下料统计表

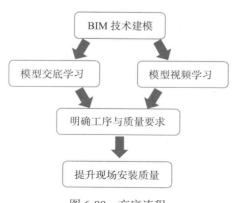

BIM 技术建模

模型交底学习　　模型视频学习

明确工序与质量要求

提升现场安装质量

图 6-89　交底流程

图 6-90　组织交底会议

6.3.4　基于 BIM5D 平台的施工管理

1. 进度计划管理

根据总进度计划结合相应分部的工程量，通过 BIM5D 平台对现场人员分配周任务和材料采购计划，明确责任人，并优化工期，检查人材机是否满足现场施工需求，及时发现拖延进度的问题并及时纠偏；并且根据进度计划严格管理重型塔吊的租赁使用，避免出现重型塔吊闲置窝工的现象（图 6-91 ～ 图 6-94）。

图 6-91　项目总进度计划

图 6-92　月任务、周任务发配

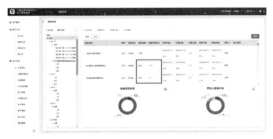

图 6-93　问题显露

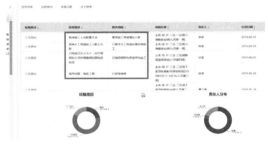

图 6-94　问题分析

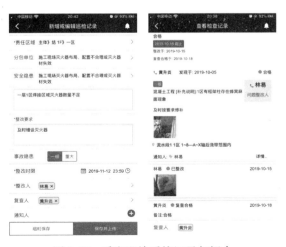

图 6-95　质安巡检系统记录与闭合

2. 质量安全管理

运用 BIM 5D 平台的质量、安全管理系统，分配质量、安全巡检员，对施工现场发现的质量安全问题进行记录并通知相关责任人进行解决，提高施工现场的质安整改效率，改善施工现场的安全性，并提高工程的质量（图 6-95 ～ 图 6-97）。

3. 数据管理

运用 BIM 5D 平台建立项目数据库，以便管理人员查阅相关的图纸资料、照片资料、方案资料和相关模型，及时了解设计变更的情况，并借助平台开展日常生产例会，提高会议效率（图 6-98）。

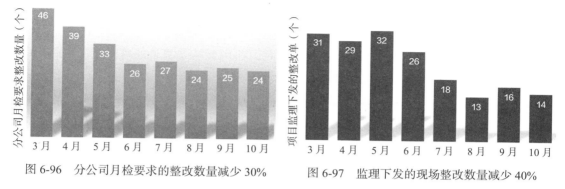

图 6-96　分公司月检要求的整改数量减少 30%　　　图 6-97　监理下发的现场整改数量减少 40%

图 6-98　模型与资料数据

4. 构件跟踪

运用 BIM 5D 平台对钢构件进行实时跟踪，相关负责人对钢构件的进场时间、安装时间、安装部位以及安装质量进行严格跟踪管控，现场吊装效率和吊装质量均有所提升（图 6-99）。

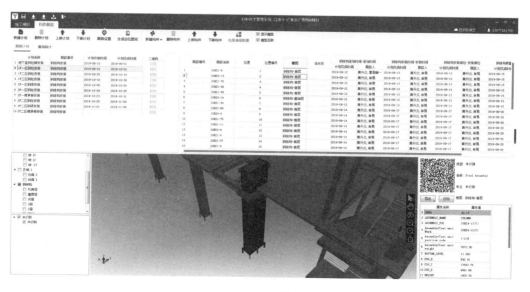

图 6-99　钢结构构件跟踪

5. 二维码交底

项目将复杂节点、关键节点的 BIM 模型上传至 5D 平台中，并做注释，用于现场管理人员、施工班组的可视化技术交底，同时制作二维码粘贴于施工现场，便于管理人员、工人随时查看，提高对现场工人的沟通交底效率（图 6-100、图 6-101）。

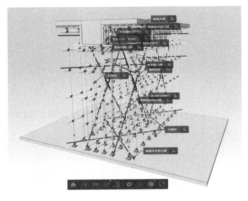
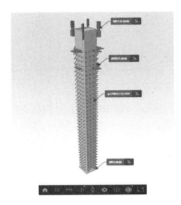

图 6-100　高大梁模板　　　　　　　图 6-101　钢柱脚

6.3.5 BIM 应用总结

1. 管理效益

（1）BIM 人才培养：在进行 BIM 技术应用的同时注重 BIM 人才的培养，为公司 BIM 技术发展储备人才力量。

（2）提高管理效率：现场运用 BIM 技术、BIM 5D 平台进行施工管理，使项目的安全、质量、进度、成本等管控能力有了一定的提升。

（3）提升工程质量：施工现场利用 BIM 技术对管理人员、作业人员进行更直观地可视化交底，提高现场人员的沟通效率，提升工程项目的施工质量。

2. 直接经济效益

（1）土方核算：运用 BIM 软件核算土方量，节约土方外运成本。

（2）土建返工费：运用 BIM 技术提前发现土建墙体门窗与钢结构、机电设备管线类的错误冲突，节约返工费。

（3）GRC 深化：运用 BIM 技术对外墙 GRC 进行深化设计时发现 GRC 外装饰与外脚手架冲突，节约外脚手架返工费。

（4）塔吊拆除：经过广联达 BIM 5D 平台周密的进度计划管理，成功在计划的工期内完成所有钢结构构件的安装。

3. 间接经济效益

（1）成本管理：对工程部位的工程量进行统计算量，以计划材料采购进场、消耗等，严格控制成本，防止材料采购过多、材料浪费等现象发生，并且根据材料进场消耗、现场施工实际情况来提前计划材料采购。

（2）进度管理：结合施工现场分区和 BIM5D 平台，将管理责任按施工区域和不同专业分配至个人，由个人负责该专业该区域的管理并落实上级下发的任务，从而达到优化工作流程、压缩工期、提高工作效率的效果。

（3）工程结算：运用 BIM 技术来计算、核对各个分包单位、分包队组的结算工程量，杜绝谎报、瞒报工程量的现象发生，防止项目部利益遭受损害。

（4）设计变更：应用 BIM 技术及时发现图纸的错误，及时向设计院反馈，提前解决问题，避免了后期施工不必要的返工情况，节约经费。

6.3.6 未来 BIM 应用规划

将持续深入应用 BIM 技术，将 BIM 技术融入项目的室内精装修工程，在精装修领域继续探索 BIM 应用点和研发新工法、新技术。

将本项目所实践和积累的 BIM 技术应用经验应用于新的工程项目中，继续探索 BIM 技术应用，深入巩固 BIM 技术力量，提高企业的技术竞争力。

6.4 武汉雷神山医院项目施工阶段 BIM 应用

6.4.1 项目概况

1. 项目简介

武汉雷神山医院是武汉市防疫指挥部针对在 2020 年春节期间爆发的新冠肺炎疫情，批准在湖北省武汉市江夏区强军路建设的武汉"小汤山医院"。

由中建三局第一建设工程有限责任公司（以下简称中建三局）负责承建，医院建设用地面积达 22 万 m^2，总建筑面积为 7.9 万 m^2，总床位数 1500 张，可容纳医护人员 2300 人，开设 32 个病区，是一个专为收治新冠病毒肺炎重症患者建造的抗疫应急医院，是疫情期间全国投资建设的最大抗疫项目。整个医疗隔离区呈鱼骨状分布，病房采用箱型板房形式，医技楼为钢结构形式（图 6-102）。

2. 项目创新性

雷神山医院建设初始，国内疫情肆虐，留给设计人员、施工人员及管理人员的时间极短，如何利用数据流高效地办公，减少设计变更，减少设计错误，降低施工难度，提高施工速度，是建造过程中的重难点，因此，利用 BIM 技术进行正向设计、深化设计，过程中进行流线模拟、气流模拟、医疗可视化模拟等，极大地提高了设计效率与沟通效率。

3. 项目难点

雷神山医院的设计重难点主要有 4 个：一是传染病医院系统复杂；二是要能快速建成投入使用；三是要防止对环境造成污染；四是要避免医护人员感染。BIM 技术的应用也应围绕上述 4 个项目难点展开。

4. 应用目标

本次雷神山医院的建造面对施工现场工作面协调压力大、人员管理难度大、物资协调难度大、机械协调管理难度大、安全防疫压力大、工期异常紧张等一系列困难。其中利用 BIM 技术来提速设计、提速施工、管理现场、简化流程是本项目的重中之重。

图 6-102　雷神山医院项目

5.应用内容

（1）设计阶段需要施工方提前介入，利用 BIM 技术搭接设计端与装配式箱式房供应商，减少后期的设计变更。

（2）减轻施工现场的工作面管理压力、降低现场的施工难度。

（3）提速设计，简化流程，形成设计与施工的垂直信息传输。

6.4.2　BIM 整体方案

1.组织架构与分工

武汉雷神山医院项目 BIM 组织架构图如图 6-103 所示。

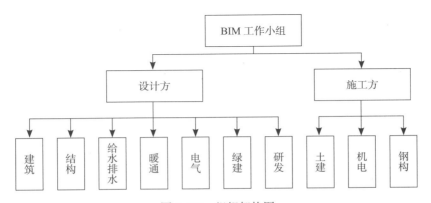

图 6-103　组织架构图

2.软、硬件配置

软、硬件配置见表 6-5。

软、硬件配置 表 6-5

硬件配置	
硬件	配置
CPU	i7-9700K
显卡	丽台 -NVIDIA Quadro P2200
硬盘	西数（500GB/7200 转 / 分）
内存	24G
操作系统	Windows10 专业版 64 位
显示器	飞利浦 PHLC094 Philips 242EL
软件配置	
软件名称及版本	应用
Midas Gen	钢构参数分析
Tekla	钢构建模
Rhinoceros	曲面建模
AutodeskCAD	二维制图
Autodesk Revit2018	模型搭建、深化设计、流水划分
Navisworks2018	模型整合、碰撞检查、进度模拟
Project	进度编制

3. 标准保障

雷神山医院作为突发事件的应急项目，中南建筑设计院股份有限公司和中建三局迅速组建 BIM 团队，助力其快速建设。双方各自依据企业 BIM 实施标准，统一项目 BIM 应用标准（图 6-104）。

（a）设计方 BIM 标准　　　　　（b）施工方 BIM 标准　　　　　（c）项目 BIM 标准

图 6-104 雷神山医院 BIM 实施标准

6.4.3 BIM 实践过程

1. 人员技术培训

在雷神山医院的建造过程中，为辅助设计，串联设计图纸与施工现场，在施工现场培养了一大批能看、会用 BIM 的管理人员，为后续提高现场的管理效率、缩短建造时间、缓解资源压力提供有力技术支撑。

2. 技术应用过程

（1）BIM 助力装配式设计、施工

疫情就是生命、防控就是责任。雷神山医院要求 10 天建成使用，如何快速有效地建成满足具备治疗传染性呼吸疾病的高防护级别医院，是整个项目的重难点。一方面，要站在设计的角度考虑其结构性满足相应的规范要求；另一方面，要站在施工的角度考虑其快速建造及工作面的展开。而 BIM 技术正是连接设计和施工的桥梁，充分考虑多方因素，平衡各方意见，达到 BIM 设计指导施工建造的目的。

在对隔离医疗区进行功能区划分的过程中，设计人员将其分为护理单元和医技区两种典型区域。其中护理单元均由尺寸规格一致的隔离病区与医护办公区组成，具有典型的标准化模块的特征。考虑到疫情期间的材料供应问题，以及施工环境和施工机械的制约，最大限度地提高建造速度，设计方与施工方一致决定护理单元采用装配式设计和施工，选择轻型模块化钢结构组合房屋（箱式房）结构体系。通过 A、B 两种型号的箱式房进行组合排布，形成具备 3 个基础功能的区域模块，并通过对三个基础功能区域模块的合理拼装，构成一个完整的护理单元模块（图 6-105）。

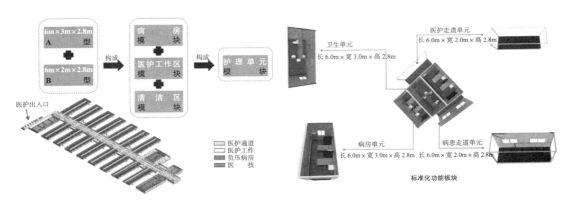

图 6-105 装配式设计与模块化组装

由于现场对箱式房的需求较大，已有库存不足，需要进行箱式房批量化加工生产，设计人员根据市场供应能力分析，确认相关尺寸型号，固定模块化户型，固定项目整体布置，使得工厂预加工、预装配速度上升至新台阶（图 6-106～图 6-109）。

由于雷神山医院项目的特殊性，对其防污染水系统、电力系统、通风系统都有极高的要求。因此，在给水端为隔离医疗区病区和非病区分别设置两路独立给水管网；在排

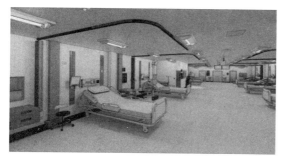

图 6-106　负压 ICU 渲染图

图 6-107　负压检验室渲染图

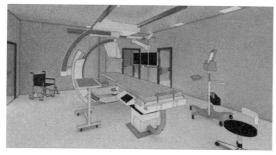

图 6-108　手术室模型渲染图

图 6-109　复苏室模型渲染图

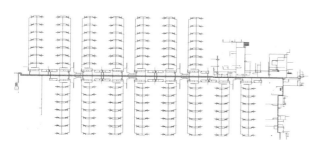

图 6-110　隔离医疗区北区给水排水模型

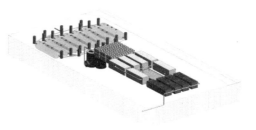

图 6-111　污水处理站模型

水端，将清洁区、半污染区、污染区排水严格划分，防止医患之间的交叉感染（图 6-110、图 6-111）。

在电气系统设置方面，采用 4 路 10kV 高压电源供电。采用模块化设计，利用建筑鱼骨式的模块化设计理念，每 4 个病区的护理单元为一个固定模块，一共分为 8 个模块（图6-112）。每两台变压器和一台柴油发动机组成一个供电模块，保证了供电的高可靠性的同时，也满足了"快速设计、方便施工"的要求（图 6-113）。

对于空调通风系统，送风系统均设置粗、中、高三级过滤，其中负压检验、负压ICU、负压手术室设高效过滤风口。所有区域排风经高效过滤器处理后高空排放，负压ICU、负压手术室、治疗室、复苏室等房间设下排风口。

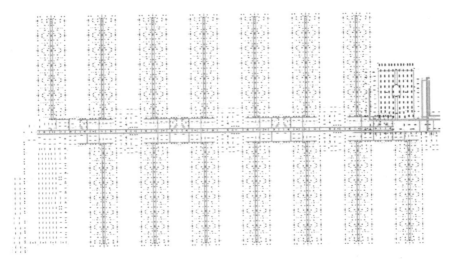

图 6-112　隔离医疗区北区电气模型

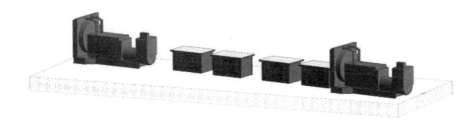

图 6-113　保障供电可靠性的设备模型

（2）基于 BIM 的施工优化

1）BIM 辅助现场集装箱模块化组装方案

为实现箱房工业化生产，加快现场施工进度，项目根据市场供应能力分析、确定箱式房的型号，并将箱体标准化，建立模块化单元，实现模块化设计，固定模块化户型，固定项目整体布置。通过 BIM 模拟现场集装箱模块化组装过程。模块单元组成包含钢结构冷弯薄壁型材骨架和彩钢复合板墙体（图 6-114、图 6-115）。

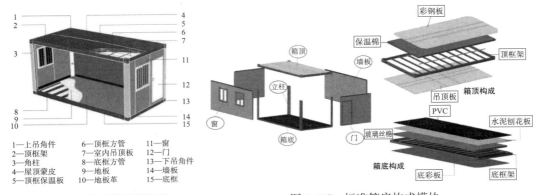

1—上吊角件　　6—顶框方管　　11—窗
2—顶框架　　　7—室内吊顶板　12—门
3—角柱　　　　8—底框方管　　13—下吊角件
4—屋顶蒙皮　　9—地板　　　　14—墙板
5—顶框保温板　10—地板革　　　15—底框

图 6-114　常规箱型房规格　　　　　图 6-115　标准箱房构成模块

2）BIM 辅助施工总平面布置优化

策划阶段，根据工程施工部署，采用 BIM 技术模拟箱体汽车吊布置情况。通过模拟，得出最优施工方案：各区平行施工吊装，集装箱堆场临时征用军运路及黄家湖大道部分道路。配备 10 台 25m 臂长吊车。平板车经大门进入场内，自西向东将集装箱式活动房运至各汽车吊处进行吊装，完成后经 M4、M5、M6 大门驶出，返回集装箱临时堆场继续转运（图 6-116）。

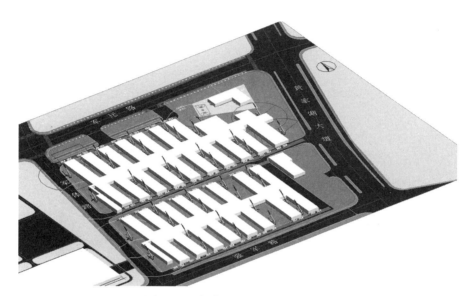

图 6-116　箱体汽车吊三维场地布置

场内吊装阶段，布置 16 台 30m 臂长汽车吊，7 台 25m 臂长汽车吊，10 台 40m 臂长汽车吊，4 台 52m 臂吊车。

吊装时，以 H 形集装箱群为一个单元，从 H 形腰部向首尾方向进行安装。

3）室外管网跳仓法施工

雷神山医院原设计室外管网布置在每个护理单元之间均有雨、污、废管线，如此施工将造成场内大面积开挖，对于厢房吊装影响极大，严重影响现场进度。因此，采用 BIM 技术进行设计优化，合并多余管道，将管道优化为"隔一设一"，进行室外管网跳仓法施工，减少现场管道开挖、预埋施工工作量，为吊装场地提供充足的保障工作（图 6-117 ～图 6-119）。

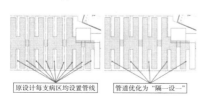

图 6-117　室外管网原设计与优化对比图

图 6-118　室外管网 BIM 设计优化模型

图 6-119　室外管网现场施工图

原计划进场 50 台挖掘机、40 台推土机、250 辆渣土车，经过深化后工程量大大减少，实际进场 33 台挖掘机、26 台推土机、168 辆渣土车，机械投入减少 1/3。

4）H 型钢基础优化

在施工基础阶段，对结构基础进行优化。通过 BIM 技术优化基础形式，设计出一种混凝土条基＋钢结构组合式基础，将原全混凝土基础深化为外部采用全混凝土基础、内部采用梅花形布置型钢基础，大大简化施工工艺、加快了施工速度，仅此一项就减少混凝土条基 22576m（共计 3387m³ 混凝土），减少管道穿孔 1036 个，减少劳动力投入约 200 人。

在施工医护休息区阶段，对医护休息改建区底部采用贝雷架＋工字钢基础进行 BIM 深化设计，提供了一种呼吸类临时传染病医院装配式建筑体系基础结构。相较普通基础而言，大幅缩短工期的同时提高基础承载力，且能快速高效地用于后期穿管施工，大大缩短施工周期，可以在非常短的时间内高效完成大体量医院的建造（图 6-120、图 6-121）。

图 6-120　医护休息改建区贝雷架基础整体效果图　　图 6-121　医护休息改建区贝雷架基础施工实物图

5）钢管彩钢瓦屋面施工技术

项目原设计采用钢结构屋顶，但钢结构屋顶需定制加工且施工周期长、自重大、工艺复杂、在临时工程中应变性较差，通过 BIM 深化设计了一种钢管彩钢瓦组合式屋面，并采用 PKPM 软件核算该支撑体系的安全性。采用钢管作为主支撑架体、槽钢作为檩条、彩钢瓦作为屋面板、四周采用防雨布或彩钢瓦封闭、满拉揽风绳加固，五者结合，既能满足屋面的使用功能，达到快速施工的效果，同时减小了结构安全风险（图 6-122、图 6-123）。

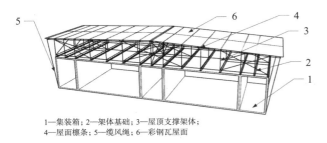

1—集装箱；2—架体基础；3—屋顶支撑架体；
4—屋面檩条；5—缆风绳；6—彩钢瓦屋面

图 6-122　钢管彩钢瓦组合式屋面 BIM 设计图

图 6-123　钢管彩钢瓦组合式屋面搭设实景图

6）集成式整体卫浴

通过 BIM 建模深化设计将原设计下沉式卫生间深化为集成式整体卫浴，大大简化卫浴施工工艺。按照深化设计图纸施工后进行对比分析，结果表明取材更加简单，大大加快了应急工程施工速度、缩短移交周期，具有较好的社会效益。

（3）BIM 创新亮点应用

1）基于图纸的交互式 BIM 快速建模

自主开发基于图纸的交互式 BIM 快速建模插件，打通 CAD 图纸和 BIM 软件的数据壁垒，提供交互式界面完成图纸信息的快速提取、建模参数的自由选取、匹配规则的自主确定，实现了翻模过程的可视可控化，避免了 CAD 图纸导入 BIM 软件卡顿、信息丢失等问题，大幅提高了建模效率（图 6-124）。

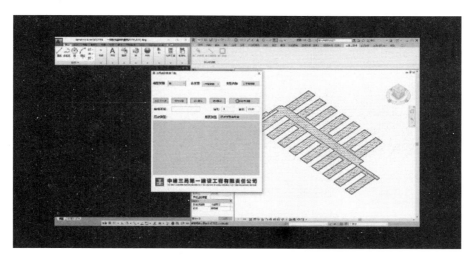

图 6-124　交互式 BIM 快速建模插件

2）BIM 在线建模、云渲染

病房样板间装修设计采用 BIM 在线建模技术，模型直接保存在云端，可多人协作的在线建模，打开网页就能查看和编辑，云端实时保存；可多人实时修改模型，安全可控（图 6-125）。

3）基于 BIM 的智能化管理平台

项目应用自主研发的 "BIM-QR 系统"，在原料采购、构件生产、构件运输和质量验收全过程实现钢结构信息化管理，提升管理精细度，实现高效建造，钢结构施工仅用 6 天完成。

项目基于在施工过程中大型机械设备的受力研究，利用有限元软件计算分析，应用自主研发的 "轮式及履带式起重机行走及起重荷载计算系统"，仅用 1 天时间便计算出 31 台汽车吊、15 台履带吊的行走和吊装作业时的地基承载力。

针对雷神山医院集装箱安装自主研发了 "基于 BIM 的智能化物流管理系统"：将 BIM 技术、集装箱调度与管理深度融合，综合应用物联网技术、移动通信，通过将集装箱房基

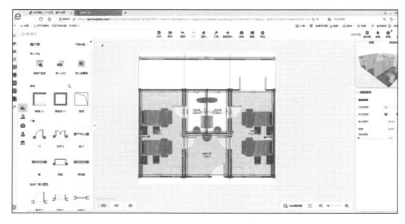

图 6-125 BIM 在线建模

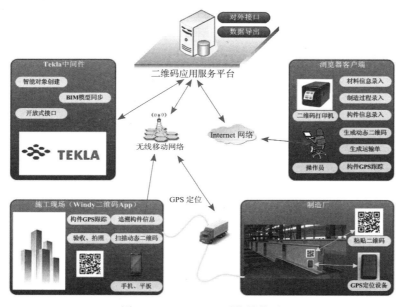

图 6-126 BIM-QR 系统结构图

本信息录入、查询管理、入库检查、审核、现场安装调度等，实现数据自动采集、信息交互、智能分析，对集装箱房从深化设计、下单管理、工厂生产、物流运输、入场跟踪、质量验收及安装管理全过程的信息跟踪管理。实现了雷神山医院在 10 天内完成 3700 多个集装箱安装施工目标，为雷神山医院顺利移交提供了保障（图 6-126）。

为保证工期及各专业的穿插，自主研发了应急工程基于 BIM 的计划管理软件平台，可实现建设各方及各专业计划管理协同，提升管理精细度，实现高效建造。

自主研发了应急工程基于 BIM 的维保软件平台，不仅解决了维保管理流程繁杂的问题，又能保证维保任务及时处理无遗漏，大大提高维保效率。

以上 5 个平台都获得了软件著作权，体现了 BIM 技术对于创新建造、智慧建造、信息化施工的驱动力。

6.4.4　BIM 实践总结

1. 应用效果总结

（1）经济效益：时间就是金钱。"这是救命工程，早一分钟建成医院，就能早一分钟挽救生命"，雷神山医院 10 天建成投入使用，拯救数以千计的生命。其中加快设计进程，推进施工进度，进行施工推演，BIM 技术功不可没。

（2）社会效益：雷神山医院设计为用于收治已确诊的新型冠状病毒感染肺炎患者的医院。于 1 月 27 正式开工建设，2 月 6 日正式竣工，高峰期投入 2500 余名管理人员、22000 余名作业人员、2000 余台大型机械设备车辆。从 2 月 8 日开始收治转院病人，到 2 月 18 日首批两名新冠肺炎患者出院，至 4 月 14 日最后 4 名重症患者转至中南医院，患者清零，累计运维 67 天。

（3）管理效益：上千名管理人员，上万名作业人员，近千台大型机械设备与车辆，数百家供应商，其管理难度可想而知。而 BIM 技术正是利用数据手段进行多方协同管理，简化流程，加速生产，减轻管理压力。

2. 应用方法总结

（1）在面对快速设计、快速建造的场景，BIM 技术有着极大的优势，可以超前完成需求响应，打造数字孪生模型，高效地反映设计成果，及时调整设计文件，使设计高效化。

（2）在装配式建筑的场景中，BIM 技术可以打通设计、生产、施工装配这一整条产业链，形成所见即所得的设计模式，其过程中产生的对接问题，生产误差问题可以得到极大的改善。

3. 创新点总结

（1）在疫情防控常态化的今天，负压病房的气流组织和污染物扩散问题是在每一个医疗设施建设过程中都需要考虑的，利用 BIM+ 流体仿真技术进行布置方案模拟，能最大限度降低交叉感染风险。

（2）医院不仅要做好自身的防护体系，同时需要考虑周边区域建筑及室外管网的防护情况，因此进行区域级、城市级建造模拟，考虑建筑对周边环境的影响也是必然的。

（3）快速建造体系离不开 BIM 技术的支持，施工提前介入设计并进行 BIM 设计优化是提速设计、提速建造的最佳方式，因此设计施工一体化 BIM 应用技术将会成为后续发展方向。

6.4.5　下一步规划

（1）利用 BIM 进行防疫工程医疗设施功能和建筑结构布局研发。在"鱼骨状"建筑布局之外，利用 BIM 技术从医疗设施功能、医患防护要求、建造便利等多角度，研究更为合理的建筑结构布局。

（2）利用 BIM 进行防疫工程室内气流仿真模拟研究。持续开展气流仿真模拟等理论研究，研究特定室内布局、进排风设计及负压设置下，室内气流压力梯度分布，为产品结构体系设计提供理论支撑。

（3）利用 BIM 及实景建模技术开展应急防疫工程安全非接触建造管理系统研究。开发工程安全管理及远程安全检查系统、远程安全监控系统、非接触智能通行管控系统、场地地形自动测绘设备与技术，实现建造人员非接触管理，减少出入口等人员集中危险部位的触碰，降低传染风险，实现快速、自动化的三维精细建模及土方量计算。

（4）利用 BIM 技术开展医疗建筑标准化研究。根据医疗建筑功能的特点，用 BIM 技术对医疗建筑中的功能模块进行拆分和标准化设计，将设计转化为成熟的产品，有利于提升设计质量和效率。如病房区的病房模块、缓冲区模块，医技区的手术室模块、ICU 模块、CT 室模块等。将大模块拆分成重复率高的小模块，建筑、结构、机电、装修、设备等全专业精细化、参数化建模，添加材质、尺寸、设备参数等构件信息，方便同类型医疗建筑的设计提取和复用。

6.5　渝湘复线高速"跨时空"全数字化管理实践

6.5.1　项目概况

1. 项目基本信息

中交第二公路工程局有限公司承建渝湘复线巴彭段出水湾大桥第 6 跨至东山隧道出口（K88+945/K88+950 ～ K141+230/K141+213.228），全长约 52.098km，建安费 104.33 亿元，下辖 2 个设计标段、6 个施工标段（其中 8 标下设 5 个分部）。项目设主线桥梁 11.806km/23 座，匝道桥梁 3.466km/14 座，桥梁合计 15.272km/37 座，主线桥梁占比 22.66%。项目设隧道 31.383km/10 座，占比 60.24%，桥隧占比高达 82.90%（图 6-127）。

图 6-127　中交二公局渝湘复线项目总承包部

2. 项目难点

项目所在地地形险峻、地质复杂，具有工程规模大、施工组织难度大、弃渣方量大、桥隧比例高、环水保要求高、控制性工程多、工期紧等特点，具有基建行业典型的"跨时空"调度特性。如果采用实体模型，用时长、费用高，且无法实时更新。此外，项目标段众多、类型不一，项目涉及单位众多，建造过程中的协同与管理尤为重要。

3. 应用目标

施工阶段 BIM 总体实施目标主要是利用 BIM 技术加强施工管理，保障项目进度、成本、质量、安全四大目标的实现。

（1）利用 BIM 技术创造实际效益。通过 BIM 技术提高总承包部管理能力，降低管理难度，减少沟通成本，提前预知问题，在实际生产中起到降本增效的作用。

（2）BIM 数据库的建立。把项目各个参建方纳入统一的协调管理体系中，将各个监测、管理平台数据接入 BIM 平台。

（3）渝湘复线项目 BIM 应用标杆的树立。通过项目的实施形成一套切实可行的公路工程 BIM 应用管理经验及实施标准，辐射到其他项目。

4. 应用内容

本项目成立 BIM 实施推进领导小组，主要通过 BIM 技术进行设计图纸复核、场地规划、碰撞检查、冲突检测、材料管理、进度管理、安全管理、施工模拟、质量管理等，最终帮助项目实现降本增效（图 6-128）。

图 6-128　指挥调度中心大屏

6.5.2　BIM 整体方案

"十四五"规划对新型基础设施的建设发展提出明确要求，强调"围绕强化数字转型、智能升级、融合创新支撑，布局建设信息基础设施、融合基础设施、创新基础设施等新型基础设施。"《交通运输办公厅关于开展公路 BIM 技术应用示范工程建设的通知》明确提出加强建筑信息模型（BIM）技术应用，推动智慧公路建设。

1. 组织架构与分工

为响应国家建设数字中国的战略决策，提升公路项目精细化管理水平，项目成立信息化管理委员会，并设立 BIM 领导小组及专岗专员，推进信息化平台建设和 BIM 应用落地（图 6-129）。

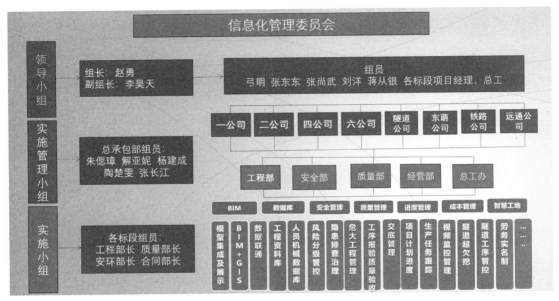

图 6-129　信息化管理委员会组织架构

2. 标准保障

本项目 BIM 应用主要依托信息化建设平台的建设。2021 年 2 月信息化平台 1.0 版本上线（进度、安全、质环、劳务等），2021 年 5 月信息化平台 2.0 版本上线，同期，项目部编制完成《中交二公局渝湘复线高速公路 BIM 建模标准》《中交二公局渝湘复线高速公路信息化实施方案》与《中交二公局渝湘复线高速公路信息化管理办法》等标准文件，后续在持续推进 BIM 应用和制度体系优化下，输出阶段性应用成果。

6.5.3　BIM 实施过程

1. 智慧高速 BIM+GIS+IoT+AI 的电子沙盘

通过无人机进行航拍，生成 GIS 模型，与 BIM 模型整合，形成一张电子沙盘，涵盖项目施工布置和多种业务数据及要素分布，点击要素时触发联动交互。通过全视角总览渝湘高速各施工标段的施工情况，对施工现场便道选择进行优化和综合管理（图 6-130）。

2. BIM 场地标准化设计

利用 BIM 技术对施工现场进行三维立体模拟和规划，如隧道口、临时驻地、施工区、结构加工区、材料仓库现场材料堆放地、现场道路等，根据施工场地以及周边情况，通过模拟整个施工场地布置，合理安排施工区域、材料堆场、施工车辆进出门位置等，便于对现场场地布设及材料进行校核，确保人车分离，人车实名，节约成本（图 6-131）。

图 6-130　渝湘高速 BIM+GIS+IoT+AI 的电子沙盘

图 6-131　驻地标准化建设

3. BIM 模型创建

本工程在施工过程中需要多专业相互配合、合理分工、协同作业。通过 Revit 建立 BIM 模型，对重点工点进行模型创建，发现图纸问题，并进行工程量校核。通过建立 3D 可视化模型，引入时间、成本等参数，发现实际施工的过程中可能碰到的问题（图 6-132、图 6-133）。

图 6-132　双堡特大桥效果图　　　　　　图 6-133　互通立交效果图

（1）族库及建模标准

为确保建立的 BIM 模型能满足项目施工应用需求，在项目级《BIM 技术实施大纲》的基础上，根据公司构件族库需求，编制了 BIM 建模及命名编码标准，模型精度最低为 LOD300，满足测量取点精确性（图 6-134）。

BIM 族在建筑信息模型的建设中有着举足轻重的地位，本项目建立全过程标准模型族库，族库已包含各单元高精度模型 300 余个，为公司后续 BIM 工作的开展提供便捷（图 6-135）。

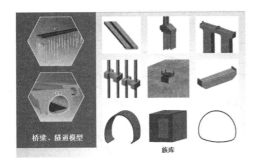

图 6-134　族库　　　　　　　　　　　图 6-135　建模标准

（2）图纸问题

本项目模型创建过程中，再次对图纸各节点各详图等进行熟悉，发现并记录图纸说明冲突、建筑结构不一致以及标注缺、错、漏等问题，形成图纸问题报告并提交，辅助项目进行图纸会审（图 6-136）。

（3）工程量校核

建立 BIM 施工模型，通过识别模型中的不同构件及模型的几何物理信息，对各种构

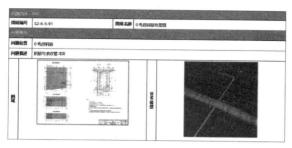

图 6-136　图纸问题

图 6-137　工程量校核

件的数量进行汇总、统计、核对，得到工程量数据，并通过明细表导出，经整理后生成工程量报表。通过模型生成的工程量具有精准可溯、随模型改变自动变化等特点，在提高算量精度的同时也大大减少了算量的工作量。在设计变更后，仅对模型进行修改即可导出变更工程量（图 6-137）。

（4）深化设计

创建预应力箱梁钢筋模型，对现浇箱梁内部纵向和横向主筋、箍筋、构造筋和预应力波纹管之间的多次碰撞进行识别。根据碰撞检测结果，编制了钢筋优化与调整方案，并在钢筋加工和安装环节与作业班主进行了交底，减少了返工，提高了工程质量（图 6-138）。

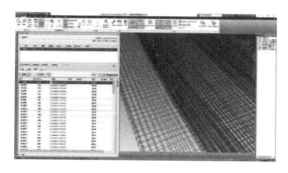
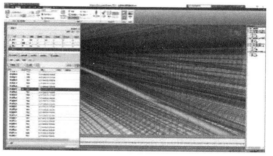
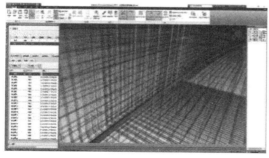
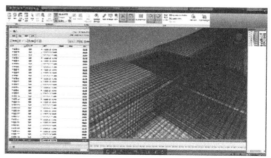

图 6-138　深化设计

4. BIM 施工方案交底

通过 BIM 施工方案模拟和工序动画制作，实现对施工方案实时交互，通过复杂节点多端在线查看，保障交底传达到位。同时，对多套施工方案的成本、工期、工序等核心内容进行三维模拟重现，可以提前避免各套方案可能存在的问题，并第一时间获知，相同的工期下，哪一套方案的施工成本最低，得以在短时间内高效、省时审定最佳方案。

BIM 三维模型所带来的好处是可对施工重点、难点、工艺复杂的施工区域进行可视化预演，通过多角度全方位对模型的查看使交底过程效率更高，也更便于工人理解（图6-139）。

图 6-139　BIM 可视化交底

5. BIM+ 进度管理

（1）BIM 进度计划管理

本工程在施工过程中需要多专业相互配合、合理分工、协同作业，因此施工进度管理尤为重要。通过 Project、广联达斑马进度计划、Excel 等管理软件，进行进度计划导入。工人们通过手机 APP 在现场记录每一个节点的完成情况，项目部自动获取进度数据。由此，将 BIM 模型与工程施工进度计划链接起来，使工程施工进度通过 4D 动态模拟形式展现出来（图 6-140）。

图 6-140　BIM 进度计划看板

（2）BIM 进度可视化

对进度涉及的各类模型进行参数化建模，选择结构部位对应的族文件，输入工程的关键参数，快速搭建出满足项目形象进度展示和管理的三维可视化工程模型。项目的 3D 模型帮助不同的参与者了解概念和设计细节，自定义形象进度项，更符合项目施工需要，同时比传统图纸更快更有效率（图 6-141）。

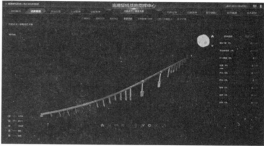

图 6-141　BIM 进度参数化建模

通过应用参数化建模和进度跟踪，计划及进度统计周期由原来的 3 天缩短为 1 天；按照设置好的漫游路径行走如身临检查现场，每年节约交通成本 20%。

6. BIM+ 安全管理

（1）风险分级管控

实时展示全线不同等级风险分布情况，体现风险等级、风险类型、风险位置，并对风险情况进行描述，同步展示每一条风险点应对的风险管控措施及风险预控措施等（图 6-142）。

安全四色图是开展风险分级管控和隐患排查治理双重预防机制的重中之重，通过对各工点进行安全风险评定，展现各工点全施工阶段不同等级安全风险情况，有效管控区域安全风险（图 6-143）。

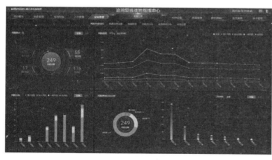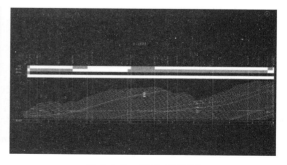

图 6-142　安全风险分级分布图　　　　　　　　　图 6-143　安全四色图

（2）隐患排查治理

构建信息化安全管理体系，使安全管理过程可追溯、结果可分析，不让风险转化成隐患，不让隐患转化成事故。对隐患部位进行拍照下发整改单，责任人进行整改，整改完成

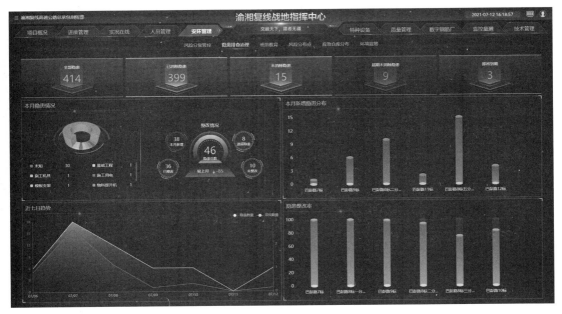

图 6-144　隐患排查治理看板

后安全员进行复查,自动生成台账和整改单。辅助项目领导班子日常或例会检视近期发生的安全隐患及未销项隐患,通过按照分包进行分类等方式,管理者能针对性地下达整改指令(图 6-144)。

（3）机械智能监测

塔吊智能监测,塔机工况数据、告警信息自动推送,让塔机司机和管理人员都清晰了解塔机工作状态,及时解决告警信息,减少事故发生率。塔机工效数据分析,通过吊装效率分析和吊重、载重百分比分析等对历史数据的对比,对数据进行趋势分析和预判,合理排班,提高利用率;提供更加合理的管理建议,以加强对塔机运行的监管与指导(图 6-145)。

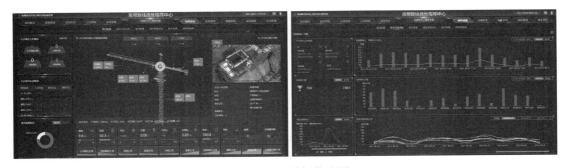

图 6-145　机械智能监测

7. BIM+ 质量管理

对质量管理状况进行指标分析、趋势分析,为总承包部决策提供数据依据。各标段均使用质量排查系统进行日常排查工作,项目领导班子日常或例会检视近期发生的质量

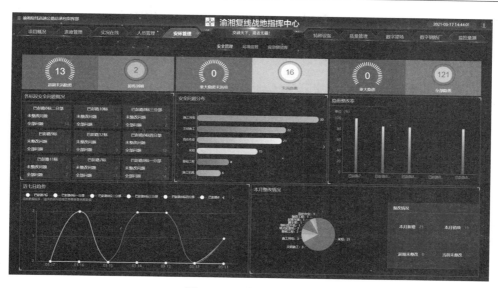

图 6-146　质量管理看板

问题及未销项问题，通过按照分包进行分类等方式，管理者能针对性地下达整改指令（图 6-146）。

8. 数字化劳务管理

通过劳务实名制登记进场人员数据，从近七日进退场人数、各标段管理人员 / 劳务人员分布、人员工种分布、年龄分布等多维度分析整个工程项目的人员情况，合理支撑项目施工人员进展。根据工程进度完成情况、质量安全整改情况、人员出勤及其他表现，可对各劳务分包队伍进行科学评价，出现问题及时调整，筛选出优质分包队伍，为后续劳务分包队伍的选择提供指导意见（图 6-147）。

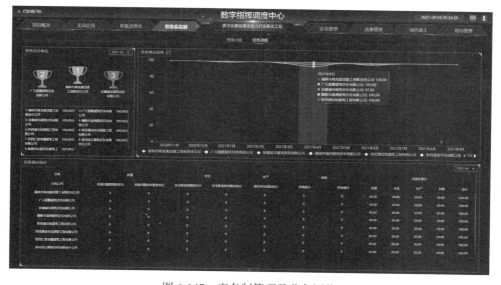

图 6-147　实名制管理及劳务评价

9. AI 智能监控

通过 AI 算法，实时监控，发现安全隐患并自动抓拍留痕记录，加强施工现场的安全防护管理。对施工操作工作面上的各安全要素等实施有效监控，消除施工安全隐患，并将事件上传至云端保存，用技防代替人防，减少人员工作量，安全问题发现率提升 30% ～ 40%（图 6-148）。

图 6-148　AI 智能监控

6.5.4　BIM 实践总结

渝湘复线高速公路项目自 2021 年 3 月 15 日正式引入信息化管理平台、开始 BIM 技术应用至今，基于 BIM 技术的管理水平显著提高，项目整体沟通效率明显得到提高，降低了管理难度和管理成本。

通过建立项目指挥中心和 BIM 领导小组，将相关应用的数据进行集成、分析、处理、存储，协助项目进行科学化的管理，形成在项目部营地、梁场、拌合站、钢筋加工厂等场站的统一管理，实现了对劳务人员、机械设备、物料、环境等主要生产要素的动态管理，现场基本实现了各工作面远程监控。提升了项目精细化管理水平，向降本增效更进一步。

6.5.5　下一步计划

下一步将继续完善项目信息化管理平台制度及流程，加强人员培训、制度优化和经验总结，让项目各部门都融入进信息化中去，通过信息化手段促成项目全生命期管理、信息全方位整合、各方全过程协同，全方位提升项目管理水平，为项目创造实际效益，最终为建设智慧渝湘提供强有力的数字支撑。

6.6　珠江三角洲水资源配置工程 A2 标 BIM+ 智慧工地应用案例

6.6.1　项目概况

1. 项目简介

珠江三角洲水资源配置工程是解决珠三角水资源供需矛盾，广州、深圳、东莞等地生产生活缺水问题，全面保障粤港澳大湾区供水安全的国家级水利工程，以"打造新时代生态智慧水利工程"为总体目标。

项目由广东水电二局股份有限公司承建，其中珠江三角洲水资源配置工程 A2 标项目位于佛山市顺德区，包含一条总长 6.452km 的输水隧洞，两座直径 35.9m 的圆形工作井。新建一条交通隧洞，总长 2.47km，包括进口明挖 216m、盾构 2.134km、出口明挖 118m（图 6-149、图 6-150）。

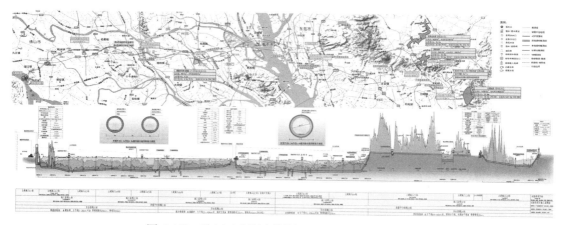

图 6-149　珠江三角洲水资源配置工程总布置示意图

2. 项目特点

工程秉持"把方便留给他人、把资源留给后代、把困难留给自己"的理念，全线采用地下深埋盾构方式，在纵深 40~60m 的地下建造，最大限度地保护大湾区生态环境，为未来发展预留宝贵地表和浅层地下空间。

通过建设 BIM+ 智慧工地信息化系统，充分利用 BIM 技术与信息化技术完成对施工现场可视化"智能"监管。提高项目安全质量管理水平和对工程现场的远程监管水平，加快项

图 6-150　项目实景沙盘

目管理人员对工程现场安全质量隐患处理的速度。

　　3. 项目难点

　　（1）施工环境复杂：项目属于深埋盾构掘进，地质断裂带较多，地下水丰富，盾构机
3 次穿越西江、大金山、高速公路等重要构筑物（图 6-151）。

图 6-151　地质模型

　　（2）安全风险高：狭小场地超深竖井构件吊装。场地小、吊物重，垂直吊运速度慢。

　　（3）施工难度大：超深埋长距离高水压复杂地质盾构掘进监控。地层变化快，地下水
压力大。

　　4. 应用目标

　　基于上述项目特点，通过整合施工现场的数据资源，建立智慧工地信息化系统与
BIM 技术的结合应用。

　　（1）形成以 BIM+ 智慧工地信息化管控现场施工的方法，保证项目安全生产，节约工
程成本。

　　（2）培养 BIM 应用综合型人才，建立 BIM 应用体系，提升公司 BIM 应用水平。

　　（3）应用 BIM 技术解决项目下穿大金山盾构超深埋复杂技术难题，实现在复杂环境
下应用 BIM 技术，提高生产效率。

　　5. 应用内容

　　（1）BIM 模型创建：根据自身施工特点及现场情况，进行施工面的划分，建立施工
范围内主要构筑物全专业 BIM 模型，包括施工、水工、机电、建筑、地质等所有相关专
业，模型创建按照精度要求执行，部分模型结合后续运维平台需求进行二次深化。

　　（2）施工 BIM 模拟：利用 BIM+GIS 技术进行 BIM 施工组织设计优化，包括施工场
地布置优化、异性结构钢筋排布优化以及施工重难点工艺模拟优化。

　　——施工总平面布置与规划模拟；

　　——深基坑（工作井）施工模拟；

　　——盾构机吊装模拟；

　　——盾构掘进（包括管片拼装、灌浆等）模拟；

　　——钢管运输与安装工艺模拟；

　　——自密实混凝土浇筑施工模拟；

　　——预应力混凝土施工工艺模拟。

（3）基于 BIM+ 智慧工地信息化系统的工程建设项目管理：根据智慧工地管理系统相关功能要求，应用安全管理、质量管理、进度计划管理、投资管理以及工程文件管理等功能，实现工程的动态控制。

（4）施工变更跟踪：在施工过程中，根据工程变更、现场实际情况，对 BIM 模型进行维护和调整，使其与现场实际施工保持一致。

（5）GIS 数据采集：BIM 深化模型与 GIS 模型的顺利融合。

6.6.2　BIM 整体方案

1.BIM 组织架构

本项目建立生态智慧管理中心，负责开展施工阶段 BIM 应用与智慧工地实施及运维管理。责任到人落实到位，推进 BIM 技术应用落地。

2. 软、硬件配置

软、硬件配置见表 6-6、表 6-7。

硬件配置　　　　　　　　　　　　　　　　　　　　　　表 6-6

序号	项目	数量
1	BIM 建模电脑	4
2	高清液晶拼接屏	12
3	智慧工地管理电脑	8
4	智慧工地控制电脑	2
5	智慧工地智能分析服务器	3
6	无人机设备	1
7	VR 体验设备	1

软件配置　　　　　　　　　　　　　　　　　　　　　　表 6-7

序号	名称	用途
1	Bentley	建模软件
2	Revit	建模软件
3	珠三角工程数字门户系统	系统平台
4	广联达 BIM+ 智慧工地平台	BIM 协同管理平台
5	BIM+GIS 支撑平台	三维集成
6	Navisworks Manage；Fuzor；Acute3D Viewer；ArcGlobe 等	模拟展示

3. 保障措施

为保证项目顺利进行及管理规范，特制定了生态智慧管理中心 BIM 技术管理制度及 BIM 工程师岗位职责。

（1）BIM 建模：在接收到施工图纸和有关技术文件后，组织有关专业技术人员对图纸分析，确定子项模型划分及建模工序安排，分专业、按进度计划先后开始按图建模工作，并建立标准构件、标准构件组、标准单元等多级体系。

（2）施工指导：对于特殊区域或复杂工艺部分，由 BIM 模型拆分出局部模型，协调施工工程师按施工原则进行三维施工模拟，确定最优施工工艺方案，形成模拟动画文件，用于施工班组的工作指导。

（3）BIM 交底：在 BIM 模型及工艺确定，并与施工图及相关设计变更保持统一的条件下，进行 BIM 施工交底，交底内容包括三维模型、重点工艺模拟动画等。

6.6.3 BIM 实施过程

1. 人员技术培训

项目制定了年度 BIM 培训计划，通过 BIM 培训使 BIM 团队快速掌握 BIM 系统的使用，落实账号权限管理，实现工程资料云端数据管理。项目实施过程中，对项目部现有管理人员提出详细的培训方案，以达到能够独立管理和使用 BIM 软件系统的能力（表 6-8）。

BIM+GIS 实施计划表 表 6-8

项目	预计实施周期
人员培训	根据实际情况每年 1 次
BIM 模型	根据图纸进度，拿到图纸后 2 周内完成
GIS 数据	每半年更新 1 次

2. BIM 技术应用流程

（1）BIM 工作管理流程：考虑本项目线性工程性质，为方便项目部对各工区 BIM 工作实施实行统一的指挥、管理，为 BIM 实施建立如图 6-152 所示的工作流程。

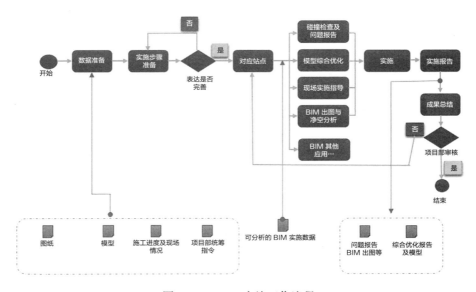

图 6-152 BIM 实施工作流程

（2）针对局部复杂的施工区域，进行重难点施工方案模拟，结合工程项目的施工工艺流程，对施工过程 BIM 模型进行施工模拟、优化，选择最优施工方案，生成 BIM 模拟视频（图 6-153）。

图 6-153　重大方案动画模拟流程

3. BIM 具体实施过程

（1）全专业建模

根据施工图纸建立施工、水工、机电、建筑、地质等全专业模型，最大限度地保证施工品质与过程协调，为工程施工的各专业整合提供支持。使各参建单位更加直观地理解设计意图，为后续工作提供基础数据模型（图 6-154～图 6-159）。

图 6-154　土建工作井模型　　　图 6-155　隧洞管片环安装块排布　　　图 6-156　施工场地布置模型

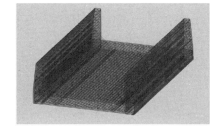

图 6-157　施工场地布置实际照片　　　图 6-158　弧形导墙钢筋排布　　　图6-159　U形墙钢筋排布深化

（2）重难点施工工艺模拟

针对超深竖井构件吊装进行盾构机吊装模拟及吊运过程中可视化分析，解决吊运过程中由于场地狭小带来的安全隐患问题，合理安排吊装顺序和管线空间布置；通过 BIM 技术进行支撑应力验算，优化支撑拆除方案；环形钢模板拼装模拟，避免施工中因钢模板拼装错误而返工的情况（图 6-160～图 6-164）。

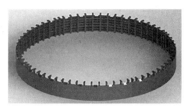

图 6-160　盾构机吊装模拟　　　　图 6-161　龙门吊可视化分析　　　　图 6-162　环形钢模板拼装模拟

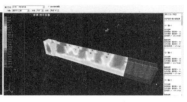

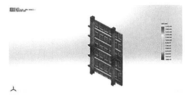

图 6-163　交通隧洞工作井模型支撑受力分析　　　　图 6-164　环形钢模板受力分析

（3）BIM+GIS 数据整合

基于 BIM+GIS 融合技术，搭建智慧工地信息化平台。集成影像数据、矢量数据、BIM 模型，为管理人员提供可视化工地管理服务，直观展示工地地理信息、位置分布、周边道路、设施、环境信息以及重要单位，提高工作的准确性（图 6-165）。

图 6-165　BIM+GIS 数据整合

（4）BIM+ 智慧工地项目管理应用

1）BIM+ 技术管理系统

BIM 模型轻量化应用：模型轻量化访问，支持 30 余种模型格式，文件网页、手机快速浏览无需安装任何插件。在施工现场也可快速查找所需信息（图 6-166）。

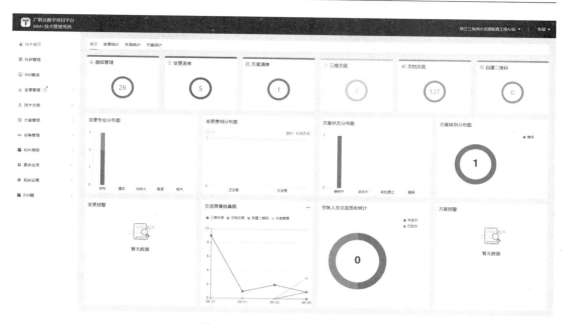

图 6-166　BIM 模型轻量化管理

BIM 模型三维交底：关联图集、方案、音视频，规范标准、工艺做法同步查看。一键分享微信、QQ 等，传播迅速，免权限查看。自动生成二维码，更新交底文档不用重新张贴（图 6-167）。

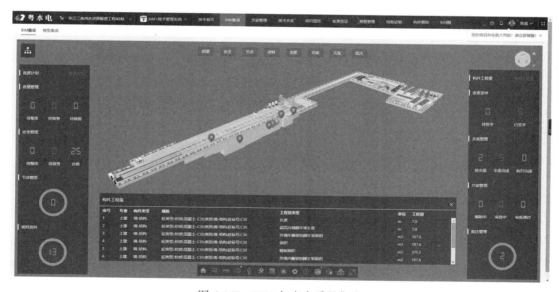

图 6-167　BIM 与安全质量集成

2）BIM+ 生产进度管理系统

实现对项目的动态控制和调整，使项目进度更加可控；通过 BIM 模型可查看进度暴露具体原因，发现问题，便于及时采取应对措施，保证工程项目如期交付（图 6-168）。

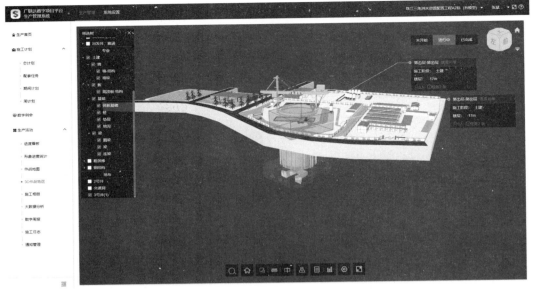

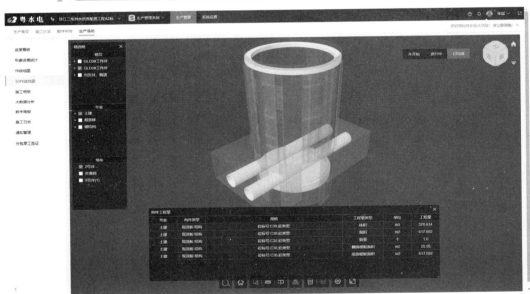

图 6-168　BIM+ 生产进度管理

3）物料管理系统应用

统计今日/本月/累计收料车数，运单重量及实际重量的汇总，实现各收料车数下的重量亏损可视化，辅助管理员进行物料验收管理决策。通过大宗物资进场验收和废旧物资处理的监控，避免进场就亏和废旧物资处置不当（图 6-169）。

4）劳务管理系统应用

建立劳务实名制，通过生物识别技术实现对进入施工场地的各类人员信息进行采集、统计、甄别，将数据集成至管理平台，实现从业人员实名制考勤管理。对黑名单人员和年龄等不符合要求的人员，系统会自动拦截，降低了项目的用工风险（图 6-170）。

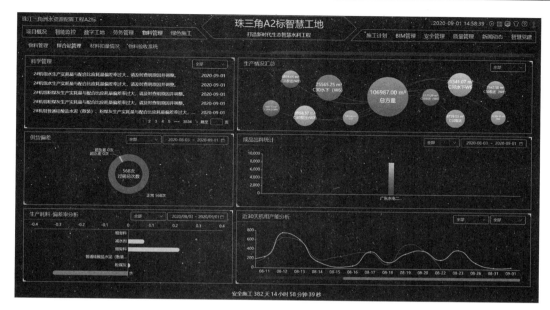

图 6-169　拌合站物料管理

图 6-170　劳务实名制管理

5）智能硬件应用

①龙门吊吊机可视化：基于传感器技术与远程数据通信技术，高效率地实现龙门吊运行时的安全监控与预警报警等功能。监控风速、门式起重机载荷、天车行程、大车行程、卷扬机升降情况、钩重和高度信息；通过智慧工地平台，实时显示设备在线状态，确保龙门吊都在监测范围内，有效防止设备通信中断带来的监管死角（图 6-171）。

②建立施工隧道内一体化无线网络定位系统，地下隧洞工程采用 Zigbee 精准定位，定位数据集成到智慧工地平台，实现对隧道内的台车、电瓶车、施工设备及人员进行定位管理、轨迹跟踪等功能，降低超深埋长距离盾构作业安全隐患风险（图 6-172）。

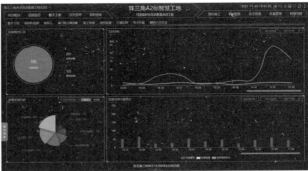

图 6-171 龙门吊吊机可视化

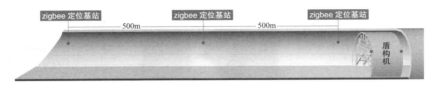

图 6-172 隧道内基站布置图

③通过运用物联网技术，借助地磅周边硬件智能监控不当行为，自动采集数据。运用数据集成和云计算技术，及时掌握一手数据，有效积累、保值、增值物料数据资产。

④视频监控系统：管理人员可远程查看现场施工情况，实时监管现场施工。通过对摄像头加入 AI 算法，自动识别现场不佩戴安全帽、不穿反光衣等不安全行为。定时定点拍照巡检施工现场并生成延时摄影，作为项目阶段性工作形象进度的展示（图 6-173、图 6-174）。

图 6-173 施工现场全覆盖视频监控

图 6-174 AI 自动识别抓拍

⑤通过平台建立盾构机数据看板，实现 5 台盾构机在同时掘进过程中各项参数能处于可控范围内（图 6-175）。

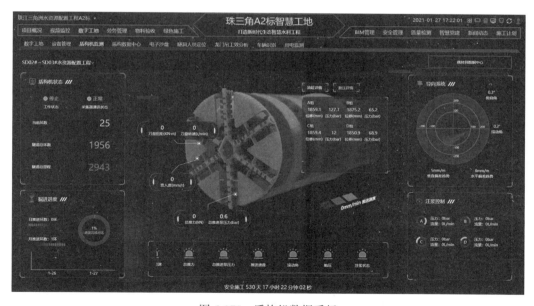

图 6-175 盾构机数据看板

⑥采用施工升降电梯监测系统：是集精密测量、自动控制、无线网络传输等多种技术于一体的电子监测系统，包含载重、轿厢倾斜度、高度限位、门锁状态监测及预警和驾驶员身份认证（人脸、指纹双识别）等功能，并通过 GPRS 模块将监测数据实时上传到远程监控中心，实现远程监管（图 6-176）。

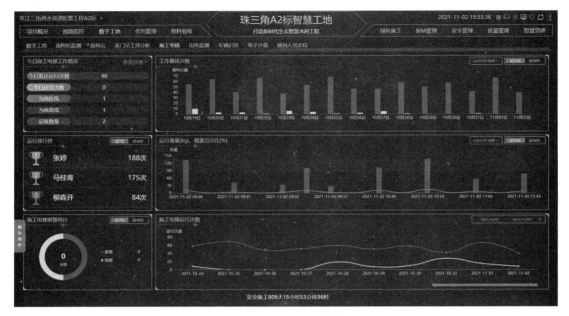

图 6-176　施工升降电梯监测

6.6.4　BIM 实践总结

1. 效果总结

本项目设立 BIM+ 智慧工地的应用，在社会、经济效益方面，相对原有现场管理模式，如易出管理漏洞、各班组之间作业信息不流通、物料进出场清点易出差错、盾构机掘进功效用量难比对、升降机运行监测异常不易察觉等问题，节约人工费 50 万元，节约材料费 150 万元，节约施工管理费 30 万元，合计节省施工费用 230 万元。

两项间接效益：

（1）通过物料进出场管理，有效避免物料进场就亏等问题；提前查看物料存放量，合理安排物料进场时间，节约了总体施工工期 86 天，继而减少项目管理成本。

（2）通过应用 BIM+ 智慧工地管理平台，提升了项目的管理能力，提升了项目生产的透明度、安全性。

2. 方法总结

应用方法：本项目通过采用 BIM+ 智慧工地技术，使项目施工建设效率得到了提升，解决了大型项目超多人员定位及管理难题，提高了高危作业安全系数；设备管理方面，通过现场门机、吊机安装超高清监控摄像头与超深竖井地下联动，避免盲吊安全隐患，提高了设备运行效率，设备运行安全可靠，可达到吊装物质与人员运输安全管理的目的。

科技成果：经广东省土木建筑学会和广东省建筑业协会组织专家进行科技成果评价认定：生态水利工程智慧工地信息化系统研究成果达到国内领先水平，基于 Zigbee 隧道人员定位和设备可视化施工技术研究成果达到省内领先水平；获基于 BIM 的国家发明专利 1 项，国家实用新型专利 1 项，全国 BIM 大赛 4 项。